北大社·"十三五"普通高等教育本科规划教材
高等院校材料类创新型应用人才培养规划教材

造 型 材 料
（第 2 版）

主　编　石德全　高桂丽
参　编　王利华　姚　怀
主　审　康福伟

内容简介

本书针对铸造生产中砂型铸造的特点，系统地介绍了现代铸造生产中常用的造型材料。全书共分 8 章，包括绪论、原砂、粘结剂、粘土粘结砂、水玻璃砂、水泥自硬砂、树脂粘结砂和铸造涂料。本书理论联系实际，突出实际应用，通过大量工程应用案例对理论加以阐述，增强学生对相关知识点的理解和掌握；形式多样的综合习题和阅读材料可供学生训练和阅读，便于学生对所学知识的巩固。

本书可作为高等院校金属材料工程专业和材料成型与控制工程专业的本科教材，由于本书收集了很多实用性和工程性很强的实例，因此，也可供铸造工程技术人员参考。

图书在版编目(CIP)数据

造型材料/石德全，高桂丽主编. —2 版. —北京： 北京大学出版社，2016.10
(高等院校材料类创新型应用人才培养规划教材)
ISBN 978-7-301-27585-6

Ⅰ. ①造… Ⅱ. ①石…②高… Ⅲ. ①造型材料—高等学校—教材 Ⅳ. ①TG221

中国版本图书馆 CIP 数据核字(2016)第 229481 号

书　　　名	造型材料（第 2 版） ZAOXING CAILIAO
著作责任者	石德全　主编
策 划 编 辑	童君鑫
责 任 编 辑	李娉婷
标 准 书 号	ISBN 978-7-301-27585-6
出 版 发 行	北京大学出版社
地　　　址	北京市海淀区成府路 205 号　100871
网　　　址	http://www.pup.cn　新浪微博：@北京大学出版社
电 子 信 箱	pup_6@163.com
电　　　话	邮购部 62752015　发行部 62750672　编辑部 62750667
印 刷 者	北京虎彩文化传播有限公司
经 销 者	新华书店
	787 毫米×1092 毫米　16 开本　17 印张　396 千字 2009 年 9 月第 1 版 2016 年 10 月第 2 版　2023 年 6 月第 4 次印刷
定　　　价	49.00 元

未经许可，不得以任何方式复制或抄袭本书之部分或全部内容。
版权所有，侵权必究
举报电话：010-62752024　电子信箱：fd@pup.pku.edu.cn
图书如有印装质量问题，请与出版部联系，电话：010-62756370

高等院校材料类创新型应用人才培养规划教材
编审指导与建设委员会

成员名单（按拼音排序）

白培康（中北大学）	陈华辉（中国矿业大学）
崔占全（燕山大学）	杜彦良（石家庄铁道大学）
杜振民（北京科技大学）	耿桂宏（北方民族大学）
关绍康（郑州大学）	胡志强（大连工业大学）
李楠（武汉科技大学）	梁金生（河北工业大学）
林志东（武汉工程大学）	刘爱民（大连理工大学）
刘开平（长安大学）	芦笙（江苏科技大学）
裴坚（北京大学）	时海芳（辽宁工程技术大学）
孙凤莲（哈尔滨理工大学）	孙玉福（郑州大学）
万发荣（北京科技大学）	王春青（哈尔滨工北大学）
王峰（北京化工大学）	王金淑（北京工业大学）
王昆林（清华大学）	卫英慧（太原理工大学）
伍玉娇（贵州大学）	夏华（重庆理工大学）
徐鸿（华北电力大学）	余心宏（西北工业大学）
张朝晖（北京理工大学）	张海涛（安徽工程大学）
张敏刚（太原科技大学）	张锐（郑州航空工业管理学院）
张晓燕（贵州大学）	赵惠忠（武汉科技大学）
赵莉萍（内蒙古科技大学）	赵玉涛（江苏大学）

第 2 版前言

本书是为我国高等院校金属材料工程专业和材料成型与控制工程专业本科生编写的创新型应用人才培养规划教材。本书编写的指导思想是适当降低理论深度，增强实际应用，力求将铸造用造型材料的相关理论与工程实践相结合，用更多的工程应用实例和科学研究成果来阐述问题。

铸造是现代制造业中取得成型毛坯的应用最广泛的方法。据统计，在机床、重型机械、矿山机械、水电设备中，铸件质量约占设备总质量的85%。

目前，虽然有许多铸造方法，但是砂型铸造的铸件质量仍占铸件总质量的80%～90%，且每生产1t铸件需消耗1～2t型砂，而与造型材料有关的废品率占铸件总废品率的60%～80%。因此，世界各国都非常重视造型材料，工厂中也设有专门部门对其质量进行严格监控。纵观铸造发展史，铸造工艺的变革和进步往往都是由于造型材料的发展而引起的，整个铸造生产过程的经济效益也与造型材料的选用正确与否直接相关，因此，造型材料在铸造生产中占有举足轻重的地位。

随着高等教育人才培养模式的转变，培养目标也向工程创新型应用人才转变，而原先教育模式下编写的教材难以满足新的人才培养目标。此外，专业课所占学时少与所开门数多之间的矛盾也势必要求推进新的教材建设。因此，编写一本注重培养工程实际创新型应用人才的教材是非常必要的。

本书共分8章。第1章主要从全局介绍铸造生产中的造型材料，旨在说明造型材料（砂型材料）在铸造生产中的重要性；第2章主要介绍铸造生产中的原砂，从原砂的分类、组成、特性、加工处理和选用原则等方面进行了阐述，同时对锆砂、镁砂、铬铁矿砂、橄榄石砂等非硅质砂做了简要阐述；第3章主要介绍砂型铸造中的常用粘结剂，分别阐述了粘土、水玻璃、水泥等无机粘结剂和植物油、合脂、渣油、沥青、纸浆废液、糊精等有机粘结剂的特性、粘结机理、影响因素及应用等，并阐述了型芯的分级和粘结剂的选用原则；第4章主要介绍粘土粘结砂，它在铸造生产中主要用于制造砂型，该章从粘土砂的分类、性能及影响因素、配制、循环使用中的问题、现场控制和常见铸造缺陷等方面做了重点阐述，对液态金属与铸型相互作用的阐述旨在为深入分析和预防常见的铸造缺陷奠定基础；第5章主要介绍水玻璃砂，根据水玻璃砂的硬化方式，分别详细阐述CO_2硬化水玻璃砂（包括直接硬化和VRH法硬化）、烘干硬化水玻璃砂和水玻璃自硬砂，针对CO_2硬化水玻璃砂具有旧砂再生和回用困难的缺点，阐述了水玻璃砂的再生方法及再生效果评价；第6章主要介绍水泥自硬砂的配比和性能，特别是双快水泥自硬砂的硬化机理、混砂工艺、性能及控制；第7章主要介绍树脂及树脂粘结砂，主要用于制芯，在阐述酚醛树脂、呋喃树脂和尿烷树脂的基础上，根据树脂砂的硬化方式，分别阐述铸造生产中热硬树脂砂、气硬树脂砂和自硬树脂砂，同时阐述了树脂砂中常见的铸造缺陷及预防方法；第8章主要介绍铸造涂料,从对铸造涂料的要求、铸造涂料的作用、原材料、流变性能和使用方法等方面进行了阐述。书中提供了与造型材料(包括原砂、粘结剂、粘土砂、水玻璃砂、树脂砂、铸造涂料等)有关的大量工程实际案例(包括导入案例和分析案例)、阅读材料、例题、实际操作训练和形式多样的综合习题,以供读者阅读、训练使用,便于对所学知识的巩固和工程应用能力的培养。

本书的编写特点如下。

(1) 本着培养工程实际创新型应用人才的目标,适当降低理论深度,大量增加造型材料在工程中的应用背景及工程实际应用实例。为体现工程应用性较强的特点,书中提供大量的导入案例和分析案例供读者分析、研究,培养读者工程应用能力和分析问题、解决问题的能力;同时给出各种阅读材料,以便拓展读者的视野;提供形式多样的综合习题,以便读者巩固、运用所学知识。因此,本书内容体系不同于以往的同类教材。

(2) 本书在知识框架组织上较流畅,先阐述原砂,后阐述粘结剂,此后阐述铸造生产上使用的各种粘结砂,最后阐述铸造涂料,这样的编排在阐述后续各种粘结砂时,无形中是对原砂和粘结剂的深入复习和巩固,同时更易于对各类粘结砂进行比较。

(3) 本书内容完整系统,侧重点分明,重点突出工程上使用最多的粘土砂和树脂砂,所用资料绝大部分来源于工程实践和科学研究,力求更新,并能更准确地解读问题。本书将理论知识和实际应用、实训内容结合在一起,强调理论知识的工程应用性。

本书由石德全负责全书结构的设计、草拟写作提纲、组织编写工作和统稿定稿,由哈尔滨理工大学康福伟教授主审。各章具体分工如下:第1、2、3、8章由石德全(哈尔滨理工大学材料科学与工程学院)编写,第4、7章由高桂丽(哈尔滨理工大学材料科学与工程学院)编写,第5章由姚怀(河南科技大学材料科学与工程学院)编写,第6章由王利华(哈尔滨理工大学材料科学与工程学院)编写。

本书在《造型材料》第1版的基础上,对其中存在的一些错误和问题进行了修订,补充了现行有关造型材料最新的国家标准,并将大部分现行标准的目录编于附录中,供读者查看。

在本书的编写过程中,编者参考了各类有关书籍、学术论文及网络资料,在此向其作者表示衷心的感谢!

由于编者水平所限,书中难免存在疏漏之处,敬请读者批评指正。

编　者
2016 年 6 月

目 录

第1章 绪论 ………………………… 1
1.1 本书内容的界定 ……………… 2
1.2 造型材料在铸造生产中的作用 … 2
1.3 砂型铸造造型材料的分类 …… 3
1.4 我国砂型铸造造型材料的发展
    概况 …………………………… 4

第2章 原砂 ………………………… 7
2.1 概述 …………………………… 8
2.2 铸造用硅砂 …………………… 9
　　2.2.1 硅砂的化学成分和分类 … 9
　　2.2.2 原砂的特性 ……………… 12
2.3 非硅质砂 ……………………… 17
2.4 原砂的加工处理 ……………… 23
　　2.4.1 水洗法 …………………… 24
　　2.4.2 擦洗法 …………………… 25
　　2.4.3 浮选法 …………………… 25
2.5 原砂的选用原则 ……………… 26
本章小结 …………………………… 26
综合习题 …………………………… 27

第3章 粘结剂 ……………………… 29
3.1 粘结剂的分类 ………………… 30
3.2 无机粘结剂 …………………… 31
　　3.2.1 粘土粘结剂 ……………… 31
　　3.2.2 水玻璃粘结剂 …………… 40
　　3.2.3 水泥粘结剂 ……………… 45
3.3 有机粘结剂 …………………… 50
　　3.3.1 植物油粘结剂 …………… 50
　　3.3.2 合脂粘结剂 ……………… 54
　　3.3.3 其他有机粘结剂 ………… 61

3.4 有机粘结剂的选用原则 ……… 63
　　3.4.1 型芯的分级 ……………… 63
　　3.4.2 有机粘结剂的选用 ……… 64
本章小结 …………………………… 65
综合习题 …………………………… 66

第4章 粘土粘结砂 ………………… 69
4.1 粘土砂的分类 ………………… 70
4.2 粘土砂的性能及影响因素 …… 76
4.3 粘土砂的配制 ………………… 89
4.4 粘土砂循环使用中应注意的问题 … 91
4.5 粘土砂的现场控制 …………… 99
4.6 液态金属与铸型的相互作用 … 100
　　4.6.1 液态金属对铸型的
　　　　　机械作用 ………………… 100
　　4.6.2 液态金属对铸型的
　　　　　热作用 …………………… 102
　　4.6.3 液态金属与铸型的相互
　　　　　物理化学作用 …………… 106
4.7 粘土砂中常见的铸造缺陷及
　　预防措施 ……………………… 107
本章小结 …………………………… 121
综合习题 …………………………… 122

第5章 水玻璃砂 …………………… 126
5.1 水玻璃砂硬化工艺发展简史 … 128
5.2 水玻璃砂的硬化方式 ………… 129
5.3 CO_2 硬化水玻璃砂 ………… 130
　　5.3.1 CO_2 硬化水玻璃砂的配比及
　　　　　混砂工艺 ………………… 130
　　5.3.2 水玻璃砂吹 CO_2 硬化的
　　　　　方法 ……………………… 131
　　5.3.3 CO_2 硬化水玻璃砂的性能及
　　　　　影响因素 ………………… 136

5.3.4 CO_2硬化水玻璃砂的高温性能 ………… 138
5.3.5 CO_2硬化水玻璃砂存在的问题及解决方法 ……… 139
5.4 烘干硬化水玻璃砂 …………… 144
5.5 水玻璃自硬砂 ………………… 145
 5.5.1 硅铁粉水玻璃自硬砂 … 145
 5.5.2 硅酸二钙水玻璃自硬砂 … 147
 5.5.3 水玻璃流态自硬砂 …… 150
 5.5.4 有机酯水玻璃自硬砂 … 151
5.6 水玻璃砂的再生 ……………… 156
 5.6.1 水玻璃砂砂块的破碎 … 157
 5.6.2 水玻璃砂的再生方法 … 157
 5.6.3 水玻璃砂再生效果的评价 ……………………… 160
本章小结 …………………………… 163
综合习题 …………………………… 164

第6章 水泥自硬砂 …………… 167
6.1 水泥自硬砂的配比 …………… 168
6.2 水泥自硬砂的高温性能 ……… 169
6.3 常用水泥自硬砂 ……………… 170
 6.3.1 硅酸盐水泥自硬砂 …… 170
 6.3.2 矾土水泥自硬砂 ……… 172
 6.3.3 双快水泥自硬砂 ……… 174
本章小结 …………………………… 178
综合习题 …………………………… 178

第7章 树脂粘结砂 …………… 180
7.1 概述 …………………………… 181
7.2 常用树脂 ……………………… 182
 7.2.1 酚醛树脂 ……………… 182
 7.2.2 呋喃树脂 ……………… 184
 7.2.3 尿烷树脂 ……………… 186
7.3 加热硬化树脂砂 ……………… 188
 7.3.1 壳芯工艺 ……………… 188
 7.3.2 热芯盒工艺 …………… 194
 7.3.3 温芯盒工艺 …………… 198

7.4 吹气硬化树脂砂 ……………… 199
 7.4.1 三乙胺法 ……………… 199
 7.4.2 二氧化硫法 …………… 201
 7.4.3 物理气硬法 …………… 207
 7.4.4 其他方法 ……………… 207
7.5 自硬树脂砂 …………………… 207
 7.5.1 呋喃树脂自硬砂 ……… 208
 7.5.2 酸硬化甲阶酚醛树脂自硬砂 …………………… 217
 7.5.3 酯硬化甲阶酚醛树脂自硬砂 …………………… 218
 7.5.4 尿烷树脂自硬砂 ……… 219
 7.5.5 影响树脂自硬砂的工艺因素 …………………… 220
7.6 树脂砂中常见的铸造缺陷 …… 222
本章小结 …………………………… 225
综合习题 …………………………… 227

第8章 铸造涂料 ……………… 231
8.1 概述 …………………………… 232
8.2 对铸造涂料的要求 …………… 233
8.3 铸造涂料的作用 ……………… 233
8.4 铸造涂料所用的原材料 ……… 236
8.5 铸造涂料的流变性能及检测 … 245
 8.5.1 涂料的发展 …………… 245
 8.5.2 与涂料流变性能有关的概念 …………………… 246
 8.5.3 涂料的流变性能及检测 ……………………… 248
8.6 铸造涂料的使用 ……………… 251
 8.6.1 施涂方法 ……………… 251
 8.6.2 涂料的用量 …………… 254
本章小结 …………………………… 256
综合习题 …………………………… 257

附录 ……………………………… 261

参考文献 ………………………… 262

第 1 章 绪 论

本章知识构架

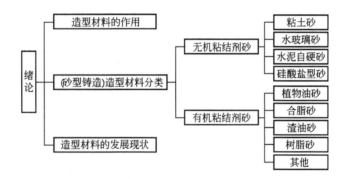

本章教学目标与要求

- 掌握砂型铸造造型材料的分类；
- 了解造型材料的概念和造型材料在铸造生产中的作用；
- 了解造型材料的发展现状。

1.1 本书内容的界定

论证造型材料，其含义甚广，一般而言，凡是用来制造铸型(芯)的材料都属于造型材料，如制造砂型所用的型砂、涂料和它们的组成材料，制造金属型用的钢、铸铁或铜，制造其他特种铸型用的石墨、石膏、陶瓷浆料等。实际上，在现代铸造生产中，最普遍使用的是砂型。在世界范围内，用砂型生产的铸件占应用各种铸型生产铸件的80%以上。因此，在铸造行业里，一般说到造型材料，通常指的是砂型铸造用的造型材料，包括所用的各种原材料、造型、制芯混合料及涂料等。因此，本书讲述的造型材料限定于砂型铸造用的造型材料之内。

1.2 造型材料在铸造生产中的作用

造型材料在铸造生产中占有非常重要的地位，其质量的好坏直接影响铸件的质量、生产效率和生产成本。据统计，铸造生产中由于造型材料质量欠佳或使用不当而造成的铸件废品率约占总废品率的60%。造型、制芯费用一般情况下约占铸件生产总成本的50%，金属熔炼占成本的25%，其余25%的成本要花费在铸件清理及其后处理工序上。清理工序成本中的70%也与造型材料有着密切的关系。由此可见，铸件生产中70%左右的成本和60%以上的质量问题都与造型材料有关。

高效造型、制芯材料和工艺的出现，往往会给铸造车间的面貌带来巨大的变化。如船用柴油机铸件、机床铸件采用树脂自硬砂代替原先的粘土干型砂，尺寸精度可达CT9~CT10级，比用粘土砂工艺生产高两级；铸件表面粗糙度可达$Ra12.5$~$50\mu m$，比用粘土砂高1~2级；铸件废品率可稳定在3%以下；车间单位面积的铸件产量比用粘土砂工艺时翻一番；铸件的清理效率提高3倍。再如，汽车制造厂采用冷芯盒制芯工艺，能耗约为壳型工艺的1/7，热芯盒的1/5，油芯的1/10；劳动生产率为热法工艺的1.5倍，油芯的10~20倍；铸件的尺寸精度提高到CT6~CT8级。显然，研究开发造型材料的新品种，生产供应符合铸造生产需要的造型材料，以及合理选用各种造型材料，对于提高铸件质量、降低成本、提高劳动生产率和改变铸造生产环境有着现实和深远的意义。

毛坯精化及近净形铸造、洁净及高效生产一直是世界各国铸造工作者共同追求的目标。随着我国制造业的发展，越来越多的外国企业将原来在其他国家生产的铸件转移到中国来生产，我国对铸件的需求量不断增加，对铸件质量(包括内在质量和表面质量)的要求也越来越高，这必将对造型材料提出更高的要求，并且造型材料在铸造生产中的重要地位将进一步显示出来。

随着国家对环保的重视和人们环保意识的增强，造型方法和材料的选择对铸造厂的节能起着关键性的作用。这不但关系到周围的环境，同时也关系到铸造企业本身的发展。据统计，每吨铸件至少消耗掉一吨左右的新砂，全国每年消耗新砂千万吨以上。同时，将废弃掉大量的旧砂。如不能对旧砂进行处理回用，必定会给环境带来严重污染。此外，砂处理产生的灰尘、造型、制芯、浇注过程中树脂等有机物的分解，溶剂挥发放出的有害废气，酸碱物质溶解在水中等都是污染的源头。因此，采用少污染和无污染的先进造型材料和工艺，对达到国家工业卫生排放标准的意义重大，有时甚至会成为铸造企业能否生存的关键。近年来国内外的许多铸造工作者正在不断研究和开发一些低能源消耗、少污染甚至无污染的高效造型材料。

1.3 砂型铸造造型材料的分类

砂型铸造是指造型材料以原砂为主要骨料的铸造工艺，按所用粘结剂可分为粘土型砂、无机粘结剂型（芯）砂、有机粘结剂型（芯）砂等不同种类，具体分类如图 1.1 所示。

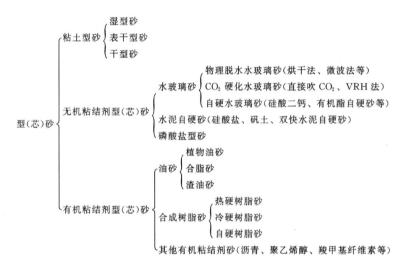

图 1.1 造型材料的分类

严格意义上，粘土型砂也属于无机粘结剂型砂。在这些型（芯）砂中，最为常用的是粘土型砂，用这种造型材料生产的铸件约占所有用砂型生产铸件产量的65%。粘土型砂采用天然矿物粘土作为粘结剂，因为天然矿物粘土有来源广泛、价格低廉、型砂便于反复使用、生产周期短等特点，所以粘土型砂不但为汽车、拖拉机制造等行业中大批量铸件生产时所采用，也为众多的单件小批铸件生产企业所采用。粘土砂湿型一般用来生产200kg以下的小铸件，如大多数的汽车铸铁件。较大的铸件，如机床铸件，过去一般采用粘土砂干型或半干型，现在大都采用各种自硬砂。除了粘土型砂外，在无机化学粘结剂型砂中，目前主要应用的是水玻璃砂，包括直接吹CO_2气体硬化的工艺，以及先抽真空再吹CO_2气体硬化的VRH工艺。近三四十年逐渐推广使用的有机酯水玻璃自硬砂使水玻璃砂溃散性差的问题得到了较好的解决，再生困难的问题也有所缓解，所以在一些生产铸钢件的工厂得到越来越多的应用。

有机粘结剂型（芯）砂的品种繁多，从早年就开始应用的桐油砂、亚麻油砂，到今天广泛采用的合成树脂粘结砂应有尽有。人们可以根据制造砂型或砂芯的需要，以及来源、价格、设备条件等方面来综合考虑采用哪种粘结剂。

此外，从造型材料的分类中还可以看出，铸造技术人员，特别是专门负责造型材料的技术人员需要尽量多地了解一些矿物学、化学方面的知识，这样可以减少工作中的盲目性，对提高铸件质量，增加企业的经济效益及保护人们的健康和环境也都具有重要意义。

1.4 我国砂型铸造造型材料的发展概况

随着我国经济的发展及与国际合作的增加，人们对铸件的质量重视程度不断提高，对造型材料的研究、开发和应用也得到了大大加强。从国家的第6个五年计划开始，国家对造型材料的主要厂矿进行了技术改造，建立并健全了一些造型材料（包括原砂、膨润土、树脂粘结剂、硬化剂等）的生产基地。许多科研部门、工厂、高等院校也投入大量人力、物力进行研究，成功开发了一批新的造型材料。

我国铸造用石英砂资源丰富，据中国铸造材料公司统计，年生产能力达600万t，但优质的天然石英砂少，加上多数砂矿是由地方开采，原砂不经加工，质量满足不了要求。近年来，随着对铸件质量要求的提高和发展新的造型、制芯工艺的需求，许多原砂生产企业已经注意对天然石英砂进行加工，建立了一些大型的原砂水洗、擦洗厂和很多中小型水洗砂厂，每年可供应百万吨水洗砂、10多万t擦洗砂，基本上满足了铸铁用砂的需求。已经研究成功的天然石英砂浮选精加工工艺，使石英质量分数由90%左右提高到97%，为铸钢用树脂砂、水玻璃砂提供了符合要求的原砂。

铸造用粘土和膨润土遍布各地，年生产能力分别达16万t和35万t，原有黑山、九台、信阳、江宁、余杭、宣化等的钙基膨润土经过活化处理，基本上能满足一般湿型砂铸造的要求。1974年我国首次在浙江省发现和开采了平山钠基膨润土，之后又相继探明辽宁黑山、吉林刘房子、辽宁凌源、新疆托克逊等钠基膨润土矿藏，其中有些膨润土的工艺性能可与美国怀俄明膨润土媲美。优质钠基膨润土在湿型铸造上的应用表明，它在成批大量生产以及一些具有大平面的铸件生产中能有效地防止铸型塌箱和铸件的夹砂缺陷，显著提高铸件的表面质量。目前，粘土矿在许多地方无序开采使得粘土质量难以保证。劣质或质量不稳定的粘土使得铸造厂的砂处理系统型砂质量难以控制，常常造成铸件废品和缺陷。

水玻璃是我国自20世纪50年代以来用量仅次于粘土和膨润土的一种无机化学粘结剂，尤其是铸钢行业广泛采用的CO_2硬化水玻璃砂和水玻璃自硬砂。目前，我国铸钢件年产量120多万t，其中70%以上是采用CO_2硬化水玻璃砂工艺，因此，中国可称得上是世界上应用水玻璃砂最多的国家之一。但是，水玻璃的加入量高、落砂性能差和再生困难一直困扰着铸造工作者。近年来，在改善水玻璃砂溃散性方面，许多科研院所、大专院校和工厂都做了大量的试验和研究工作，并取得了一定效果，使得水玻璃砂的残留强度大大降低、溃散性明显改善。一批成熟的溃散剂和改性水玻璃已商品化，一些工厂也已采用了酯硬化水玻璃砂造型。近十多年来，人们对水玻璃的基本组成和老化现象的认识不断加深，新型酯硬化水玻璃砂工艺的开发取得了突破性进展，采用新的酯硬化工艺，可使水玻璃砂强度提高30%以上。采取上述有效措施，可使型、芯砂中水玻璃加入量由传统方法的7%～8%降低到2.5%～3.5%，从而，水玻璃砂的溃散性得到明显改善，水玻璃砂进行干法落砂、再生和回用成为可能。大量的生产实践表明，采用优质石英砂、对水玻璃进行改善和采用专用的有机酯，是用好酯硬化水玻璃砂的关键。

曾一度取代植物油的一系列有机粘结剂，如亚硫酸盐纸浆残液、渣油和合脂粘结剂等仍在一些中小型企业中使用。近几十年，我国在合成树脂粘结剂的试验研究和推广应用方面有了较大的进展。沈阳铸造研究所、上海市机械制造工艺研究所、华中科技大学、重庆长江覆膜砂厂、沈阳铸造材料厂、江苏兴业树脂厂及各大专院校都做了大量的试验研究工作。目前，我国已能够生产各类自硬砂、冷芯盒、热芯盒、壳芯等工艺所用的树脂。树脂自硬砂工艺已被许多铸铁、铸钢和非铁合金铸造厂广泛采用，它们已用树脂砂生产了形状复杂、尺寸精度要求高、表面粗糙度值低、重达500多t的大型水轮机转子铸钢件；许多机床厂已采用树脂砂生产出口机床铸件。我国现有成套的树脂砂生产线已广泛用在机床、水泵、阀门、船用柴油机、机车车辆等行业中。在树脂砂工艺中，目前以呋喃树脂自硬砂为主。而酯硬化碱性酚醛树脂砂和酚尿烷树脂砂工艺也在很多工厂得到应用。总的来看，我国铸件生产中采用树脂自硬砂的比例还偏低，仍有很大的发展空间。

覆膜砂制芯、热芯盒制芯工艺是我国铸造厂的主要制芯工艺。三乙胺法冷芯盒和SO_2法冷芯盒制芯工艺也在一些工厂中得到应用。同时也出现了一些无污染或低污染的有机粘结剂制芯工艺，已能生产出高强度、低膨胀、低发气量、速硬、耐热和易溃散的覆膜砂及离心铸造用覆膜砂等数十个品种。我国的覆膜砂生产已由用户自产自用转变为专业厂集中生产供应，年产量达300～400t的覆膜砂专业生产厂已有数百家。覆膜砂不仅用于铸铁件，还用于铸钢件和非铁合金铸件，大量生产应用的复杂铸件有缸盖、水套、进排气歧管和泵体等。20世纪90年代以后，沈阳铸造研究所和华中科技大学等研究开发出一种优质的酚醛树脂，对提高覆膜砂的性能和扩大其品种起了一定的作用。

在涂料方面，近几年来为提高铸件质量和适应树脂砂工艺的要求，国内也加强了对涂料试验研究工作的重视，应用流变力学的理论指导，研制和生产了各种适合于铸钢、铸铁、非铁合金铸件及实型铸造的水基和醇基快干涂料，有些涂料的性能和使用效果已达到或接近国际同类涂料的水平，对改善铸件表面粗糙度、减少铸造缺陷起了重要的作用。最先由日本发明的转移涂料是一种与传统涂料不同的新型涂料，它可以使铸件的表面粗糙度接近精密铸造的水平，尺寸精度也有显著提高。国内已成功地将这一技术应用于模具和模样的制造，并取得了很好的效果。流涂涂料是适应于树脂砂生产线的一种新型涂料，它的涂敷效率比刷涂高10倍以上，铸件表面质量好，容易实现机械化生产，改善工人的劳动条件，在许多用树脂砂的铸造厂得到应用。涂料的效用也由单一的防粘砂作用向多功能化发展。

近年来，我国除积极研究开发造型材料及其工艺外，也十分重视引进国外有关造型材料的专有技术，如中国北方工业公司兴安化学材料厂引进的美国的呋喃树脂砂全套工艺和SO_2冷芯盒法，长春一汽集团和常州有机化工厂引进的美国的三乙胺气雾冷芯盒法及其所用树脂的制造技术，中国铸造材料公司从英国引进的涂料、水玻璃粘结剂、脱模剂、发热保温冒口和补贴材料 5 类 42 种规格的产品等，从而大大促进了我国造型材料及相关工艺的发展。

随着造型材料和工艺的发展，我国造型材料的测试技术也有了较大的发展。在清华大学、沈阳铸造研究所、华中科技大学、邯郸市自动化仪表厂等众多单位的共同努力下，造型材料测试仪器已由原来测试型砂性能的老八件发展到近百个品种，而且在仪器的测试精度、可靠性和智能化方面都有了明显改进，基本上满足了造型材料的测试要求。除了实验室的测试仪器之外，我国还自行开发和引进了一些造型材料在线检测控制系统，如水分、紧实率的在线检测控制系统，型砂性能的在线检测控制系统等。清华大学、华南理工大学、哈尔滨理工大学、沈阳工业大学、东南大学和青岛天泰铸造设备有限责任公司等单位在这方面做了许多研究开发工作。

第 2 章 原 砂

本章知识构架

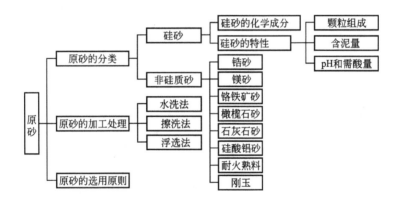

本章教学目标与要求

- 掌握二氧化硅的结构及石英、鳞石英和方石英的相互转化，掌握3种石英的比容、膨胀率与温度之间的关系；
- 掌握原砂粒度、颗粒形状及颗粒组成的表示方法，掌握 AFS 粒度的计算方法；
- 熟悉评价铸造用原砂性能的指标；
- 熟悉原砂含泥量的定义，了解原砂 pH 和需酸量的测定方法；
- 熟悉常见的非硅质砂，了解不同原砂的线膨胀情况；
- 了解铸造用原砂的定义、作用和分类，了解硅砂的构成及化学成分；
- 了解原砂加工处理的必要性及常用加工处理方法，熟悉原砂的选用原则。

导入案例

据统计，造成铸件废品的原因一半是由造型材料引起的，其中和砂有关的缺陷占60%以上，而优质砂的成本占生产总成本的比例还不到7%，即使用最便宜的当地土砂，直接成本也只能降低5%左右，如果计算废砂处理和废品率的影响，砂对于精密铸造的综合效益是非常明显的。

江苏某树脂砂铸造厂，使用树脂自硬砂铸造多年，后来公司发展了铸钢件，出现了型砂耐火度不够的问题，换了几次耐火涂料都不成功。围场擦洗砂40/70目的含硅量为93%，烧结点为1520℃，用于铸钢件耐火度显然不够。而后改用福建海砂，含硅量97%，价格比围场擦洗砂贵一倍多，但因高温膨胀增加，造成脉纹和粘砂缺陷增加。根据铸钢件比较小和浇注温度下降快的实际情况，使用含硅量95%的砂应能满足要求，因此，采用福建海砂和围场擦洗砂1∶1混合使用，砂成本下降且效果理想。

内蒙古某工厂铸钢车间的气动微震造型机生产中、小铸件，使用主要集中在40目的40/70粗粒石英砂混制型砂，平时很少对型砂进行检测，但随着石英砂回收使用次数的增多，铸件表面产生了严重的粘砂铸造缺陷。为了找到铸造缺陷产生的原因，该厂进行了一次专门的型砂性能检测，发现透气性居然高达1070左右，远远偏离工艺规程规定的透气性值80，而透气性偏高主要是由于型砂粒度变细造成的。因此，可以认为砂的目数已经偏离了40/70的标准。为此，每隔一段时间，在型砂中添加一定数量的目数为70/140原砂，结果表明粘砂铸造缺陷大大降低。同时，该厂也进行另一项实验，将使用一段时间的型砂在旋流分离器中清洗，清洗后的砂子返回到旧砂中使用。实验结果表明：该方法与添加粗原砂相当，也达到了降低粘砂铸造缺陷的目的。

以上案例表明了砂在造型中的重要性，铸造面对的是多因一果的问题，重视砂无疑是对的，但真正用好砂也不是一件容易的事情。不同的铸造有不同的要求，任何原砂都不可能同时具有所有优良性能，只能根据不同的铸造工艺和质量要求，从生产实际出发，合理选择原砂，合理使用原砂。

问题：
1. 耐火度可作为评价原砂的指标，那么除此之外，原砂还有哪些性能指标？
2. 原砂的目数表示为40/70和70/140等，它们的含义是什么？如何定义目数？
3. 案例中提到了海砂和擦洗砂，那么原砂的加工处理方法有哪些？

资料来源：http://baike.cdgtw.com

2.1 概　　述

原砂是指铸造厂配制型(芯)砂所用的砂子，是型(芯)砂中的基本组成部分。原砂的化学性质和物理性状对型(芯)砂的工艺性能乃至用其制得的铸件的质量都有很重要的影响。按照降低生产成本和保证铸件质量的原则适当地选用原砂，一直是铸造工艺人员最为关切的问题。要做出正确的选择，不但要充分考虑铸件的材质和结构特点、生产批量及可供利用的资源条件，而且还要对原砂的各种特性做尽可能全面的分析。

在过去很长的历史时期内，铸造用的型砂都采用粘土类物质作粘结剂。化学粘结剂的使用，是在第二次世界大战以后，至于其在铸造行业中占有一定的地位，则是最近 30 多年的事。因此，过去对原砂的认识，是在长期使用粘土粘结砂的基础上逐步建立的。随着化学粘结剂使用范围的日益扩大，对于这类新的粘结剂体系，原先建立的对原砂的认识已远远不够，而且有相当一部分已不再适用。即使是对于粘土粘结砂，随着铸造技术的进步和新检测手段的实用化，人们对原砂的认识也需要不断更新和补充。

铸造原砂的用量也是非常重要的。近年来，出于经济和环境方面的考虑，人们都十分重视旧砂的回收与再生，投入生产的砂再生系统也日益增多。同时，在设计铸造工艺时，也比较注重降低用砂量。尽管如此，即使在先进的工业国，每生产 1t 铸件，仍大致要耗用 1~2t 原砂。

型（芯）砂要受高温液态金属的作用，原砂的化学成分是重要的特性，通常都要根据铸造合金的浇注温度和铸件的厚度来确定对石英砂质量的要求。在特定的条件下，需要采用特种砂来代替石英砂。但是，对于铸造用的原砂，其物理性状有时比化学成分更为重要。原砂的表面性状、颗粒形状、粒度及其分布状况等，都是评定其是否适于生产优质铸件的基本指标。

根据原砂的基本组成，铸造原砂通常可分为硅砂和非硅质砂两大类。

2.2 铸造用硅砂

铸造用的原砂仍以硅砂为主。硅砂资源丰富，价格低廉，其性能通常可满足铸件的要求。硅砂是岩石经过风化作用，再经风、水、冰川等的搬运和沉积作用而成的天然矿物。由于其在形成过程中的经历不同，天然硅砂可分为山砂、河砂和海砂。山砂多是岩石风化后在原地沉积而成，含有较多的泥分和杂质。河砂和海砂是经水力搬运后沉积下来的矿物，泥分较少，由于运动中的摩擦作用，形状多为圆形或半圆形。经风力搬运而沉积的砂为风积砂，多产在内陆地区，泥分较少，形状也较圆。沉积后的硅砂，经地壳运动时的高温高压作用，可形成石英岩。石英岩破碎加工后，就是人造硅砂。人造硅砂杂质少，其形状呈不规则的尖角形或多角形。

2.2.1 硅砂的化学成分和分类

1. 化学成分

硅砂是以石英为主的矿物，但与其共生的还有其他矿物，主要有长石、云母、铁的氧化物（如赤铁矿 Fe_2O_3、磁铁矿 Fe_3O_4、褐铁矿 $2Fe_2O_3 \cdot 3H_2O$）、碳酸盐（如石灰石 $CaCO_3$、镁石 $MgCO_3$、白云石 $CaCO_3 \cdot MgCO_3$）、硫化物（如黄铁矿 FeS_2）等，其中主要是长石和云母。在一般条件下，矿物成分较难分析，故通常进行化学分析。根据化学分析的结果，可以大致判断矿物成分的纯度。

硅砂的矿物成分和化学成分直接影响砂子的耐火度、热化学稳定性和复用性，对在铸件表面上是否产生粘砂也有很大的影响。

硅砂中除了石英以外的成分都是杂质，石英、长石和云母的主要矿物特性见表2-1。石英的化学成分是SiO_2，它是无色透明或半透明的固体，其晶体是骨架状硅氧四面体结构，每个硅原子的周围有4个氧原子排列成正四面体，硅原子位于四面体的中心，氧原子位于四面体的4个顶点，硅原子与氧原子以强的共价键相连。二氧化硅的晶体结构如图2.1所示。从图中可以看出，Si—O键在空间不断重复而形成体型的石英晶体。这种结构中的硅和氧原子数之比是1：2，组成最简式是SiO_2。由于原子间以强的共价键相连，要破坏此Si—O键，需要很大的能量，所以SiO_2有很高的熔点和硬度，而且耐磨性也较好。

表2-1 石英、长石和云母的特性

名称	化学式	密度/(kg·cm^{-3})	莫氏硬度	熔点/℃
石英	SiO_2	2.65	7	1713
钠长石	$Na_2O·Al_2O_3·6SiO_2$	2.62～2.65	6～6.5	1100
钾长石	$K_2O·Al_2O_3·6SiO_2$	2.5～2.6	6	1170～1200
钙长石	$CaO·Al_2O_3·2SiO_2$	2.74～2.76	6～6.5	1160～1250
白云母	$K_2O·3Al_2O_3·6SiO_2·H_2O$	2.75～3.0	2～2.5	1270～1275
黑云母	$K_2O·6(Mg·Fe)O·Al_2O_3·6SiO_2·H_2O$	2.7～3.1	2.5～3.0	1145～1150

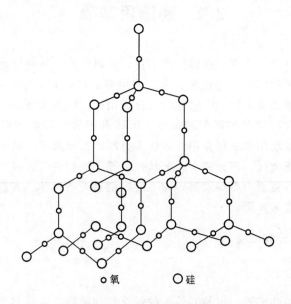

图2.1 二氧化硅的晶体结构

2. 分类

自然界中存在的结晶二氧化硅可划分为石英、鳞石英和方石英3种不同的晶型。结晶二氧化硅在不同的温度下能以不同的晶型存在，若改变温度，它能从一种结晶形态转变为另一种结晶形态，其转变情况如下：

$$\alpha\text{-石英} \xrightleftharpoons{870℃} \alpha\text{-鳞石英} \xrightleftharpoons{1470℃} \alpha\text{-方石英} \xrightleftharpoons{1713℃} \text{熔融石英}$$

↓↑573℃　　↓↑163℃　　↓↑180~279℃　　急冷 ↓↑加热

β-石英　　β-鳞石英　　β-方石英　　　　石英玻璃

↓↑

γ-鳞石英

其中 α 是高温稳定晶型，β 和 γ 是低温稳定晶型，以上的同质异晶转变可以分为两种情况。

（1）横向转变。如 α-石英、α-鳞石英、α-方石英之间的转变，它们的晶体结构显著不同，故在相互转变时，必须先将原来的硅氧骨架拆散，破坏原有的 Si—O 键，然后再形成新的骨架，这就需要很大的能量，并经历较长的时间。这种转变称为慢转变或重建转变。

（2）纵向转变。如 β-石英与 α-石英之间的相互转变，由于它们的结构差别很小，Si—O 四面体之间排列方式是相同的，只是键角略有变化，并不需要将原有骨架拆散再重新排列，只需在原有骨架基础上将各 Si—O 四面体稍微扭动，做一点位移。这种转变需要的能量小，转变速度快，故称为快转变或位移转变。

铸造用的硅砂为 β 型，β-石英在 573℃ 转变为 α-石英，同时伴随着体膨胀。在铸造条件下，经常遇到的是 β-石英与 α-石英的同质异晶转变，这种转变过程体膨胀可使铸型产生较大的应力和变形，导致铸件产生夹砂缺陷。石英加热时比容、体膨胀率与温度的关系如图 2.2 所示。

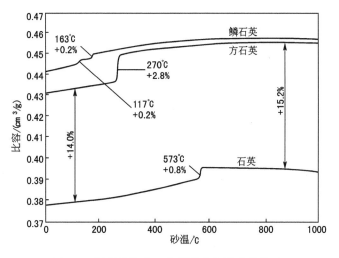

图 2.2　石英的比容、体膨胀率与温度的关系

长石和云母都是铝硅酸盐，前者是骨架结构，后者是层状结构。它们的熔点较低、硬度较小。硅砂中其他矿物也都是有害杂质，在高温下都易形成低熔点化合物。按照国家标准 GB/T 9442—2010《铸造用硅砂》中的规定，根据 SiO_2 的含量，铸造用硅砂的分级见表 2-2。其中 SiO_2 含量在 90% 以上的主要用于铸钢件和大型铸铁件；SiO_2 含量较低的主要用于有色金属铸件和小型铸铁件。硅砂越纯，熔点越高，复用性越好，但热膨胀大，抗夹砂能力小。

表 2-2 铸造用硅砂根据二氧化硅含量分级表

分级代号	最小二氧化硅含量/(%)	最大含泥量/(%)
98	98	0.20
		0.50
96	96	1.00
93	93	0.30
		0.50
		1.00
90	90	2.00
85	85	1.00
		2.00
80	80	10.00

2.2.2 原砂的特性

原砂的性能主要是根据铸造的要求提出来的,用这些性能来评价原砂的质量。铸造对原砂性能的要求主要有原砂的颗粒组成、原砂的含泥量及原砂的pH和需酸量等。

1. 原砂的颗粒组成

原砂的颗粒组成包括原砂颗粒的粒度、粒度分布、颗粒形状及其表面性状等。颗粒粗、分布集中的原砂制备的混合料透气性好,粗砂的耐火度较细砂高,圆形砂表面积最小,故粘结剂用量也最少,这对有机粘结剂有很大意义。颗粒表面性状是指将洗后烘干的砂子在显微镜下观察其表面是否有裂纹、粗糙程度如何、是否粘附有杂质等,它影响粘结剂在砂粒表面的附着力。颗粒组成还影响铸件的粗糙度和夹砂等缺陷的产生。可见,颗粒组成是原砂的重要性能指标之一。

原砂颗粒的粒度是指宏观地观察这种集合体所得的有关颗粒大小的概念,一般采用筛分法测定。国际标准化组织(ISO)和几个主要工业国的标准化机构都规定了各自的铸造用标准筛,见表 2-3。

表 2-3 ISO 标准筛及一些工业国的标准筛

ISO 铸造用标准筛 公称开口尺寸/mm	美国 ASTM 标准筛		英国标准筛		德国标准筛	
		目数	公称开口尺寸/mm	目数	公称开口尺寸/mm	编号	公称开口尺寸/mm
—	—	6	3.35	—	—	—	—
2.00	—	8	2.36	—	—	—	—
1.40	—	12	1.70	10	1.676	1	1.40
1.00	—	16	1.18	16	1.003	2	1.00
0.710	(710)	20	0.850	22	0.699	3	0.710
0.500	(500)	30	0.600	30	0.500	4	0.500
0.355	(355)	40	0.425	44	0.353	5	0.355

(续)

ISO 铸造用标准筛公称开口尺寸/mm		美国 ASTM 标准筛		英国标准筛		德国标准筛	
		目数	公称开口尺寸/mm	目数	公称开口尺寸/mm	编号	公称开口尺寸/mm
0.250	(250)	50	0.300	60	0.251	6	0.250
0.180	(180)	70	0.212	72	0.211	7	0.180
0.125	(125)	100	0.150	100	0.152	8	0.125
0.090	(90)	140	0.106	150	0.104	9	0.090
0.063	(63)	200	0.075	200	0.076	10	0.063
0.045	(45)	270	0.053	300	0.053	—	—

ISO 标准筛以筛孔的公称开口尺寸为筛号，筛孔开口尺寸在 1mm（含 1mm）以上者以其尺寸的毫米值为筛号；开口尺寸在 1mm 以下的，以其尺寸的微米值为筛号。美国和英国以筛网的目数为筛号，德国标准筛的编号则只是序号。所谓目数是在平行于网丝方向，每 1 英寸（即 25.4mm）长度上包含筛孔的数目。

ISO、美国和德国的标准筛，虽然筛孔的开口尺寸不尽相同，但却有一个共同的规律，即：系列中各筛的开口尺寸严格地以 $1/\sqrt{2}$ 的乘数递减。任何相邻两筛，粗筛的开口尺寸都是细筛的 $\sqrt{2}$ 倍。相间一筛的任何两筛，粗筛的开口尺寸都是细筛的 2 倍。只有英国的标准筛略有出入。

我国铸造行业现今所用的标准筛，大部分都是按 JB/T 9156—1999 制造的，除没有 8 目和 16 目外，其基本规格与 ASTM 标准筛完全相同，共有 11 个筛子，11 个筛子自上而下筛孔越来越小。

原砂颗粒的粒度表示方法为：砂样先用水洗去泥分，经烘干后倒入标准筛中，在筛砂机上筛 15min，然后将各筛上的砂子分别称重，换算成百分比。按 JB/T 9156—1999 规定，取筛分后砂粒最集中的相邻 3 个筛子中的头和尾两个筛号表示该砂颗粒的粒度，并在其后标出这 3 个筛子中砂子的总百分数。在此标准中还规定了头和尾两筛相比，砂子留量大者写在分子上，表 2-4 列出了两种原砂的筛分结果和粒度表示方法。

表 2-4 原砂粒度分布及表示方法举例

原砂	粒度分布/(%)											含泥量/(%)	表示方法
	6	12	20	30	40	50	70	100	140	200	270	底盘		
1#	0	0	1.4	3.5	12.3	10.7	22	26.6	21.4	1.2	0.4	0.2	0.5	70/140～70%
2#	0	0	2.3	6.6	22	22.8	28.6	11.8	4	0.4	0.2	0.3	0.9	70/40～73.4%

美国铸造师学会采用 AFS 细度（或称平均细度）来表示砂子的粒度，实质是将砂样换算成同样重量的均一直径的颗粒，而砂粒的总表面积与原来的砂粒一样，这样均一砂粒所能通过的筛号就称为 AFS 细度。由于该方法表示了砂样的总的理论表面积，所以被多数国家采用。

计算 AFS 细度时所采用的乘数见表 2-5。实际上，求 AFS 细度的乘数，除特别粗的和底盘上的外，都是前面一筛的筛号数。如果不考虑网丝的直径，筛子的筛号数与筛孔开口尺寸成反比，也就是与通过该筛的砂粒直径成反比，所以，求AFS细度所用的乘数虽然不是砂粒的比表面积，但大致会与比表面积成正比。

表2-5 计算AFS细度所用的乘数

ASTM筛号	6	12	20	30	40	50	70	100	140	200	270	底盘
所用乘数	3	5	10	20	30	40	50	70	100	140	200	300

AFS细度的求法如下：称取原砂50g，用冲洗法除去泥分，烘干后进行筛分；称取留在每一筛上的砂粒的重量，并算出每一筛上的砂占原砂（去泥分以前）的百分数；将这些结果各乘以表2-5中所列的乘数；将所有的乘积相加，并将乘积的总和除以各筛上砂粒百分数的和，所得结果就是AFS细度。例如，某种原砂试样重50g，除去泥分并筛分后，结果见表2-6。

表2-6 计算AFS细度举例

ASTM标准筛号	50g试样在各筛上的停留量		乘　　数	乘　积
	/g	/(%)		
6	0	0.0	3	0
12	0	0.0	5	0
20	0	0.0	10	0
30	0	0.0	20	0
40	0.20	0.4	30	12
50	0.65	1.3	40	52
70	1.20	2.4	50	120
100	2.25	4.5	70	315
140	8.55	17.1	100	1710
200	11.05	22.1	140	3094
270	10.90	21.8	200	4360
底盘	9.30	18.6	300	5580
总和	44.10	88.2	—	15243

$$AFS 细度 = \frac{乘积的总和}{砂粒百分数的总和} = \frac{15243}{88.2} = 173$$

上面说的AFS细度的算法，是美国铸造师学会规定的标准步骤。实际上，可用如下算法：称取原砂50g，去泥烘干后进行筛分，称取留在每一筛上的砂粒质量，并乘以相应的乘数，将乘积的总和除以各筛上砂粒质量的和，即得到AFS细度。

我国机械行业标准规定原砂的颗粒形状分为圆形、多角形和尖角形3种，其代表符号分别为○、□和△，3种砂粒形状如图2.3所示。原砂颗粒若有两种以上的形状，如果其他形状的颗粒数不超过1/3，则只用其主要形状表示。如果其他形状超过1/3，则用两种符号表示，如○-□，表示砂粒为圆形和多角形，圆形的多于多角形的，而且多角形砂粒数量超过1/3。

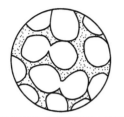 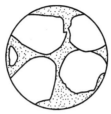 

(a) 圆形砂：颗粒为圆形或接近圆形，表面光滑，没有突出的棱角 (b) 多角形砂：颗粒呈多角形，且多为钝角 (c) 尖角形砂：颗粒呈尖角形，且多为锐角

图 2.3　原砂的颗粒形状

上述规定的砂粒形状，没有一个形状定量的概念，所以是很粗略的观察结果。于是，出现了一些以测定或计算比表面积为基础的方法，如角形系数法、表面吸附法、计算 AFS 细度时考虑粒形因素的方法等。角形系数法是被广泛采用来表示砂粒形状的方法，其含义就是将球形砂粒的角形系数作为 1，用其他不规则的砂粒的表面积与此球形砂粒表面积的比值作为该不规则砂粒的角形系数。这样就为砂粒形状提供了一个定量的概念。角形系数接近于 1，其形状近似正球体；远大于 1 者，则为尖角形。大致上可以认为角形系数为 1.0～1.3 者为圆形砂，大于 1.6 者为尖角形砂。铸造用硅砂按角形系数的分类见表 2-7。

表 2-7　铸造用硅砂按角形系数分类（GB/T 9442—2010）

形　状	圆形	椭圆形	钝角形	方角形	尖角形
分类代号	○	○-□ 或 □-○	□	□-△ 或 △-□	△
角形系数	≤1.15	≤1.30	≤1.45	≤1.63	>1.63

综上所述，原砂的颗粒组成可用规定的符号表示，铸造用硅砂的牌号表示方法如下。

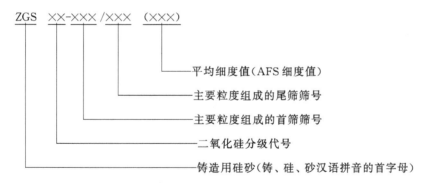

【**例 2-1**】　ZGS 93-40/100(53) 表示该牌号硅砂的二氧化硅为 93 级，主要粒度组成为 4 筛，其首筛筛号为 40，尾筛筛号为 100，其粒度的平均细度值为 53。

2. 原砂的含泥量

原砂的含泥量是指原砂中泥分的百分含量，凡是直径小于 0.022mm 的微粒，不论它是什么矿物成分，只要能用常规搅拌法或冲洗法分离的都为泥分。

对于粘土粘结砂，原砂中含泥量的影响并不明显；对于不用粘土为粘结剂的型（芯）砂，如水玻璃砂、树脂砂、油砂等，含泥量对性能的影响很大。一方面，会降低其干强度和透气性;另一方面,泥分中往往含有碱、碳酸性盐或碱性氧化物,使原砂的需酸量增大,影响树脂砂硬化。有机粘结剂的型(芯)砂,原砂含泥量一般小于0.5%。一般而言,铸造用砂含泥量小于1%,含泥量在1%~50%之间的原砂为粘土砂,含泥量大于50%的不作为砂。

3. 原砂的pH和需酸量

当采用树脂砂时,不管用何种树脂和硬化方式,其硬化都受多种因素的制约。其中,原砂的化学性质对树脂砂的硬化有不可忽视的影响。含有碱性物质的原砂,将延缓酸硬化树脂砂的硬化,甚至会使其不能硬化。对于胺硬化的树脂砂,原砂中的碱性物质将使其硬化进程加速。因此,就树脂砂所用的原砂而言,检测并控制其pH和需酸量是必要的。

pH是指示某种溶液或悬浮液的酸度或碱度的。对于原砂而言,只能在加水搅拌以后才能测得此值。因此,原砂的pH是其中含有的能溶于水的碱性或酸性物质的表征,并不能全面地反映原砂的碱性。

测定pH的方法如下:取待测原砂25g,置于250mL的烧杯中,加蒸馏水100mL,在磁力搅拌器上用包有聚四氟乙烯的搅拌棒搅拌,用酸度计测定悬浮液的pH,每30s读取一次数据,直到数值恒定为止,此时的值就是原砂的pH。

原砂中含有不溶于水的碱性物质及能与酸作用的碳酸盐时,这些物质并不影响其pH,但能与树脂砂的酸性硬化剂发生反应,从而影响树脂砂的硬化过程和最终性能。需酸量是原砂中含有能与酸反应的物质的表征,它表明用酸作为硬化剂时,原砂本身所需的酸的多少,与pH是完全不同的概念。很有可能见到这种情况:就原砂的pH而言,其数值小于7,呈酸性,但其需酸量却相当高。

测定需酸量的方法如下:称取待测原砂50g,置于250mL的烧杯中,加pH为7的蒸馏水50mL在磁力搅拌器上用包有聚四氟乙烯的搅拌棒搅拌;再往烧杯中加入0.1mol/L的盐酸50mL,并搅拌5min,然后放入测pH的电极,用0.1mol/L的NaOH溶液滴定,在pH为3.0、4.0、5.0或其他预定值时,读取耗用的NaOH溶液的毫升数。用原加盐酸的毫升数(50mL)减去NaOH溶液的毫升数,就是到预定pH时原砂的需酸量。

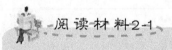

阅读材料2-1

硅砂简史和资源

中国在公元17世纪已使用硅砂作造型材料,用于制造钟、镜、锅和火炮等铸件。但早期使用的多为天然含粘土的硅砂,即山砂和河砂,它有较好的可塑性,可直接用于制造铸型和型芯,适于当时手工生产的条件。进入工厂化的大规模生产后,特别是造型机械化后,这种天然含粘土的硅砂性能的均一性差,型砂的质量难以控制,不能满足工艺要求,因此开始采用低含泥量的天然硅砂和将硅石破碎制成的人工硅砂。同时,也扩大了各种非硅质砂的使用。树脂砂造型造芯工艺的应用和发展,对铸造用砂的质量又提出了更高的要求,如细粉少、比表面积小、耗酸值低等。此外,对砂粒大小、形状和粒度分布状况也有了新的要求。一些缺乏优质砂源的国家还发展了硅砂洗选技术,以提高硅砂的品质。

自然界中硅砂资源充足，但适合铸造用的 SiO_2 含量高的天然硅砂并不太多。中国于1951年开始，对境内的铸造砂资源陆续进行了普查，但主要限于交通干线和主要工业城市附近。普查结果表明，中国可用于铸造的天然硅砂资源十分丰富，分布范围很广。内蒙古哲里木盟天然硅砂储藏量达数亿吨，其颗粒形状接近圆形，SiO_2 含量为 90% 左右。福建晋江、东山的海砂 SiO_2 含量为 94%～98%，含泥量低，均是较好的天然硅砂。江西的都昌、星子、永修县均有大量第四纪河湖相沉积硅砂，SiO_2 含量为 90% 左右，含铁量低，碱性氧化物少，粒度均匀，是较好的湖砂。广州、湖南等地有丰富的易破碎的风化砂岩，可加工成人工硅砂，其 SiO_2 含量在 96% 以上，可用于铸钢件的生产。

➡ 资料来源：http://wiki.jxwmw.cn

2.3 非硅质砂

由于硅砂是酸性的，易与液态金属中的碱性氧化物生成低熔点的硅酸盐，使铸件粘砂；此外，硅砂的热膨胀率大，常使铸件产生夹砂。因此，在一些特殊的场合，硅砂就不能满足要求，需要一些热膨胀率小、化学性质稳定的非硅质砂。由于非硅质砂的价格昂贵，迄今为止，其用量仍不到原砂总用量的 2%。

非硅质砂是以不游离 SiO_2 为主要组分的各种原砂的总称，作为造型材料的非硅质砂主要有锆砂、镁砂、铬铁矿砂、橄榄石砂、石灰石砂、硅酸铝砂和刚玉等。石英砂和常见的非硅质砂如图 2.4 所示。

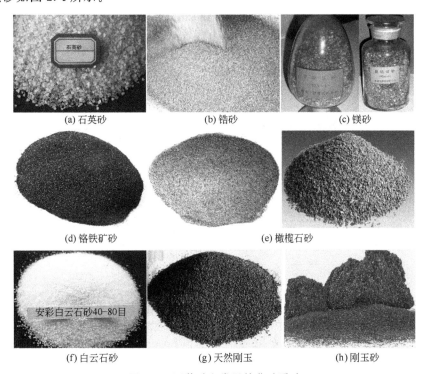

(a) 石英砂　　(b) 锆砂　　(c) 镁砂

(d) 铬铁矿砂　　(e) 橄榄石砂

(f) 白云石砂　　(g) 天然刚玉　　(h) 刚玉砂

图 2.4　石英砂和常见的非硅质砂

1. 锆砂

锆砂又称锆英砂，主要由硅酸锆（$ZrSiO_4$）组成，硅酸锆可在1450℃时分解出ZrO_2和SiO_2。纯的锆砂含ZrO_2 67.1%，商品锆砂含ZrO_2 63%～65%，密度为4.0～4.7g/cm³，莫氏硬度为7～8级，熔点为2400℃左右。当锆砂中含有少量的Fe_2O_3、CaO、Al_2O_3等杂质时，它的熔点将降至2040～2205℃，呈棕黄色。

锆砂的主要产地是澳大利亚，其产量约占世界总产量的70%，我国广东湛江地区、海南岛、山东荣成和福建诏安附近有丰富的锆砂资源。原锆砂中含有微量的放射性元素钍，但经处理后对人体的健康基本没有影响。经过精选的锆砂颗粒一般为100/200目，加工成粉末状的锆砂粉95%通过200目。

虽然锆砂仍为酸性造型材料，但它具有如下优点：①锆砂多为圆形或椭圆形颗粒，后者类似两端磨圆的圆柱体，其表面光滑，很少有裂隙及凹坑，故耗用粘结剂的量较少；②在各种铸造用砂中，锆砂的热膨胀最小，约为硅砂的1/3，一般不会造成型腔表面起拱或夹砂，锆砂及其他几种砂的线膨胀如图2.5所示；③高温下热化学稳定性极好，基本上不被液态金属和金属氧化物润湿；④需酸量很低，适合于用酸硬化的树脂作粘结剂；⑤热导率和蓄热系数高，比硅砂大一倍，故能使铸件冷却凝固较快并有良好的抗粘砂性能。

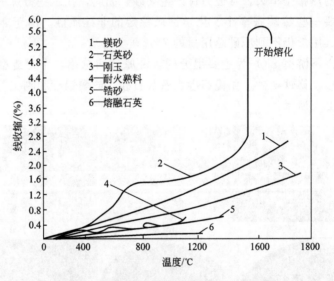

图2.5 不同原砂随温度变化的线膨胀曲线

我国专业标准JB/T9223—1999规定了锆砂的等级和化学成分要求，见表2-8。

表2-8 锆砂的等级和化学成分

分类等级	化学成分/(%)					
	$(Zr·Hf)O_2$	SO_2	TiO_2	Fe_2O_3	P_2O_5	Al_2O_3
	≥	≤				
1	66.00	33.00	0.30	0.15	0.20	0.30
2	65.00	33.00	1.00	0.25	0.20	0.80
3	63.00	33.50	2.50	0.50	0.25	1.00
4	60.00	34.00	3.50	0.80	0.35	1.20

2. 镁砂

镁砂是菱镁矿（$MgCO_3$）高温煅烧再经破碎分选得到的，主要成分是氧化镁，其成分见表2-9。纯氧化镁的熔点为2800℃，但镁砂中因存在SiO_2、CaO、Fe_2O_3等杂质，使其熔点降低至1800℃左右。镁砂的莫氏硬度为4～5级，密度约3.5g/cm³，是碱性材料，不与FeO或MnO等起反应。从图2.5可以看出镁砂热膨胀率较硅砂小，没有因相变引起的体积突然膨胀。

表2-9 镁砂的成分

等级	MgO/(%)	CaO/(%)	SiO_2/(%)	耐火度/℃	烧减率/(%)
1	≥90	≤4	≤4	>1900	≤0.6
2	≥85	≤6	≤5	>1900	≤0.6

菱镁矿经低温煅烧（800～900℃）得到的是疏松的活性氧化镁，由于其化学活性大，不能用作原砂。只有在1500～1600℃以上高温煅烧得到的稳定晶体结构的氧化镁，其体积致密，密度较大，方可作为造型材料使用。

菱镁矿煅烧技术较复杂，而由其煅烧而来的镁砂价格比硅砂贵6倍左右，所以仅用在生产重大高锰钢铸件、高熔点合金钢铸件以及表面质量要求较高的铸钢件。

3. 铬铁矿砂

铬铁矿砂是将铬铁矿破碎而得到的砂粒，属于尖晶石类矿物，主要矿物有铬铁矿$FeCr_2O_4$、镁铬铁矿$(Mg·Fe)Cr_2O_4$和铝镁铬铁矿$(Fe·Mg)(Cr·Al)_2O_4$。其主要化学成分是Cr_2O_3，纯的铬铁矿含Cr_2O_3 67.9%，其次是MgO、FeO、Al_2O_3和少量的SiO_2，化学通式可写成$RO·R'_2O_3$，R可以是Mg^{2+}或Fe^{2+}，也可以两者以任意的比例并存；R'可以是Cr^{3+}，也可以同时兼有Fe^{3+}或Al^{3+}。

用作铸造原砂的铬铁矿中，Cr_2O_3的含量通常仅为40%左右，杂质的含量相当多，有害杂质主要是碳酸盐（$MgCO_3$、$CaCO_3$），在浇注时分解出CO_2，使铸件产生气孔。因此，铸造用的铬铁矿砂通常需要在900～1000℃下焙烧，灼烧减量应低于1.5%。

铬铁矿砂熔点为1450～1850℃，热导率较硅砂大，热膨胀小，不与金属氧化物起反应，有很好的抗碱性渣作用。通常铸造用的铬铁矿砂要求Cr_2O_3>36%、CaO<2%、SiO_2<7%、FeO∈12%～18%、MgO∈13%～17%、Al_2O_3∈8%～12%。目前，供应的铬矿砂粒度为100/200目。由于锆砂短缺，价格昂贵，而铬铁矿砂又具有锆砂的一些主要优点，故常用来代替锆砂。

4. 橄榄石砂

橄榄石砂是将橄榄石破碎而制得的砂粒，故颗粒形状为尖角形和多角形。通常所说的橄榄石砂是镁橄榄石（Mg_2SiO_4）和铁橄榄石（Fe_2SiO_4）类质同相系的中间物。镁橄榄石中含MgO 57.1%、SiO_2 42.9%，熔点为1890℃。铁橄榄石中含有FeO 70.6%、SiO_2 29.4%，熔点为1205℃。图2.6是两种橄榄石的平衡图，由图可见，随着铁橄榄石含量的增加，中间物的熔点急剧下降。作为铸造用的橄榄石，应以镁橄榄石为主要组分。

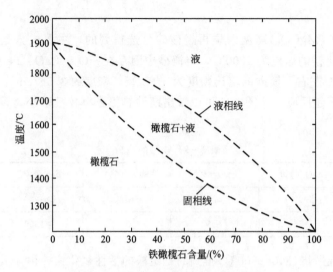

图 2.6 镁橄榄石和铁橄榄石平衡图

适于铸造用的橄榄石矿主要产地有挪威、瑞典、奥地利及美国,我国陕西商南、湖北宜昌和河南西峡也有优质的橄榄石矿。

20世纪20年代到30年代,挪威率先使用橄榄石砂生产铸钢件。随后,美国、日本、瑞典等也相继采用橄榄石砂。因橄榄石砂没有硅砂那样的相变膨胀,铸件上不会产生膨胀缺陷。由于在高温下耐 FeO 和 MnO 侵蚀的能力较强,橄榄石砂用以生产高锰钢铸件的效果尤佳。

橄榄石矿中含有蛇纹石之类的矿物形成的脉石,如果橄榄石砂中含有的蛇纹石太多,则其灼烧减量(LOI)增大,会导致铸件产生气孔或针孔。我国机械行业标准规定镁橄榄石砂的等级和要求,见表2-10。

表 2-10 镁橄榄石砂的等级要求(JB/T 6985—1993)

等级	MgO/(%)	SiO_2/(%)	Fe_2O_3/(%)	LOI/(%)	含水量/(%)	含泥量/(%)	耐火度/℃
1	≥47	≤40	≤10	≤1.5	≤0.5	≤0.5	≥1690
2	≥44	≤42	≤10	≤3	≤0.5	≤0.5	≥1690
3	≥42	≤44	≤10	≤3	≤1.0	≤0.5	≥1690

5. 石灰石砂

通常所说的石灰石砂,实际上包括石灰石砂和白云石砂。

石灰石砂是石灰石经破碎筛分制成的,其主要成分是 $CaCO_3$。石灰石的硬度低,在混砂时易于破碎;在900℃之上 $CaCO_3$ 迅速分解成 CaO 和 CO_2,CaO 占56%,CO_2 占44%,发气性很大。因此,要求型和芯的透气性很好,对原砂粒度要求严格。各厂多用4筛制(颗粒主要分布在相邻4个筛上),有20/50目和30/70目,颗粒形状近于多角形为好。

纯白云石砂的结构式为 $CaMg(CO_3)_2$,按氧化物计算理论组成为 CaO 30.4%、MgO 21.9%、CO_2 47.7%,在800℃以上开始热解。用作造型材料的白云石,通常含 CaO 35%以上,含 MgO 9%~17%。

石灰石砂和白云石砂主要用水玻璃作粘结剂，用于铸钢件生产，铸件不粘砂，溃散性较好，易于清砂。但是由于 CaO 在钢水—铸型界面上与 FeO 及原砂中的 SiO_2 作用生成低熔点化合物，在钢水压力作用下，钢水极易在界面上侵蚀，厚大铸件产生缩沉，浪费钢水。另外，$CaCO_3$ 热解时释放出大量 CO_2，约为原砂质量的 40% 以上；分解产生的 CO_2 在界面上还可与 Fe、C 等元素反应生成 CO 等，大量气体使铸件易产生气孔。

6. 硅酸铝砂

硅酸铝砂是蓝晶石、硅线石和红柱石等矿物形成的砂粒。三者的结晶构造不同，而化学成分相同，均为 Al_2OSiO_4，为同质多相变体。天然矿床中常常三者同时存在，故通称之为硅酸铝砂。

从沉积矿床提取的硅酸铝砂为圆粒形，莫氏硬度为 6~7 级，加热过程中体积膨胀很少，对树脂粘结剂的适应性优于橄榄石砂，且砂再生处理的能力也较好，是很有希望的非硅质原砂。

7. 耐火熟料

经 1200~1500℃ 焙烧过的铝矾土或高岭土称为耐火熟料，其主要成分是莫来石相（$3Al_2O_3 \cdot 2SiO_2$），它具有耐火度高，体积变化小的优点。耐火熟料的熔点随 Al_2O_3 含量的增加而提高，当 Al_2O_3 含量达到 71.8% 时，耐火度大于 1800℃，而杂质 Fe_2O_3、CaO 等会降低其耐火度。耐火熟料主要用作涂料和熔模铸造的模壳材料。

8. 刚玉

刚玉的成分是 $\alpha\text{-}Al_2O_3$，由工业 Al_2O_3 经电弧炉熔融转变成纯刚玉，Al_2O_3 含量达 95%~98%，其熔点为 2000~2050℃。电熔刚玉硬度较石英大，热导率高一倍，热膨胀小，对酸和碱都有很好的热化学稳定性，但价格高，只适用作高合金钢的涂料。

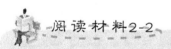

阅读材料 2-2

人造铸造原砂——宝珠砂的应用

目前，铸造所用的原砂中，天然硅砂占有绝对优势。最为可取之处是储量丰富、价廉易得，这是其他原砂无法与之相比的。除此之外，它还具有足够高的耐火度，能耐受绝大多数铸造合金浇注温度的作用；颗粒坚硬，能耐受造型时的舂压和旧砂再生时的冲击和摩擦；在接近其熔点时仍有保持其形状的强度等，能适应铸造基本工况条件的一些特性，但其缺点也相当明显，主要如下。

（1）热稳定性差，在 570℃ 左右发生相变，伴有较大的体积膨胀，是铸件产生膨胀缺陷的根源。

（2）在高温条件下化学稳定性差，容易与 FeO 作用生成易熔的铁橄榄石，而导致铸件表面粘砂。

（3）破碎时产生的粉尘会使工作人员患矽肺病。

（4）废弃物多，随着环保要求的日益提高，垃圾处理费用越来越大。

在对铸件质量的要求日益提高，对环保和清洁生产的规定日益严格的今天，硅砂并非理想的原砂已成为共识，寻求硅砂的替代材料已成为重要的研究课题。在铸造行业获得较广泛应用的非硅质砂主要有锆英砂、橄榄石砂和铬铁矿砂等。

锆英砂具有多种适于作铸造原砂的特性，是比较理想的造型材料。但是，锆英砂的储量不多，价格高，只在熔模精密铸造中使用较广。橄榄石砂和铬铁矿储量较多，价格也比锆英砂便宜，但两者都是由破碎矿石制得的，粒形不好，而且价格也比硅砂贵得多，目前都只用于某些铸钢件。

寻求硅砂代用品的另一途径是开发人工制造的颗粒材料，在这方面的研究，迄今已有30多年的历史。近10多年来逐渐进入实际应用阶段，并受到铸造行业的重视。目前，人工制造的铸造原砂主要有碳粒砂、顽辉石砂和宝珠砂3类，而宝珠砂是其中较为成熟的一种。

宝珠砂早先由美国的Carb Ceramics公司于20世纪80年代研制问世，商品名称为Ceramacore，是人工烧制的陶瓷球形颗粒，最初用于石油和天然气工业中作石油支撑剂。20世纪90年代初，美国和日本先后将其应用于铸造行业，作为锆英砂的代替品。

宝珠砂的粒形如图2.7所示，扫描电镜照片如图2.8所示，其颗粒直径在0.053～3.36mm之间。

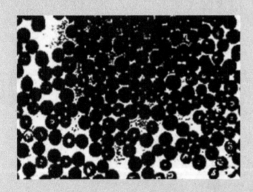

图2.7 宝珠砂的粒形

图2.8 宝珠砂的扫描电镜照片

1. 宝珠砂的特性

宝珠砂的物理和化学指标见表2-12。

表2-11 宝珠砂的物理和化学指标

粒形	耐火度/℃	堆密度/(g·cm^{-3})	真密度/(g·cm^{-3})	1200℃热导率/[W·(m·K)$^{-1}$]	膨胀系数(20～1000℃)	粒度	Al_2O_3/(%)	pH
球形	1900～2050	1.95～2.05	2.9	5.27	6×10^{-6}	6～320	75～85	7～8

作为铸造行业用的原砂，宝珠砂优异的性能如下。

(1) 颗粒为球形，流动性好，易于舂实。

(2) 热膨胀系数小，用其配制型砂，铸件不会产生膨胀缺陷，这方面可与锆英砂媲美。

(3) 用它配制的型砂的脱模性能很好，即使模样上有深的凹部也易于脱出。

(4) 无砂粉尘危害。

(5) 不为金属液所润湿，也不与金属氧化物作用，可消除粘砂缺陷。

(6) 呈中性，各种酸、碱粘结剂均可使用。

(7) 耐火度高，透气性好，易溃散，其莫来石相大大高于烧结产品，具有良好的耐火性能。

(8) 回用再生性能好，性价比高。与铬铁矿砂、锆英砂相比，其价格大大降低。同时，因粒形为球形，树脂的加入量明显减少，从而降低了生产成本并减少了气体的散发量。粘结剂所产生的铸造缺陷也大大减少，从而提高了铸件的成品率。

(9) 表面光滑，结构致密，使得粘结剂能均匀覆盖。

(10) 热导率大，稳定性好，不龟裂。

2. 宝珠砂的应用

在美国，原先莫来陶粒主要用于消失模铸造工艺，如 Citation 消失模铸造公司用陶粒作消失模填砂，效果很好。据报道，该厂认为采用陶粒后，造型所耗的能量大幅度减少，铸件尺寸精度明显改善，特别是他们认为陶粒的耐用性极佳。

Ashland 公司很重视宝珠砂的各种优点，1997 年与 Carb Ceramics 公司签署了排他性的销售协议。近几年，日本开始将陶粒用于配制膨润土粘结的湿型砂，制造球墨铸件，并已得到满意的效果。

在我国宝珠砂虽起步较晚，但发展迅速。

宝珠砂具有良好的适用性。目前铸造行业中所用的各种粘结剂，都可用于宝珠砂；用宝珠砂配制的型砂、芯砂，适用于任何造型工艺和制芯工艺；宝珠砂可用于制造铸铁件和各种有色合金铸件，无须涂刷涂料即可制造铸钢件。

由于宝珠砂的价格相对于硅砂而言显得较贵，因而一些厂家将其与硅砂配合使用。在同样射砂条件下，芯子的紧实度提高，从而使芯子的尺寸精度提高。而且，芯子还可不施涂料。

用混配砂制造球墨铸铁件时，因宝珠砂的热导率高，而且铸型的紧实度高，可减少甚至消除缩松缺陷。

美国一家铸造厂曾在生产条件下考核宝珠砂的耐用性。用碳粒配制粘土湿型砂，用振压造型机双面模板造型，型砂每天周转 2~3 次，每次混砂时只补加膨润土和水，不加砂。经 8 个月的验证，砂量未见减少，系统砂中宝珠砂的粒度组成也基本上没有变化。

特别值得一提的是，宝珠砂表面非常光滑，旧砂再生时，只要轻微的摩擦就可将砂粒表面的粘结膜脱除。对于用作各种有机粘结剂的型砂、芯砂，再生工序耗能少，砂再生率高，会带来多方面的效益。

资料来源：http://njtaojin.com.

2.4 原砂的加工处理

在大量使用粘土作粘结剂的时代，硅砂还属于用量大、价格便宜的原材料，其加工处理多数很简单，经过去泥并按粒度分级就算是优质原砂。随着化学粘结砂的发展，人们对型砂粘结机制的认识不断深化，对原砂的质量要求也日益增多，而且越来越严格。

为了适应这些变化，原砂的加工处理也有了相应的发展，不仅加强了对处理过程的控制，而且还不断推出新的处理方法。目前，原砂加工处理的必要性已无人怀疑。处理时，首先应从原砂资源的实际情况出发，认真研究其可处理性，并注意综合利用；其次应根据铸造行业对原砂的要求确定方案，力求以最低的投入获得最高质量的原砂。

目前，硅砂的处理方法主要有水洗法、擦洗法和浮选法3种。

2.4.1 水洗法

水洗法采用水力分级设备进行，该设备结构简单，可达到降低原砂的含泥量并将其按粒度分级的目的。天然沉积砂经水力分级后，基本上可以满足一般铸造用砂的要求，因而，国内外很多采砂场采用这种处理方法。

目前我国采用的水力分级器几乎全部都是旋流分离器。这种装置造价低，操作方便，易于管理。但是，旋流分离器的缺点是：与砂粒接触的都是悬浮有泥分的浊水，砂粒不可能经清水漂洗，因而其脱泥效果很不理想，经处理的原砂，含泥量一般在1%左右。这很难达到树脂砂对原砂的要求。

为达到湿法脱泥分级的目的，可采用跳汰式（也可称为流态床式）水力分级器，其结构示意图如图2.9所示。清洁的水由底部送入，经多孔的跳汰板进入分级器。待处理的原砂由顶部进入，由于分级器内的水以一定的速度上升，可将在此流速下不能沉降的部分细粉携带至上部排出口溢出。通过调节分级器内液流上升的速度，即可控制排出的部分细粉的粒度。跳汰板上钻有许多孔，其总截面积比分级器的截面积小得多，故在孔的出口处，液流速度比分级器内液流上升速度高得多。因此，孔出口处的水流能使沉降下来的粗粒砂跳动而互相摩擦。分离出来的泥分被上升的液流带走，粗粒砂所接触的永远是清水。用此法处理的砂，含泥量可降到0.4%左右，基本上可满足配制树脂砂的要求。经处理的成品砂从下端卸料口放出，为使砂粒易于排出，可由上方插入直达卸料口附近的管子给一股向下的水流。这股水流可由人工控制，也可自动控制。

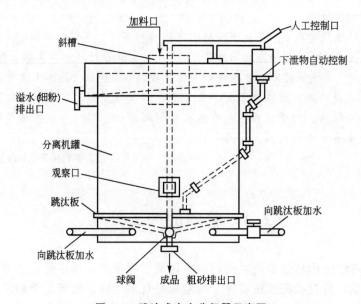

图2.9 跳汰式水力分级器示意图

这种设备结构也不复杂，而去泥效果却比旋流分离器好得多。

2.4.2 擦洗法

擦洗原砂的目的是使其在水介质中增大砂粒间的摩擦，以求更多地清除微观污染，从而更好地满足树脂粘结砂的需要。

英国工业用砂公司的擦洗工艺是：在擦洗筒内将砂和水调制成含砂量65％～80％的浓砂浆，用高速叶片搅拌器造成强力摩擦，经处理后，可以清除砂粒表面的大部分微观污染；然后，将擦洗过的砂漂洗去泥。

在原砂含金属氧化物较多而对原砂质量要求又特别高的情况下，在擦洗过程中可在砂浆中加入盐酸，以改善擦洗效果。清华大学曾进行过擦洗脱泥的研究，所用的擦洗装置为XFC16—63型单槽浮选机，砂浆浓度为65％～80％。进行酸擦洗试验时，可在砂浆中加入0.35％的浓盐酸。

如果对原砂的要求并不很高，则可用螺旋洗砂机擦洗。用这种方式，能量消耗较小，但对微观污染的清除作用较差。

2.4.3 浮选法

用药剂浮选法使原砂中的长石与石英分离，国外在1960年已经在生产中使用，但其目的是提取玻璃工业所用的砂。至于用浮选法处理铸造用砂，一般的看法认为此方法不合算。近年来虽有人在实验室研究浮选提纯的问题，但迄今为止还没有实际投入生产的报道。

从我国的硅砂资源情况不难看出，我国的条件与国外不尽相同。由于迄今为止还未发现 SiO_2 含量在96％以上的圆形硅砂，我国铸钢工业所用的原砂，主要是由破碎硅砂岩或石英岩制得的，砂粒为多角形或尖角形，这对于推广使用树脂砂是不利的。针对这种情况，沈阳铸造研究所对原砂进行了浮选提纯的研究工作。经处理后，精选砂 SiO_2 含量由90％左右提高到98％以上，能满足铸钢用砂的要求。

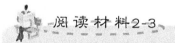
阅读材料2-3

2001年，某企业铸造车间为了提高产品档次，将使用的当地湖砂全部换成水洗砂，成品率仅从67％提高到70％，效果并不明显。研究发现，该企业使用的煤粉和膨润土质量较差，实测膨润土添加量为13％，煤粉添加量为8％。可以认为水洗砂的优势被膨润土抵消，全部用新砂高温膨胀量大，劣质煤粉可塑性差，不能缓冲膨胀应力是导致铸件出现表面缺陷的主要原因。通过采取添加旧砂，更换优质煤粉和膨润土等措施，该企业的产品成品率由70％提高到85％。后来又加强了工序管理，提高化验和计量的精度，并对芯砂和型砂单独混制和堆放，做到了不同砂互不混淆，到目前成品率一直稳定在90％以上，获得了显著的经济效益。

这一事例说明，要使铸造精密化，一方面，不用好砂是万万不可的；另一方面，只有好砂也是远远不够的，还必须根据实际情况合理地选用原砂。

🔻 资料来源：http://www.foundry-sd.com

2.5 原砂的选用原则

原砂需要根据合金种类、铸件的大小和结构、铸型种类（湿型或干型）、粘结剂种类和造型方法（手工或机器），在保证铸件质量的前提下，就地就近选用。

铸钢件因浇注温度高，要求原砂的耐火度高、透气性好。所以原砂中 SiO_2 含量要高，杂质要少，砂粒要粗且均匀。铸钢件多选用 SiO_2 含量在 90% 以上的硅砂。

铸铁件的浇注温度较铸钢件低，原砂耐火度可低一些。但铸铁件结构不同，所以所用原砂可在很大范围内变化，可以用 SiO_2 含量较高的硅砂，也可以用 SiO_2 含量较低的硅砂。从防止夹砂看，后者反而有利。小型铸铁件，也可以用粘土砂。

铜、铝铸件的原砂，一般要求颗粒较细，以获得较低的粗糙度，但对 SiO_2 的含量要求并不一定高。

对于油类、树脂、水玻璃粘结剂要求用含泥量小的圆形砂，以充分发挥粘结剂的作用，节约材料。对于酸硬化的树脂砂还要控制原砂中碱金属及碱土金属氧化物的含量，以免影响硬化工艺和强度。

刷涂料的型、芯砂，原砂可以粗些；不刷涂料的型、芯砂，原砂应细些。

本 章 小 结

原砂是砂型铸造用造型材料的基本组成部分。按其基本组成，铸造原砂可分为硅砂和非硅质砂两种。

硅砂主要以二氧化硅为主，此外还含有长石、云母、铁的氧化物和硫化物等。二氧化硅有石英、鳞石英和方石英 3 种不同的晶型，随着温度的改变，晶型的转变将引发比热容和体积的变化，其中，石英砂具有较大的膨胀率。

原砂的特性以原砂的颗粒组成、原砂的含泥量、原砂的 pH 和需酸量等指标来表征。

原砂的颗粒组成包括原砂颗粒的粒度、粒度分布、颗粒形状及其表面性状等。原砂颗粒的粒度一般采用筛分法测定，并以 25.4mm 长度上的筛孔数目来表征；此外，也可采用 AFS 细度法来表征。原砂颗粒有圆形、多角形和尖角形 3 种。

原砂中，凡是直径小于 0.022mm，且能用常规搅拌法或冲洗法分离的微粒，都为泥分。原砂的 pH 是其中含有的能溶于水的碱性或酸性物质的表征，并不能全面地反映原砂的碱性。需酸量是原砂中含有能与酸反应的物质的表征。

非硅质砂包括锆砂、镁砂、铬铁矿砂、橄榄石砂、石灰石砂、硅酸铝砂、耐火熟料和刚玉等。目前，由于非硅质砂的价格昂贵，故用量较小，主要用在一些需要热膨胀率小、化学性质稳定的特殊场合。

原砂的加工处理方法主要有水洗法、擦洗法和浮选法 3 种。

原砂的选用主要是根据合金的种类、铸件的大小和结构、铸型种类、粘结剂种类和造型方法就地就近选择。

【关键术语】

硅砂　锆砂　镁砂　铬铁矿砂　原砂特性　原砂加工处理　原砂选用原则

综合习题

一、填空题

1. 根据原砂的基本组成，铸造原砂可分为_____和_____两类。
2. 自然界中存在的结晶二氧化硅可划分为_____、_____和_____ 3种不同的晶型。在一定的温度下，3种晶型之间存在着同质异晶转变，这种转变一般可分为_____和_____两种。其中_____转变必须先将原来的硅氧骨架拆散，破坏原有的Si—O键，然后再形成新的骨架。
3. 原砂的颗粒组成包括_____、_____、_____和_____等。
4. 目前，原砂的加工处理方法主要有_____、_____和_____ 3种方法。
5. 镁砂是菱镁矿高温煅烧再经破碎分选得到的，主要成分是_____。
6. 铬铁矿砂是将铬铁矿破碎得到的砂粒，主要矿物有铬铁矿、镁铬铁矿和铝镁铬铁矿，因此也决定了它的主要化学成分是_____。
7. 通常所说的橄榄石砂是镁橄榄石和铁橄榄石类质同相系的中间物，但作为铸造用的橄榄石砂，应以_____为主要组分。

二、选择题

1. 铸造上将颗粒直径大于 $22\mu m$ 的岩石风化物称为_____。
   A. 泥分　　　　　　　　B. 砂
2. 铸造用硅砂的分级依据是_____。
   A. 二氧化硅含量　　　　B. 含泥量
   C. 粒度分布　　　　　　D. 颗粒形状
3. 铸造用硅砂含_____越高，其耐火度越高。
   A. SiO_2　　B. MgO　　C. Al_2O_3　　D. Fe_2O_3

三、简答题

1. 试说明牌号 ZGS 96-40/70(52) 代表的意义。
2. 原砂的选用原则是什么？
3. 原砂的pH和需酸量是如何测定的？
4. 根据美国铸造师学会的规定，如何采用AFS细度来表示砂子的粒度？
5. 原砂的含泥量是如何影响型砂的性能的？
6. 为什么擦洗法得到的原砂比水洗法得到的原砂质量好？

四、名词解释

含泥量　原砂的pH　原砂的需酸量　目数

五、思考题

1. 锆砂、镁砂、铬铁矿砂和橄榄石砂等非硅质砂具有哪些优点？各适用于什么场合？
2. 根据本章内容和你所了解的知识，试总结一下硅砂具有哪些缺点。

【案例分析】

根据以下案例所提供的资料，试分析：

（1）试验一和试验二说明了什么？

（2）根据掌握的知识，解释试验三所采取的措施为什么可以消除脉纹毛刺现象。

（3）根据该案例，你认为引起脉纹毛刺缺陷的主要原因是什么？

分析案例

某铸造厂与国内知名科研单位共同开发生产了一种高铬铸铁耐磨锟，铸件毛坯重2300kg，生产该铸件的浇注系统为封闭式，造型时具有偏小的吃砂量（最小110mm），其化学成分为 C：2.0%～2.6%；Si：0.4%～1.0%；Mn：0.5%～1.0%；S≤0.06%；P≤0.1%。该产品经过测试其耐磨性能可达到某大型热电厂所购进口铸件的耐磨性能，但铸件表面一直存在脉纹毛刺缺陷，因其基本上不影响使用，客户并未提出过异议。但随着市场竞争的加剧及客户对产品要求的提高，客户对该产品的脉纹毛刺多次提出异议，并在2003年年底一次性将该产品退回近20件，造成该铸造厂近40万元的损失。为了解决这一问题，该铸造厂进行了3种对比试验。

试验一：严格捣砂工艺

根据铸件外观缺陷现象，该厂先是怀疑型砂捣固不紧而造成，且工人有时为了省事，经常整斗砂倾倒，于是决定对10件铸件进行试验，严格按照填砂工艺操作，结果缺陷现象反而加重。

试验二：缩短浇注时间

经严格捣砂工艺仍未解决铸造缺陷后，尝试采用大流浇注，缩短浇注时间，降低浇注温度。结果表明，缺陷现象有所减轻但无法杜绝，同时出现了浇注不足现象，铸件又无法焊补。

试验三：更换原砂

由于原工艺是铸件外型腔填充水玻璃石英砂，中间芯子采用铝矾土砂，考虑到外型腔吃砂量偏小，而石英砂在高温时其膨胀量较大，于是全部改用铝矾土砂造型，首先试验投入5件，结果脉纹现象全部消失。因此，以后将铝矾土砂造型方案确定下来，至今从未出现过脉纹毛刺现象。

资料来源：周宪京．石英砂体积膨胀对铸件的影响．铸造技术，2004(5)．

第 3 章 粘 结 剂

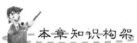
本章知识构架

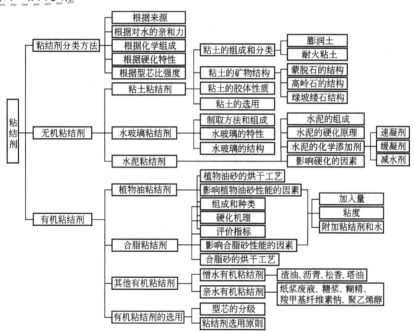

本章教学目标与要求

- 掌握粘土的带电特性、胶体特性和湿粘结特性以及钙基膨润土的活化处理;
- 熟悉型芯的分级和有机粘结剂的选用原则;
- 初步了解乳化合脂,了解其他有机粘结剂;
- 了解粘结剂的分类,熟悉粘土粘结剂的组成和作用及常见粘土矿物的结构;
- 了解水玻璃粘结剂的制取方法和组成,掌握水玻璃的特性,掌握水玻璃模数和密度对其性能的影响规律,熟悉水玻璃的结构;
- 了解水泥的组成,熟悉其硬化原理和影响硬化的因素,掌握水泥中常用的化学添加剂;
- 了解植物油和合脂粘结剂的组成,掌握其硬化机理和烘干工艺,熟悉相应的评价指标。

导入案例

粘结剂的发展

铸造用粘结剂的发展经历了一个漫长的历史过程,已经由最初的粘土粘结剂发展到了其他无机、有机或无机与有机相结合的系列粘结剂。

中国古代铸造所用泥型(古代称为陶范)的基本材料是粘结能力很强的粘土。随着技术的发展,泥型中夹有大量砂粒,并逐渐以砂子为主要材料,而粘土就成了粘结剂。粘土至今仍在广泛使用。

后来相继出现各种无机和有机粘结剂,如植物油、松香、糊精、水玻璃等。1943年,德国的 J. Croning 发明了用酚醛树脂作粘结剂制造薄壳砂型。1947年,捷克斯洛伐克的 L. Petrzela 用水玻璃作为型砂粘结剂,吹 CO_2 气体使其硬化,制成砂型和型芯。这两种粘结剂的应用开辟了砂型和型芯以化学方式硬化的新途径。自20世纪50年代后期起,各国陆续采用呋喃树脂粘结剂,在加热的芯盒中制芯 1~2min 后,型芯即能硬化。

有机、无机及粘土粘结剂在各种制芯、造型方法中的应用比例也随着时代的推进而改变。20世纪70年代末,国外有人做了一次调查,在造型方面采用粘土类材料的约占 63%,采用其他无机粘结剂材料的占 13%,采用有机粘结剂材料的占 24%;在制芯方法方面,首先综合了应用无机粘结剂的各种制芯方法,其总和占总质量的 21.6%,冷硬合成树脂法占 26.3%,而热硬法占 51.6%。

问题:
1. 铸造粘结剂的作用是什么?
2. 常用的铸造粘结剂有哪些?它们是如何分类的?
3. 材料中提到的各类粘结剂有何特点?各应用于什么场合?

资料来源:董选普,黄乃瑜. 铸造用粘结剂的分类及发展方向. 铸造技术,1997(6).

3.1 粘结剂的分类

我国及世界各国使用的粘结剂种类繁多,不下百余种。随着铸造工艺要求的不断提高,新的粘结剂也不断涌现。为了便于选用粘结剂和继续发现新的粘结剂,有必要对粘结剂进行分类。

目前,粘结剂的分类方法很多。根据粘结剂的来源可分为天然的和人造的,具体分类详见表 3-1。

表 3-1 按来源分类的典型粘结剂

粘结剂来源				典型粘结剂
天然的	动物性的	骨头、血、牛奶		骨胶、蛋白质、干乳酪
		脂肪		动物性脂肪
	植物性的	种子	油类	植物油类
			淀粉糖浆的产物	面粉、糊精

(续)

粘结剂来源			典型粘结剂
天然的	植物性的	木材类	原木	树胶、亚硫酸盐、酒精溶液
			—	树脂、沥青
	矿物质	有机的		沥青、焦油、氮化石油
		无机的		高岭土、膨润土、石膏、水泥、水玻璃
人造的	由有机化合物配合而成			人造树脂
	由无机化合物和有机化合物配合而成			硅-有机化合物

根据对水的亲和力可分为憎水粘结剂和亲水粘结剂。憎水粘结剂包括桐油、松香、沥青、酚醛树脂等；亲水粘结剂包括糊精、面粉、脲醛树脂、水玻璃等。

根据化学组成可分为无机类粘结剂和有机类粘结剂。无机类粘结剂包括粘土、石膏、水泥、水玻璃等；有机类粘结剂包括烃类（如渣油、沥青等）、烃的衍生物类（如植物油、合脂等）和高分子化合物类（如松香、淀粉、糠醇树脂等）。

根据型芯的比强度，粘结剂分类见表3-2。比强度是指每1%的粘结剂可使型芯获得的干拉强度值。该分类方法给不同等级型芯选用合适的粘结剂带来了便利。

表3-2 粘结剂按型芯比强度分类表

组别	比强度 /[Pa·(%)$^{-1}$]	有机物		无机物
		亲水物质	憎水物质	
1	>5	呋喃Ⅰ型树脂、聚乙烯醇	桐油、亚麻油、酚醛树脂	—
2	3~5	糊精	合脂、渣油	水玻璃
3	<3	纸浆废液、糖浆	沥青、松香	粘土

根据硬化特性，粘结剂可分为物理硬化类和化学硬化类。物理硬化的过程主要是粘结剂的物理状态改变，而原来的结构并不改变。例如亲水的粘结剂糖浆，受热时水分蒸发而干燥硬结，遇水后又可恢复原来的状态；松香加热软化，冷却后又凝固硬结，这些过程均是可逆的。化学硬化的过程是低分子化合物转变成高分子化合物，由链状线型结构转变成网状体型结构，这种硬化过程是不可逆的。

3.2 无机粘结剂

3.2.1 粘土粘结剂

粘土是铸造生产中常用的一种主要粘结剂。粘土被水湿润后具有粘性和塑性，烘干后有一定干强度。它的耐火度较高，复用性好，资源丰富，价格低廉，应用很广泛。

1. 粘土的组成和分类

粘土主要由细小结晶质的粘土矿物组成，如高岭石和蒙脱石等，都是含水的铝硅酸盐，化学式为 $mAl_2O_3 \cdot nSiO_2 \cdot xH_2O$，是岩石化学风化后的产物。

粘土在沉积过程中，常混杂一些非粘土矿物，如石英、长石、云母等，粘土矿物由于结晶构造上的特点，极易分散成直径小于 1~2μm 的细小片状，而非粘土矿物颗粒的直径绝大部分大于 1~2μm。

根据粘土矿物种类及性能的不同，铸造用粘土分为膨润土、耐火粘土和硅镁铝土 3 类。

1) 膨润土

膨润土按其吸附阳离子的情况，分为钠基膨润土和钙基膨润土两种，分别用 PNa 和 PCa 表示。JB/T 9227—2013 将膨润土按工艺试样的湿压强度分级见表 3-3，按工艺试样的热湿拉强度分级见表 3-4。膨润土按 pH 不同分为酸性和碱性两种，分别用 S 和 J 表示。

表 3-3 膨润土按湿压强度的分级 (JB/T 9227—2013)

序号	等级代号	工艺试样的湿压强度/kPa
1	10	>100
2	7	>70~100
3	5	>50~70
4	3	≥30~50

表 3-4 膨润土按热湿拉强度的分级 (JB/T 9227—2013)

序号	等级代号	工艺试样的热湿拉强度/kPa
1	25	>2.5
2	20	>2.0~2.5
3	15	>1.5~2.0
4	5	0.5~1.5

膨润土的牌号由其酸碱性和强度等级表示。如 PCaS-5-20 表示钙基酸性膨润土，其工艺试样的湿压强度为 5 级，即大于 50~70kPa，热湿拉强度为 20 级，即大于 2.0~2.5kPa。

钠基膨润土有不少优良的性能，主要有：膨润值高，配成的型砂抗膨胀缺陷的能力高；热稳定性好，铸型浇注后型砂中的膨润土受热失效而成为死粘土的部分较少，即耐用性较好。这些都是钙基膨润土所不能及的。

但是，与钠基膨润土相比，钙基膨润土也有不少长处，如：配制型砂时所需的混砂时间较短，对于大批量生产的条件，这是重要的优点；配制的型砂湿压强度较好，对于无箱造型的条件，这是值得重视的；配制的型砂流动性较好，浇注后落砂性能也较好，对于高速、高压造型线的型砂，显然也是比较适宜的。

2) 耐火粘土

JB/T 9227—2013 将耐火粘土按耐火度分为两级，见表 3-5。按工艺试样的湿压强度和干压强度各分为 3 级，分别见表 3-6 和表 3-7。

表 3-5 耐火粘土按耐火度分类 (JB/T 9227—2013)

等级	等级代号	耐火度/℃
高耐火度	G	>1580
低耐火度	D	1350~1580

表 3-6 耐火粘土按工艺试样的湿压强度分级 (JB/T 9227—2013)

序号	等级代号	工艺试样的湿压强度/kPa
1	5	>50
2	3	>30～50
3	2	20～30

表 3-7 耐火粘土按工艺试样的干压强度分级 (JB/T 9227—2013)

序号	等级代号	工艺试样的干压强度/kPa
1	50	>500
2	30	>300～500
3	20	200～300

耐火粘土的牌号由其耐火度和强度等级表示。如 NG-3-50 表示耐火度高的耐火粘土，其工艺试样的湿压强度为 3 级，即大于 30～50kPa，干压强度为 50 级，即大于 500kPa。N 表示铸造用耐火粘土。

2. 粘土矿物的结构

粘土矿物的品种很多，其中膨润土的主要矿物成分是蒙脱石(Montmorillonite)；耐火粘土的主要矿物成分是高岭石(Kaolinite)；而硅镁铝土的主要矿物成分是绿坡缕石(Attapulgite)。蒙脱石、高岭石和绿坡缕石如图 3.1 所示。

(a) 蒙脱石　　　　(b) 高岭石　　　　(c) 绿坡缕石

图 3.1　蒙脱石、高岭石和绿坡缕石矿物

蒙脱石和高岭石结构中有两个基本结构单位，即硅氧四面体和铝氧八面体，分别如图 3.2 和图 3.3 所示。硅氧四面体是由 1 个硅离子与 4 个氧离子以等距构成的四面体形

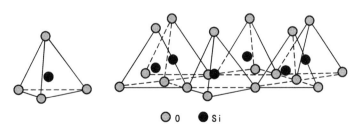

图 3.2　硅氧四面体构造

状,硅居于四面体中心,各硅氧四面体之间互相连接,组成四面体群,而且四面体的尖顶都指向一个方向,底部都在同一个平面上,排列成六角形网格,如此无限重复而连成片。铝氧八面体是由1个铝离子和6个氧离子(或氢氧)以等距堆成的八面体形状,铝居于八面体中心,铝氧八面体是以边与边连接成片的。

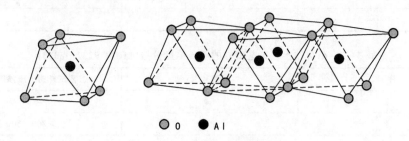

图 3.3 铝氧八面体构造

1) 蒙脱石的结构

蒙脱石是3层结构的片状晶体,结构示意图如图3.4所示。

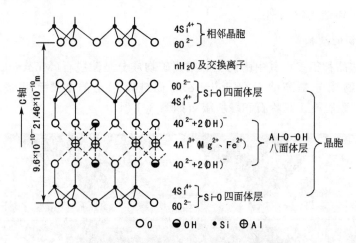

图 3.4 蒙脱石的单位晶层结构示意图

由图 3.4 可知,蒙脱石的晶体构造是:上层和下层都是 Si—O 四面体,中间一层为 Al—O—OH 八面体,四面体的顶端都指向八面体。相邻单元之间是氧面与氧面相连接,没有氢键,是分子结合,故蒙脱石单位晶层之间结合力相当弱,容易破碎成极细的颗粒,与水混合时,水分子不但能够浸润晶体表面,而且很容易进入晶体内部各晶体单元之间,从而引起晶格沿 C 轴方向产生很大膨胀,可以由 9.6×10^{-10} m 增加到 21.46×10^{-10} m。蒙脱石大部分可以分散成颗粒直径在胶体范围内的颗粒,在电镜下观察呈不规则片状或绒毛状。由于蒙脱石的颗粒极细,吸水能力很强,湿态粘结性能也很好。

蒙脱石中硅原子大致为氧原子的两倍,其结晶化学式为 $Al(Mg)_4 \cdot Si_8O_{20}(OH)_4 \cdot nH_2O$,化学式则为 $Al_2O_3 \cdot 4SiO_2 \cdot H_2O \cdot nH_2O$,其中 H_2O 是化合水,nH_2O 是层间水。

2) 高岭石的结构

高岭石是两层结构的片状晶体。一层是铝氧八面体,另一层是硅氧四面体,四面体的顶端指向八面体,并和它共用一个氧原子,由带负电荷的氧离子和氢氧离子连接。这种单位晶层在垂直方向上一层层叠起，单位晶层的厚度为 7.2×10^{-10}m，在水平方向上无限展开形成高岭石晶体，其单位晶层结构如图 3.5 所示。

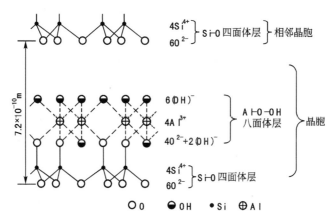

图 3.5　高岭石的单位晶层结构示意图

两个单位晶层之间是氧和氢氧离子构成的相邻平面，它们之间可以形成氢键，从而产生较大的结合力。所以高岭石的结晶不易分散，颗粒较粗，比表面积小，表面电荷量低，与水混合时水分子不易进入单位晶层之间，吸水膨胀性和粘结力都较小。

高岭石矿物中，硅原子数大致和铝原子数相等，结晶化学式为 $Al_2Si_4O_{10}(OH)_8 \cdot nH_2O$，化学式为 $Al_2O_3SiO_2 \cdot 2H_2O \cdot nH_2O$。

3) 绿坡缕石的结构

绿坡缕石的单位晶层结构如图 3.6 所示。其结晶化学式为 $Mg(Al)_5Si_8O_{20}(OH)_4 \cdot 4H_2O \cdot nH_2O$，其中，$4H_2O$ 为化合水，nH_2O 为层间水。

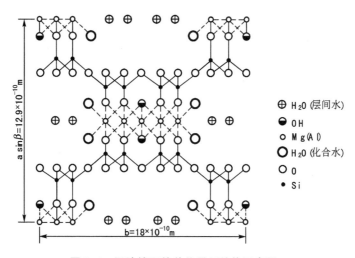

图 3.6　绿坡缕石的单位晶层结构示意图

绿坡缕石的晶体结构有两个特点：一是具有三维链结构，而不是膨润土那样的 3 层结构，故不能吸水膨胀；二是晶体结构中有特有的解理，疏松而多孔，有很强的吸附能力。

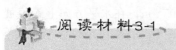

阅读材料 3-1

膨润土矿业简史

膨润土也叫斑脱岩或膨土岩，1898年美国地质学者 Knight 在美国怀俄明州落基山河附近发现了一种绿黄色吸水膨胀的粘土物质，由于产地为 Fort Beton，因而取名膨润土（Betonite）。

世界膨润土工业以美国发展最早，1921年建立起首家膨润土加工厂，至今已有90多年的历史，以生产铸造型砂粘结剂和油脂脱色剂而奠定了膨润土工业基础。20世纪40年代开采出100万t，20世纪60年代大规模作为铁精矿球团粘结剂，年产量猛增至260万t，20世纪80年代膨润土产量达到418万t。

中国膨润土工业的发展可分为两个阶段。

第一阶段从中华人民共和国成立至20世纪70年代末，为奠基和找矿阶段。在辽宁、吉林、河南、河北、浙江、山东、福建、四川、湖北等省10余个矿区进行了矿床评价，探明了数千万吨储量。不但有钙基膨润土矿，而且发现了钠基膨润土矿，此外还有氢基、铝基和未分类的膨润土矿。1974年全国估算膨润土产量达35～40万t。

第二阶段从20世纪70年代末至今，为大发展阶段。全国已有24个省、自治区相继发现了膨润土矿床，各大矿区皆有钠基膨润土资源，证明中国是膨润土资源丰富、品种齐全的国家。

据不完全统计，到目前为止我国已累计探明的膨润土储量在50.87亿t以上，保有储量大于70亿t，占世界总量的60%。

已探明的膨润土矿产地主要集中分布于新疆、广西、内蒙以及东北三省，其中新疆和布克赛尔蒙古自治县境内的膨润土矿储量已突破23亿t，是目前已探明储量的全国最大膨润土矿区；广西省的总储量超过11亿t，其中产地中储量最大的是宁明，达6.4亿t；内蒙古的宁城、兴和、霍林、固阳等地都有十分丰富的膨润土矿。

→ 资料来源：http://www.Chinabaike.com

3. 粘土的胶体性质

1）粘土的带电特性

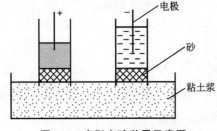

图3.7 卢斯实验装置示意图

粘土的表面带有负电荷，这一点已被卢斯实验证实，如图3.7所示。将两支无底玻璃管插入粘土浆中，管底垫一层洗净的细砂，再注入蒸馏水，保持两管中水面齐平。然后在两管中分别插入两根电极，接通电源后可以发现，接负极的管中水位上升，接正极的水位下降，而且其底部出现混浊状态，而接负极的管中水清如初。这表明粘土带有负电，在电场作用下，穿过细砂向正极移动。

粘土表面负电荷产生的原因有以下几个方面：①晶层边缘的破键，即 Al—O、Si—O 离子键断裂造成不饱和键，从而使晶层边缘有剩余的负电荷；②晶层内部存在离子交换，如蒙脱石晶层中 Al^{3+} 有一部分被 Mg^{2+} 所置换、少量的 Si^{4+} 被 Al^{3+} 所置换，从而形成电荷不平衡；③Si—O 四面体中，每一个 O^{2-} 只以一个负电荷与 Si^{4+} 相连接，在晶层的边缘氧离子有剩余的负电荷。

由于粘土矿物带有负电荷，为达到电荷的平衡，粘土质点就要吸附一些阳离子，如 Ca^{2+}、Mg^{2+}、Na^+、K^+ 等，它所吸附的离子与粘土所处的介质有关，而这种离子的种类和数量对粘土的性能有很大影响。蒙脱石吸附阳离子的主要原因是由于晶层内部离子的置换而形成不平衡电荷，而破键吸附阳离子只占较少的一部分（约 20%）。高岭石的结晶比较完善，晶格内很少有离子置换，故带负电荷的原因主要是破键吸附阳离子。

粘土所吸附的阳离子是很不牢固的，很容易被溶液中其他离子所置换。若用醋酸铵处理粘土，NH_4^+ 可将粘土吸附的 Ca^{2+}、Mg^{2+}、Na^+、K^+ 等置换出来，所以粘土吸附的阳离子称为可交换基，可交换基的多少称为基交换能力，用每 100g 粘土中含有多少毫克当量来表示。各种粘土的基交换能力不同，一般膨润土的基交换能力为 100 左右。如果一种粘土的基交换能力比这个数字小得多，那就表明该粘土不是膨润土。化学分析表明高岭石的阳离子量为 3～15mg 当量/100g 粘土，蒙脱石为 80～150mg 当量/100g 粘土。

根据所吸附的阳离子种类不同，膨润土可以分为两大类。以吸附 Ca^{2+}、Mg^{2+} 为主的称为钙基膨润土，以吸附 Na^+ 为主的称为钠基膨润土。

粘土由于吸附着可交换阳离子，因而具有吸附色素的能力。将膨润土倒入蓝色的亚甲基蓝溶液中，经过摇晃、静止一段时间，膨润土中的蒙脱石就会吸附蓝色的阳离子，使亚甲基蓝溶液变清。不同粘土吸附亚甲基蓝能力差别很大，如 100g 蒙脱石可吸附亚甲基蓝 44g，而高岭石只能吸附不到 5g，故用吸蓝量可以鉴别粘土的种类。

2) 粘土的胶体特性

当粘土和水混合时，由于粘土颗粒本身带有负电荷，将吸附水中的阳离子和 H^+ 而形成粘土胶团，其结构如图 3.8 所示。

带负电的粘土颗粒吸附极性水分子，使水分子定向排列在粘土胶核周围。随着与粘土颗粒表面距离的增大，水分子的分布也由多到少，直到负电荷电力线所不及处，即胶团扩散层的界面。由胶核表面到均匀液相内所产生的电位称为总电位。而由胶粒表面到均匀液相内的电位称为电动电位。电动电位的存在，使胶粒间产生斥力，从而阻止了粘土胶粒间的接近，使粘土胶粒具有稳定性。

被粘土吸附的水分子可分为内、外两层。靠近粘土质点的内层，水分子牢固地结合在粘土表面，这些水分子称为强结合水，该层称为吸附层，它与胶核构成胶粒。吸附层外

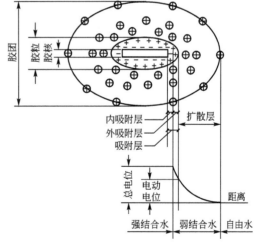

图 3.8 粘土胶团结构示意图

面的水分子被吸附的程度随着距离的增大而减弱，直到电力线所不及处。这一层水为弱结合水，该层称为扩散层。胶核、吸附层和扩散层构成胶团。扩散层之外的水分子已是自由水分子。

结合水与自由水的物理性质不同。结合水的密度大、热容小、冰点较低。强结合水不能流动，不导电，没有溶解盐的能力，平均密度为 $2.0g/cm^3$，具有极大的粘滞性、弹性和抗剪强度，在力学性质上与固体物质相近；弱结合水可发生非常缓慢的流动，但不受重

力影响,不能传递静水压力,密度在 $1.30\sim1.74g/cm^3$,具有较高的粘滞性和抗剪强度。

表征粘土和水形成胶体能力的参数是胶质价。胶质价是指粘土质点在水中沉淀后的泥浆容量值。胶质价除了与粘土质量有关外,还与粘土加工情况有关,所以胶质价并不一定能说明粘土的质量。

3) 粘土的湿粘结性

粘土必须被水润湿后才表现出湿粘结性。粘土湿粘结特性的形成过程如下:带电的粘土胶核,把水吸附到自己周围形成水化膜,依靠粘土颗粒之间的公共水化膜,通过其中的水化阳离子,起着"桥"或"链"的作用,使颗粒互相连接起来。公共水化膜就是公共扩散层。只有当粘土与水比例适宜时,才能获得最佳湿粘结力,即当形成完整的水化膜,而又没有自由水时,粘结力最大。

4) 钙基膨润土的活化处理

钠基膨润土吸水膨胀能力比钙基膨润土大,这是因为:当粘土胶核负电量相同,吸附 Na^+ 时,在胶核表面吸附层平衡掉的电荷少,故可吸引更多的水分子,扩散层可以较厚。若吸附 Ca^{2+},吸附层平衡掉的电荷多,扩散层就较薄。

钙基膨润土的许多性能不及钠基膨润土,但可以利用粘土的阳离子交换性质,进行适当处理,使之转化为钠基膨润土,从而提高型砂的性能。用适当的弱酸钠盐对钙基膨润土进行处理,可使原吸附的钙离子被钠离子所代替,这种离子交换过程称为膨润土的活化处理。这一过程的化学反应机理可表示如下:

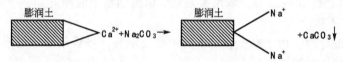

Na_2CO_3 的加入量一般为膨润土量的 $3\%\sim7\%$,碱量过少时,起不到活化作用,但加入量过多时,Na^+ 的浓度过大,进入吸附层的 Na^+ 数量增多,使胶粒表面负电荷减少,扩散层变薄,膨润土的水化能力反而降低,型砂的质量变坏。

4. 粘土的选用

合理地选用粘土不仅可以节约粘土的用量,还可以改善型砂的强度。为了合理地选用粘土,一般要考虑以下几方面的性能要求。

(1) 粘结力。膨润土的湿态粘结力比耐火粘土高一倍左右。同样的原砂用较少的膨润土就可获得较大的型砂湿强度,这还有利于降低型砂含水量和提高透气性,故湿型和表干型多选用膨润土作粘结剂。钠基膨润土型砂的热湿拉强度大,有利于防止铸件夹砂。一般认为膨润土烘干时收缩大,用于干型易开裂,故干型多用耐火粘土。由于膨润土砂的退让性和出砂性较好,因此,也有人采用多加膨润土量、限制含水量的方法来提高型砂湿压强度,将膨润土用于干型。

(2) 耐火度。耐火粘土的耐火度较膨润土高,但型砂的耐火度不仅与粘土的耐火度有关,而且与粘土的加入量有关。同样的原砂,选用膨润土作为粘结剂时,虽然膨润土耐火度低,但加入量少。

(3) 耐用性。粘土矿物失去结构水就失去粘结性而成为死粘土。蒙脱石失去结构水的温度为 $600\sim800℃$,高岭石为 $400\sim600℃$,故膨润土失去结构水的温度高,耐用性较耐火粘土好。死粘土已失去吸附亚甲基蓝的能力,故在生产条件下,粘土的耐用性可用粘土在不同温度焙烧后吸蓝量的多少来测定。

（4）抗夹砂能力。粘土砂的抗夹砂能力与型砂的热湿拉强度成正比，与薄壳试样的热压应力成反比。钠基膨润土砂的热湿拉强度较钙基膨润土砂高得多，但是钠基膨润土膨胀能力大，与水形成胶体能力强，这样就降低了型砂流动性，落砂较难。钙基膨润土混砂较容易，而且流动性好，有较好的落砂性，但型砂脆性较大。

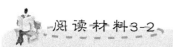
阅读材料3-2

膨润土的储量、生产和贸易市场

世界膨润土资源丰富，探明的膨润土储量在100亿t以上，主要储量国家为美国、中国、俄罗斯、德国、意大利、日本、希腊、巴西、印度和土耳其等，大部分为钙基膨润土，其中美国、俄罗斯和中国储量占世界储量的75%，其次是意大利、希腊、澳大利亚和德国。钠基膨润土储量较少，不足5亿t，主要分布在美国怀俄明等地，其次为俄罗斯、意大利、希腊和中国。天然白膨润土主要产自美国德克萨斯和内华达州、土耳其的安卡拉地区、意大利的撒丁岛和摩洛哥等。

美国：钠基膨润土储量约1.2亿t，居世界首位。主要膨润土资源集中产于怀俄明及蒙大拿，其次为南达科他、德克萨斯、加利福尼亚、科罗拉多及亚利桑那等地。尤以怀俄明膨润土（钠基）储量多、质量好著称于世，主要用于钻井泥浆、铁矿球团及铸造。

俄罗斯：一半储量为优质膨润土。大部分分布在外高加索区、土库曼和乌兹别克，其中土库曼的奥格兰雷、亚美尼亚的萨里纠赫地区是仅次于美国的钠基膨润土产地。应用领域主要为铁矿球团、钻井泥浆及铸造。

意大利：主要分布在庞廷岛、撒丁岛的萨达里、卡利亚里、乌里克斯、瓦拉罗瓦图洛、乌里、阿尔盖洛和西西里、恩钠等地。膨润土产量大、质量好，主要供出口。

希腊：主要集中产于米洛斯岛和莫洛斯岛，是钠基膨润土的主要产地，主要用于铁矿球团、钻井泥浆和铸造业。

日本：主要产于山形县、群马县、福冈、宫城、新潟等地，矿床多为沉积、热液蚀变型。膨润土产品主要用于铸造、土木工程、钻井泥浆等。

中国：截至2009年年初，膨润土查明资源储量为27.93亿t，主要分布于广西、新疆、内蒙古、江苏、安徽、河北、黑龙江、山东、湖北和浙江等省（区）。

世界膨润土主要生产国家有美国、中国、希腊、土耳其、俄罗斯和意大利等40多个国家，其分布情况见表3-8。2009年总产量1300多万t，美国居世界第一位，中国居第二位。

表3-8 世界膨润土生产统计　　　　　　　　　　　　　　　　　　　　　万t

国别	2005年	2006年	2007年	2008年	2009年
美国	471	494	482	490	410
中国	310	320	298	300	300
希腊	95	95	95	95	85
德国	41	35	36.5	41.4	37
意大利	50	47	60	59.9	54

(续)

国别	2005年	2006年	2007年	2008年	2009年
俄罗斯	75	75	75	75	75
土耳其	92.5	95	100	90	81
乌克兰	—	—	—	30	24
墨西哥	42.6	45	43.5	37.5	34
巴西	22.7	22.1	24	3.2	2.8
捷克	20	22	22	17.4	15
西班牙	15	11	10.5	15	13
其他	245	229	249	290	240
总计	1480	1490	1480	1470	1300

在世界膨润土贸易市场方面，美国2005—2009年出口膨润土分别为84.7万t、127万t、143万t、109万t和67万t。美国膨润土进口：2005年进口1万t，金额355万美元；2006年进口1.3万t，金额310万美元，主要从希腊（66%）、墨西哥（19%）和中国（6%）进口；2007年进口1.1万t，金额239万美元，主要从希腊（66%）、墨西哥（12%）、中国（8%）和加拿大（6%）进口。

中国膨润土近年来生产增加较快，出口也在增加。2005—2009年中国膨润土出口分别为25.8万t、28.6万t、31.9万t、36.8万t和25.5万t，主要出口日本、荷兰、韩国、马来西亚、美国、澳大利亚和泰国等。2005—2009年中国膨润土进口分别为4.2万t、3.8万t、4.9万t、5.1万t和4.1万t，主要从美国、德国、韩国、印度、泰国、埃及、阿联酋和新西兰等进口。

中国从美国进口膨润土保持较高水平，2005年为3.19万t，总值536.5万美元；2006年、2007年进口量均为2.51万t，金额449.8万美元；2008年进口4.47万t，金额1012.2万美元；2009年进口2.82万t，金额为688万美元，均价逐年上升。

➡ 资料来源：王怀宇. 膨润土生产消费与国际贸易. 中国非金属矿工业导刊, 2010 (5).

3.2.2 水玻璃粘结剂

水玻璃俗称泡花碱，又称硅酸盐，硅酸盐的种类很多，能溶于水的有钠系硅酸盐、钾系硅酸盐、锂系硅酸盐、铷系硅酸盐等，后两者的价格昂贵，目前尚不可能作为粘结剂，锂系硅酸盐虽然在一定程度上有实用价值，但比钠系硅酸盐贵得多，所以，铸造中用作粘结剂的水玻璃都是钠系硅酸盐的水溶液。但近年的研究表明：非钠水玻璃对硅砂的侵蚀性和烧结性较小，具有许多更优越的性能，在铸造生产中已经开始得到应用。

1. 水玻璃的制取方法

水玻璃的制取方法有干法和湿法两种。干法制取水玻璃，用石英砂与碳酸钠按一定比例混合，置于反射炉中。温度高于850℃以后，碳酸钠逐渐分解，得到Na_2O，并有CO_2逸出。然后在1300~1400℃的高温下与SiO_2反应，得到熔融的硅酸钠。熔融的硅酸钠由反射炉中放出来，流到水冷槽中，成为玻璃状的固态硅酸钠，然后将固态硅酸钠置于有水的高压釜中，通入4×10^5~6×10^5Pa的水蒸气使其溶解，即为水玻璃。根据需要，液态水玻璃可经过过滤、澄清、浓缩或稀释,达到所需的规格。

水玻璃还可用湿法制造,即用石英砂和烧碱为原料,在 $4\times10^5 \sim 6\times10^5 Pa$ 的热压釜内加热到 160℃ 左右,经真空吸滤和蒸发浓缩,即可制得成品,其反应式为:

$$mSiO_2 + 2NaOH \longrightarrow Na_2O \cdot mSiO_2 + H_2O \tag{3-1}$$

纯水玻璃为无色透明有粘性的液体,制造时由于原料不纯或燃料和炉衬的作用而带入不同杂质,如 Fe_2O_3、CaO、SiO_2、Al_2O_3 等,使水玻璃带有青灰、微绿或微黄等颜色。

2. 水玻璃的组成

水玻璃是以 Na_2O 和 SiO_2 为主要组分的多种化合物的水溶液,是非常复杂的混合物。常用的水玻璃中,固体含量在 30%~60% 之间,其余为水。图 3.9 为 Na_2O-SiO_2 二元相图。

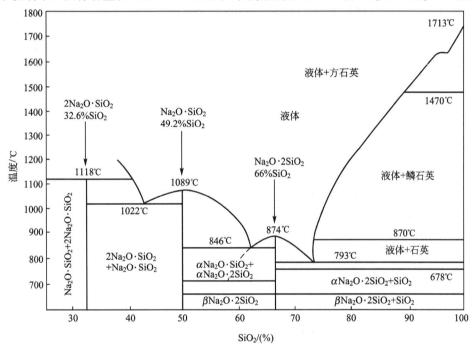

图 3.9 Na_2O-SiO_2 二元相图

由图 3.9 可看出,Na_2O 和 SiO_2 可以组成多种化合物,在 Na_2O 和 SiO_2 的二元状态图上可看到当 SiO_2 含量为 32.6%、49.2% 和 66% 时,才与 SiO_2 组成单一的化合物,其分子式分别是 $2Na_2O \cdot SiO_2$、$Na_2O \cdot SiO_2$ 和 $Na_2O \cdot 2SiO_2$。当 SiO_2 的含量为其他值时,硅酸钠皆为不同化合物的混合物,故硅酸钠的通式可写成 $Na_2O \cdot mSiO_2$。

当硅酸钠溶于水后,将发生水合和水解作用,所以水玻璃实际上是复杂的 Na_2O-SiO_2-H_2O 三元系,其中已经确认存在的硅酸钠水合物质有 11 种之多,此外还有硅酸离子和钠离子。

3. 水玻璃的特性

水玻璃有两个重要参数,直接影响它的化学性质和物理性质,也直接影响水玻璃砂的工艺性能。这就是水玻璃的模数和密度。

1) 模数和硅碱比

模数代表了 SiO_2 在硅酸钠中所占的比例。硅酸钠中 SiO_2 和 Na_2O 的摩尔分子数的比称为模数，用 M 来表示，即：

$$M = \frac{SiO_2 \text{ 摩尔分子数}}{Na_2O \text{ 摩尔分子数}} = \frac{SiO_2 \text{ 质量分数}}{SiO_2 \text{ 分子量}} \div \frac{Na_2O \text{ 质量分数}}{Na_2O \text{ 分子量}}$$

$$= \frac{SiO_2 \text{ 质量分数}}{Na_2O \text{ 质量分数}} \times \frac{62}{60.1} = \frac{SiO_2 \text{ 质量分数}}{Na_2O \text{ 质量分数}} \times 1.03 \tag{3-2}$$

由此可知，模数 M 不一定是整数。而由图 3.9 可知，对于硅酸钠的每一种单一化合物来说，硅酸钠通式 $Na_2O \cdot mSiO_2$ 中的 m 是整数。因此，为了避免误解，有些国家直接采用水玻璃中 SiO_2 的质量分数和 Na_2O 的质量分数的比来描述其特性，称之为硅碱比。采用硅碱比，不必求摩尔数，比较方便。但是由于模数使用已久，完全改用硅碱比还需要一定的时间。

铸造生产中用的水玻璃模数通常在 2.0～3.5 的范围内，普遍砂型铸造通常在 2.2～2.6 之间。实际生产中，根据环境的变化，可适当调整水玻璃的模数。调整水玻璃的模数就是调整水玻璃溶液中 SiO_2 和 Na_2O 的摩尔比值，因此可以通过数学计算调整水玻璃中 Na_2O 的质量分数来调整。

要求降低水玻璃模数时，可以向水玻璃中加入 NaOH 水溶液（质量分数为 10%～20%），以提高其中 Na_2O 的含量，其反应式为：

$$mSiO_2 + 2NaOH \longrightarrow Na_2O \cdot mSiO_2 + H_2O \tag{3-3}$$

【例 3-1】 NaOH 加入量的计算。

若原水玻璃中 SiO_2 的含量为 $a\%$，Na_2O 含量为 $b\%$，设每 100g 原水玻璃中加入的 NaOH 量为 xg，且处理后的水玻璃模数为 M。则 x 的求解过程如下。

解：由于每加入 2 摩尔分子 NaOH 相当于 1 摩尔分子 Na_2O，则：

$$M = \frac{\dfrac{a}{60}}{\dfrac{b}{62} + \dfrac{x}{40 \times 2}} \tag{3-4}$$

因此，需要加入的 NaOH 量为：

$$x = \left(\frac{a}{M} \times 1.033 - b\right) \times \frac{80}{62} \tag{3-5}$$

要求提高水玻璃模数时，可以向水玻璃中加入 HCl 或 NH_4Cl 水溶液（质量分数为 10%），以中和部分 Na_2O，其反应式为：

$$Na_2O \cdot mSiO_2 \cdot nH_2O + 2HCl \longrightarrow mSiO_2 \cdot nH_2O + 2NaCl + H_2O \tag{3-6}$$

$$Na_2O \cdot mSiO_2 \cdot nH_2O + 2NH_4Cl \longrightarrow mSiO_2 \cdot (n-1)H_2O + 2NaCl + 2H_2O + 2NH_3 \tag{3-7}$$

【例 3-2】 HCl 加入量的计算。

在确定 HCl 的加入量时，先根据原水玻璃模数和要达到的模数，算出需要中和的 Na_2O 的量，再按以上反应式进行计算。

如原水玻璃的模数为 M'，其中 SiO_2 和 Na_2O 含量分别为 $a\%$ 和 $b\%$，处理后的模数为 M，假设处理水玻璃量为 100g，设需要中和的 Na_2O 的百分数为 $x\%$，则：

$$M = \frac{a}{b-x} \times 1.033 \tag{3-8}$$

整理后可得：

$$x = b - \frac{1.033a}{M} \tag{3-9}$$

根据反应式(3-6)可知,中和 1g Na_2O 需 HCl 为 1.17g。故处理 100g 水玻璃时,纯 HCl 加入量 y 为:

$$y = 1.17\left(b - \frac{1.033a}{M}\right) \tag{3-10}$$

2)水分和密度

水分是水玻璃的另一要素,对水玻璃的性能有很大的影响。但是,测定水玻璃中的水分是不太容易的。水玻璃中的水,并不都是在 100℃就能汽化的自由水,其中一部分与硅酸钠形成水合物,还有一部分则束缚在硅胶的网架之间。在 125℃烘干,还有 5%～11%的水不能脱除,这部分水要加热到 650℃左右才能脱除。

测定密度是简单易行的,所以通常将密度作为水玻璃的指标之一,由密度也可以判定水分,图 3.10 所示为水玻璃中水分和密度的关系。

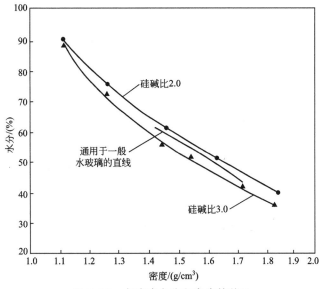

图 3.10 水玻璃水分和密度的关系

密度代表了水玻璃中硅酸钠固体物与水的比例。水玻璃密度小,说明其中含硅酸钠量少,而含水量多,故粘度小,粘结力也小;反之,说明水玻璃中硅酸钠固体物多,含水量少,则水玻璃的粘度较大,粘结力也大。铸造用的水玻璃密度通常在 $1.45\sim1.6g/cm^3$ 之间。用水稀释可以减小水玻璃密度。

3)模数和密度对水玻璃的影响

在工业用的水玻璃中,SiO_2 和 Na_2O 的摩尔数比(即模数)和固体物含量不同(即密度不同),对水玻璃的粘度和状态影响很大。图 3.11 表示了模数和固体含量不同对粘度和状态的影响。在同样固体物含量时,高模数水玻璃粘度大,甚至呈膏状或固态,而低模数水玻璃则粘度小,呈液态。

图 3.12 给出了水玻璃的模数及浓度对粘度的影响。从图 3.12 中可看出,浓度一定时,模数越高,粘度越大,而且高模数水玻璃的粘度随浓度增加比低模数水玻璃增加得更快。图上的曲线在模数为 4 时终止,因为模数大于 4 时,在各种浓度下溶液都将出现不稳

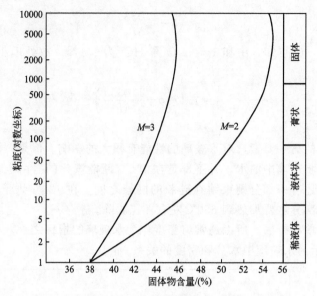

图 3.11　水玻璃模数和固体含量对粘度和状态的影响

定液体或凝胶。模数过低的水玻璃中将有晶体出现，也不利于铸造应用。

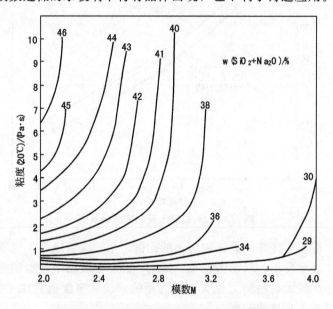

图 3.12　水玻璃模数和浓度对粘度的影响

4. 水玻璃的结构

硅酸钠在水中溶解后以什么状态存在，到目前为止有不同的看法，有人认为水玻璃是胶体，有人认为是离子溶液。下面主要介绍水玻璃为胶体结构的观点。

硅酸钠在水中要发生水解。以 $Na_2O \cdot SiO_2$ 为例，它在水中离解成 Na^+ 和 SiO_3^{2-}，而水则微弱地电离成 H^+ 和 OH^-。H^+ 和 SiO_3^{2-} 生成弱电解质 H_2SiO_3，增加了水溶液中 OH^- 的离子浓度，故水玻璃呈碱性。在达到平衡时，硅酸钠水解反应可写成：

$$Na_2SiO_3 \rightleftharpoons 2Na^+ + SiO_3^{2-}$$

$$H_2O \rightleftharpoons 2OH^- + 2H^+$$
$$\Updownarrow$$
$$H_2SiO_3 \tag{3-11}$$

由于水玻璃中的硅酸钠是多种化合物组成的混合物,并不是单一的 $Na_2O \cdot SiO_2$,所以水解的产物可用下式来表示:

$$Na_2O \cdot mSiO_2 \cdot (n+1)H_2O \rightleftharpoons 2NaOH + mSiO_2 \cdot nH_2O \tag{3-12}$$

水解产生的硅酸,在水玻璃中并不产生沉淀,而是可以在硅酸分子之间发生脱水聚合,在长链和支链上都可聚合成为双分子、三分子或多分子的聚合体。这个聚合可以用下式表示。

$$\begin{array}{c}OHOHOHOH\\||||\\OH-Si-OH + OH-Si-OH \rightarrow OH-Si-O-Si-OH + H_2O\\||||\\OHOHOHOH\end{array} \tag{3-13}$$

$$(3-14)$$

多分子的 Si—O 键聚合体在水中形成硅酸溶胶,胶粒直径为 $1 \times 10^{-6} \sim 100 \times 10^{-6}$ mm。胶粒的中心部分称为胶核,由硅酸聚合而成的硅酸大分子构成,在它的周围吸附了一层水化的 SiO_3^{2-},由于静电作用,在其外面还吸附了一层水化的 Na^+。分布在胶核外面的水化 SiO_3^{2-} 和 Na^+ 层构成了吸附层,胶核和吸附层构成了胶粒,如图 3.13 所示。在胶粒的外面又松散地吸附着 Na^+,构成扩散层,由胶粒和扩散层构成胶团。

由于硅酸溶液的胶粒都带负电,其周围是水化膜,这就阻止了胶粒的聚集结合,故水玻璃中硅酸胶体是十分稳定的。

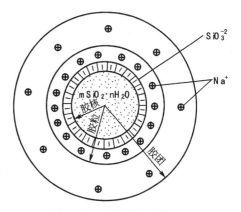

图 3.13 硅酸胶团示意图

3.2.3 水泥粘结剂

水泥是一种重要的建筑材料。它的种类很多,用途也极为广泛。水泥有能够凝结、硬化的特性,因而可作为自硬砂的粘结剂。

1. 水泥的组成

硅酸盐水泥(又称波特兰水泥)是水泥中最普通的一种,它是由粘土和石灰石煅烧成熟料,再和其他硅酸盐料(如高炉渣等)及石膏等磨细而成,它的化学成分通常用氧化物的百分含量表示,其主要成分见表 3-9。

表 3-9 硅酸盐水泥的化学成分/(%)

成分	CaO	SiO$_2$	Al$_2$O$_3$	Fe$_2$O$_3$	MgO	SO$_3$	其他
含量	60～70	17～25	3～8	0.5～6	0.1～5.5	1～3	微量

硅酸盐水泥的矿物组成大致包括以下几种：硅酸三钙 $3CaO \cdot SiO_2$（简写为 C_3S）占 37%～60%、硅酸二钙 $2CaO \cdot SiO_2$（简写为 C_2S）占 15%～37%、铝酸三钙 $3CaO \cdot Al_2O_3$（简写为 C_3A）占 7%～15%、铁铝酸四钙 $4CaO \cdot Al_2O_3 \cdot Fe_2O_3$（简写为 C_4AF）占 10%～18%。此外，在水泥熟料中一般还含有少量的游离 CaO、MgO 和其他物质。

硅酸盐水泥分为 200、250、300、400、500、600 这 6 个标号。根据国家标准，每种标号的水泥都规定有一定的抗压、抗拉强度性能指标（号数越高，性能指标也越高）。水泥的标号表示此种水泥按标准规定制成混凝土试样后，经过 28 天所达到的抗压强度数值。

2. 水泥的硬化原理

水泥加水调匀后，即具有可塑性，经过一定时间，由于本身的物理化学变化而逐渐变稠并失去塑性，称为"初凝"。之后，当开始具有强度时称为"终凝"。终凝后，强度继续增大，称为硬化。

水泥的硬化过程大致分为溶解期、胶化期和结晶期 3 个阶段。

1）溶解期

水泥颗粒的表面层和水进行反应生成硅酸盐和铝酸盐的水化物及氢氧化钙等，其反应式为：

$$3CaO \cdot SiO_2 + nH_2O \longrightarrow 2CaO \cdot SiO_2 \cdot (n-1)H_2O + Ca(OH)_2 \quad (3-15)$$

$$2CaO \cdot SiO_2 + mH_2O \longrightarrow 2CaO \cdot SiO_2 \cdot mH_2O \quad (3-16)$$

$$3CaO \cdot Al_2O_3 + 6H_2O \longrightarrow 3CaO \cdot Al_2O_3 \cdot 6H_2O \quad (3-17)$$

$$4CaO \cdot Al_2O_3 \cdot Fe_2O_3 + 6H_2O \longrightarrow 3CaO \cdot Al_2O_3 \cdot 6H_2O + CaO \cdot Fe_2O_3 \quad (3-18)$$

所生成的硅酸钙水化物是溶于水的，成为凝胶状态。水化反应生成的氢氧化钙最初是溶于水的，但由于溶解度不大，随着氢氧化钙不断增加而形成氢氧化钙的饱和溶液。

2）胶化期

当溶液已达饱和后，水泥与水继续作用的水化产物，直接以极细的分散状固体颗粒析出，成为凝胶体。随着反应不断进行，凝胶体逐渐变稠，水泥浆逐渐失去塑性，表现为水泥的凝结，但这时水泥还不具有强度。

3）结晶期

水泥浆凝结之后，凝胶体中水泥颗粒的未水化部分将继续吸收水分进行水化反应。因此，凝胶体逐渐脱水而紧密；同时氢氧化钙和水化铝酸钙也由胶体状态转变为稳定的结晶状态，析出晶体，并相互交织在一起，填充在凝胶体内，使水泥产生强度。

必须指出，这些反应是相互交错地进行的，不能截然分开。水化反应首先在颗粒表面开始，表面被胶体包围以后，阻碍颗粒继续水化，因而水泥具有初期强度增长较快而后期增长缓慢的现象，但只要水泥继续保持在适当的温度和湿度中，仍能继续提高其强度。

由于水泥形成凝胶及结晶都比较缓慢，因而整个硬化过程需要持续很长时间，一般 28 天左右整个硬化过程才能完成。如果采用此种水泥作型（芯）砂的粘结剂，铸型、型芯硬化缓慢，特别是与水玻璃系、树脂系粘结剂相比尤为突出，故不符合生产的需求。

3. 影响水泥硬化的因素

水泥的凝结过程是水泥颗粒与水作用的过程。水化物的凝结和结晶使水泥建立强度，而凝结硬化的速度和强度的变化与很多因素有关，这些因素包括水泥本身的组成、粒度、温度和湿度、与水的比及添加剂等。

1）水泥的矿物组成

水泥是由多种不同的矿物组成的，各种矿物组成特性不同，因此各矿物组成的比例不同时，水泥的物理化学性能将随之改变。可见，合理选择水泥的矿物组成，调整其配比，是控制水泥硬化和强度的灵活方法之一。

2）水泥的粒度

水泥的粒度通常用比表面积表示，即每克重量的水泥的总面积。面积越大，与水接触的机会越多，化学反应越快，且在短时间内可以完成，故凝结硬化过程越快。

3）温度和湿度

温度和湿度都是影响水泥硬化反应的重要因素。温度高、湿度大则水化凝结快，反之则慢，温度低于0℃时，凝结硬化反应基本停止。

4）水泥和水的比

水泥和水的比，又称水灰比，指水泥浆中水泥与水的质量比。加水太多，水灰比偏高，由于水泥不能很快地将水吸收完，胶体不能变稠，因而硬化过程变慢，强度也变低。

5）添加剂

加入添加剂可改变水泥的凝结硬化过程，加入促硬剂如 $CaCl_2$、$AlCl_3$ 及磷酸盐、硫酸盐等，可加速水泥的硬化；加入缓凝剂如硼酸、酒石酸等则可延缓硬化过程。显然，加入添加剂的方法便于铸造生产中水泥的使用和控制。

4. 水泥的化学添加剂

水泥中常用的添加剂种类很多，但在铸造生产中使用的可分为两大类。一类是由普通盐所组成的，用来与水起化学作用，改变水泥的水化反应速度；另一类是由表面活性剂组成的，用来分散水泥颗粒，以提高水泥的化学反应速度。这两种添加剂也可以复合使用。

第一类添加剂又可分为速凝剂（促硬剂）和缓凝剂两种，第二类添加剂又称减水剂。

由于各种水泥的矿物组成不同，其硬化机理也有差异，因此选用添加剂时应根据不同情况进行选择。

1）速凝剂

普通水泥水化时，生成难溶的 $CaSO_4$，能阻碍反应较迟的硅酸钙进入溶液形成各种硅酸盐水化物，致使水泥凝结缓慢，强度提高不快。加入速凝剂后，原来水泥中起缓凝作用的 $CaSO_4$ 与速凝剂起化学反应，使溶液中 $CaSO_4$ 浓度下降，于是 C_3S、C_3A 等可以迅速地进入溶液，形成水化物而促使水泥快凝。常用的促凝剂有下列几种。

(1) 氯化钙。在普通水泥中外加0.4%的 $CaCl_2$ 时就能促进水泥凝结，增加加入量，凝结速度也相应加快；加入量增加到12%时，能使普通水泥在4min内凝结，故可作为水泥自硬砂的速凝剂。

(2) 铝酸钠。铝酸钠对水泥凝结有明显的影响，而且存在一个最优加入量。试验表明：当加入量在1.4%~1.6%时，水泥凝结最快，3min内可以凝结。

(3) 铝氧熟料为主的复合速凝剂。该速凝剂是生产氧化铝过程中的一种中间产物，又称铝氧烧结块，其中含铝酸钠50%、硅酸二钙约35%。此种速凝剂作用强烈，一般加入后，水泥在2min内就可以初凝，10min以内达到终凝。使用时将块状的烧结物磨成和水泥相当的粒度加入，加入量为水泥的1.0%~1.5%。

（4）有机盐三乙醇胺。这是一种新型的高效率水泥添加剂。当水泥中加入微量（0.05%）的三乙醇胺，在差热分析时，不易鉴别是否有新生物，但仍可以认为它能加速水泥的水化，而且能改变水泥的水化生成物。因这种添加剂的速凝机理和无机盐的速凝机理不同，详细情况还需进一步研究。它和无机盐一起使用时，本身既起促凝作用，还能催化无机盐和水泥的化学反应。实际生产中，三乙醇胺的使用量为水泥质量的0.01%～0.02%。

2）缓凝剂

当水泥中的快凝组分，如铝酸三钙的快凝作用被抑止时，水泥就不能快凝。当快凝组分在一定条件下生成不溶解的水化物并沉淀在水泥颗粒表面时，也能阻止水泥的快凝。当氧化铝的溶解度被其他化学物品降低时，也能造成水泥的缓凝现象。因此实际可使用的缓凝剂品种很多属无机盐类，其通常可分为以下4类。

（1）$CaSO_4 \cdot H_2O$、$Ca(CrO_3)_2$、CaI_2。这一类缓凝剂的作用是把氧化铝的溶解度降低，引起缓凝作用。

（2）$CaCl_2$、$Ca(NO_3)_2$、$CaBr_2$、$CaSO_4 \cdot (1/2H_2O)$。这类缓凝剂情况比较特殊，在少量使用时，可以起缓凝作用，大量使用时，则变为速凝剂。$CaCl_2$即是一例，使用少量时，它可以阻止氧化铝进入溶液，因而降低其溶解度，引起缓凝。$CaSO_4 \cdot (1/2H_2O)$也属这类缓凝剂，但其作用机理和$CaCl_2$不同。

（3）Na_2CO_3和Na_2SiO_3。这类添加剂使用量较大，效果非常显著，其特点和第二类相似，在低浓度时能使氧化铝溶解度降低；而浓度高时，氧化铝能溶于这些化合物中，于是不再起缓凝作用。

（4）Na_2PO_4、$Na_2B_4O_7$、Na_3AsO_4、$Ca(CHCOO)_2$等。这类缓凝剂对水泥的凝结期起很大危害作用，使用过量时，可以无限期推迟水泥的凝结，其原因是生成了极不易渗透的表面沉淀物，以致水化不能在任何速度下进行。因此使用这些添加剂的时候，在使用量方面应特别注意。

以上各种速凝剂和缓凝剂的作用主要是对水泥的凝结期的影响而言的，至于对水泥强度发展的影响则各有不同，有的可能影响很小而有的则可能影响很大。因此在选用时，还应注意各种添加剂对水泥强度等方面的影响。

此外，有人将不同作用的缓凝剂分为3种类型，其作用如图3.14所示。第一种（曲线1）的加入量需达到一定值才起缓凝作用，且其作用达一定限度后就不再明显；第二种（曲线2、3）的加入量达一定值（2、3有所区别）后起缓凝作用，但其作用随加入量增加到一定限度后即趋于下降；第三种（曲线4）的缓凝作用随加入量迅速增加。

3）减水剂

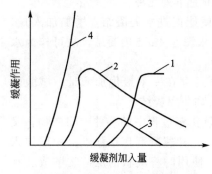

图3.14　各类缓凝剂的缓凝作用

降低水灰比是提高水泥凝结速度和强度的一种有效方法。但是水灰比降低以后，在工艺上会造成许多不便之处。水泥与水拌合时，其颗粒表面缺乏粒子静电荷，容易凝聚在一起，形成许多个不易分散的凝聚团。因而水泥水化时，必须具备足够的水量和充分的时间才能把这些成团的凝聚体完全水化。如果在混合时使水泥颗粒分散，使之不结团，从而增加水泥颗粒和水的接触面积，则可减少水化反应所需时间，使水泥浆性能得到改善，有利于提高水泥强度并使水灰比降低。减水剂即属于起分散作用的水泥添加剂，近年来已得到广泛使用。常用的减水剂有以下几种。

（1）木质磺酸钙。它是一种造纸厂纸浆下脚料加工而成的粉末，具有强烈的分散作用。当它加入到拌和的水泥和水中时，立即电离成木质磺酸阴离子和钙的阳离子，并呈现强烈的离子活性，水泥表面很快地吸附了这些离子，成为带电相，在静电的相斥作用下，使水泥粒子互相分散。水泥粒子可能分散的程度与水泥的品种有关。此外温度对水泥的分散程度也有影响，低温时分散力大，高温时分散力小。

（2）亚甲基双萘磺（NNO）和甲基萘磺酸甲醛缩合物（MF）。它们是高分子芳香族的磺酸盐，具有比木质磺酸钙更强的分散作用，能在水泥颗粒表面形成双电层，从而产生分散作用。这类添加剂已普遍使用于普通水泥或特种水泥中，这类减水剂还可和木质磺酸钙复合使用，其效果更为显著。

由于可以按照需要在水泥中加入各种添加剂来改善水泥的性能，从而为水泥在铸造生产中的应用创造了有利的条件，使水泥自硬砂得以进一步改善和推广。

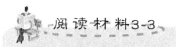
阅读材料3-3

水泥发展简史

远在古代，人们就开始使用粘土（有时还掺入稻草、壳皮等植物纤维）来抹砌简易建筑物。但未经煅烧的粘土不耐水且强度很低，所以这种建筑物很不耐用。

在公元初，罗马人就开始用掺火山灰（硅铝化合物）且具有水硬性的石灰砂浆来兴修建筑物。古罗马的"庞贝"城、罗马圣庙，法国南部里姆斯附近的加德桥及我国很早就使用的"三合土"建筑物等用的都是石灰火山材料。1796年出现了罗马水泥。在此基础上，又进而用含适量（20%～25%）粘土的石灰石（天然水泥岩）经燃烧磨细，制得天然水泥。

19世纪初期（1810—1825年）已经将石灰石或白垩和粘土的细粉按一定比例配合，在类似石灰窑的炉内，经高温烧结成块（熟料），再经粉磨制成水硬性胶凝材料，称为波特兰水泥（我国称为硅酸盐水泥）。其首批大规模使用的例子是1825—1843年兴建的泰晤士河隧道。这就是水硬性胶凝材料的初创时期。

硅酸盐水泥出现后近百年来，各国科学家应用物理、化学和物理化学的方法研究了熟料矿物组成和水泥硬化机理，提出用熟料率值控制水泥生产的方法，同时在水泥生产方法和设备方面也进行了不断改进和革新。

1826年建立了第一台间隙立窑。1885年和1886年相继出现了第一台回转窑和多仓磨机，以后又创造出更多的新型燃烧、粉磨设备，使硅酸盐水泥的生产技术和产品质量不断提高。20世纪初，现代工业的发展促进了水泥生产工艺过程、原理和熟料成分与性质的研究，并在此基础上，发明了各种不同用途的硅酸盐水泥，如快硬高强水泥、膨胀水泥、大坝水泥、油井水泥等。1907—1909年还发明了以低碱性铝酸盐为主要成分的高铝水泥。这一时期是各种不同用途水泥的发展时期。

今天，随着工业、农业、交通、国防的现代化和科学技术的发展，又出现了铝酸盐水泥、硫铝酸盐水泥、氟铝酸盐水泥等新品种以满足日益增长的各种工程建设的要求。

➡ 资料来源：许并社. 材料科学概论. 北京：北京工业大学出版社，2002.

3.3 有机粘结剂

粘土、水玻璃和水泥都是无机粘结剂，来源丰富，成本低廉，能满足铸造生产的一般要求，但是这些粘结剂也存在一些缺点，如干强度不够高，容让性、出砂性比较差等。因此在制造形状复杂、断面较薄的型芯时很难满足要求，此时就需要采用性能更好的其他粘结剂，而这些粘结剂都是有机粘结剂。

3.3.1 植物油粘结剂

植物油粘结剂有非常好的工艺性能，一般不需要加工，干强度高。它可使型（芯）砂的透气性高、流动性和出砂性好、发气能力低、不沾芯盒、不吸湿等，因此长期以来一直是高质量型（芯）砂的主要粘结剂。

1. 植物油粘结剂的组成及种类

植物油是油脂的一种，凡是油脂都由3个脂肪酸（R_1COOH）分子和一个甘油（$C_3H_5(OH)_3$）分子构成，它的分子结构和反应式可表示如下：

$$R_1-COOH \quad CH_2-OH \qquad CH_2-O-\overset{O}{\overset{\|}{C}}-R_1$$
$$R_2-COOH + CH-OH \longrightarrow CH-O-\overset{O}{\overset{\|}{C}}-R_2 + 3H_2O \qquad (3-19)$$
$$R_3-COOH \quad CH_2-OH \qquad CH_2-O-\overset{O}{\overset{\|}{C}}-R_3$$

式中，R_1、R_2、R_3代表3个脂肪酸的烃基，它们可以是相同的某一种脂肪酸甘油酯，也可以不同，如混合脂肪酸甘油酯。因为甘油的成分是固定的，所以各种植物油的特性主要决定于脂肪酸的特性。

脂肪酸分为饱和脂肪酸和不饱和脂肪酸两种。饱和脂肪酸中含有饱和的烃基，即烃基之间碳原子都是以单键相连，其结构比较稳定，熔点也较高，不易与其他元素发生化学反应；不饱和脂肪酸中含有不饱和烃基，即烃基之间有一个或几个碳原子以双键相连，在一定的条件下，双键很容易被打开，所以化学活泼性较强，容易发生氧化聚合反应。铸造生产上用的植物油主要是由几种不饱和脂肪酸构成的混合甘油酯。

我国使用最多的植物油粘结剂是桐油、亚麻油和改性米糠油，过去曾用大豆油和棉籽油等。

桐油是从桐树果实中榨出的油，产于我国南方，其主要成分是桐油酸甘油酯；亚麻油是从亚麻籽中榨出的油，产于我国东北，其主要成分是亚麻酸甘油酯，含量占40%~60%，此外还有硬脂酸、油酸和亚油酸等甘油酯。亚麻油酸和桐油酸化学式同为$C_{17}H_{29}COOH$，分子中也同样有3个双键，但双键分布的位置不同。桐油酸分子中每两个双键之间都隔一个单键呈共轭排列，称为共轭双键。而亚麻油酸中两个双键之间是被两个或两个以上的单键相隔离，称为隔离双键。两者双键分布不同，结构也不同，对硬化特性也有影响。

改性米糠油是由稻米糠榨出的糠油，再经改性处理制成的粘结剂。米糠油改性前硬化太慢，不适于铸造生产。改性处理去除了毛糠蜡、游离脂肪酸和部分饱和脂肪酸，并转变为共轭结构，使之具有与桐油相似的特性。由于米糠油是我国南方产稻米区综合利用粮食加工的副产品，所以可以代替桐油。

2. 植物油粘结剂的硬化机理

植物油砂经过烘干后可以获得很高的强度。植物油加热硬化反应的实质，一般认为是通过氧化聚合反应使油类分子从低分子转变为高分子的过程，其硬化过程大致经历以下3个阶段。

1）预热阶段

油中的水分和易挥发物质在加热初期开始挥发。

2）氧化阶段

植物油中不饱和烃基中的碳原子之间的双键在加热时被打开，空气中的氧进入双键部分与碳原子结合成过氧化物，其氧化过程可以简单表示为：

$$\cdots\!-\!CH=CH\!-\!\cdots + O_2 \xrightarrow{\text{加热}} \cdots\!-\!\underset{\underset{\text{过氧化物}}{O\!-\!O}}{CH\!-\!CH}\!-\!\cdots \quad (3-20)$$

3）聚合阶段

生成的过氧化物很不稳定，容易与含有双键的其他的分子发生聚合：

$$\cdots\!-\!\underset{O\!-\!O}{CH\!-\!CH}\!-\!\cdots + \cdots\!-\!CH=CH\!-\!CH_2\!-\!CH=CH\!-\!\cdots$$

$$\longrightarrow \underset{\underset{\cdots\!-\!CH\!-\!CH\!-\!CH_2\!-\!CH=CH\!-\!\cdots}{|\quad\quad|}}{\overset{\cdots\!-\!CH\!-\!CH\!-\!\cdots}{\underset{O\quad\ O}{|\quad|}}} \quad (3-21)$$

如果生成物中还有双键，则在氧化作用下又转变为过氧化物，然后又与其他含有双键的分子继续进行聚合变成更长的链状结构：

$$\underset{\underset{\cdots\!-\!CH\!-\!CH\!-\!CH_2\!-\!CH\!-\!CH\!-\!\cdots}{\underset{\cdots\!-\!CH\!-\!CH\!-\!CH_2\!-\!CH=CH\!-\!\cdots}{|\quad\ |}}}{\overset{\cdots\!-\!CH\!-\!CH\!-\!\cdots}{\underset{O\quad\ O}{|\quad|}}} \quad (3-22)$$

经过不断重复地进行氧化和聚合，就使油从低分子化合物逐渐转变成网状的高分子化合物，即由液态逐步变稠，最后变成坚韧的固体。

从以上分析可以看出，植物油硬化反应需具备以下几个条件：①加热是反应迅速进行的必要条件，但加热的温度不宜过高，否则植物油将燃烧和分解；②硬化过程中必须充足地供应氧气，由于在硬化过程中，氧起到"架桥"的作用，所以供氧越充分，硬化反应的速度越大，硬化后强度也越高；③植物油分子中必须含有双键，且双键越多，氧化聚合反应越迅速、完全。

此外，植物油中双键的位置对硬化过程也有很大影响，如桐油和亚麻油分子中同样含有3个双键，但桐油分子中的双键属于共轭双键，而亚麻油分子则是隔离双键。共轭双键结构比隔离双键结构更容易进行氧化聚合反应，所以桐油砂烘干时更容易发生硬化。

上述硬化反应是植物油粘结剂的典型硬化过程，而改性米糠油粘结剂硬化时，既有聚合反应，又有脱水缩聚反应。

3. 评价植物油粘结剂的指标

植物油粘结剂的质量通常采用碘价、酸值和皂化值来评价。

1）碘价

碘价是指100g植物油所能吸收的碘的数量(g)。由于碘能添加在不饱和双键上进行加成反应，所以根据测定的碘价的大小，可以衡量植物油不饱和程度的大小，碘价越大表示植物油中不饱和程度越大，含双键越多，硬化特性也越好。因此，根据碘价大小可以将植物油分为干性油(不饱和程度大)、半干性油(不饱和程度小)和不干性油(已近饱和)3类。干性油在常温时就可以干结硬化，最适宜作铸造粘结剂；半干性油次之；对于不干性油由于双键数量较少，硬化过程较慢，一般不适于铸造用。

一般而言，干性油的碘价大于150，如桐油、亚麻油和苏子油等；半干性油的碘价在100～150之间，如向日葵油、豆油和棉籽油等；不干性油的碘价小于100，如菜籽油、蓖麻油和花生油等。

2）酸值

酸值是指中和1g植物油中游离脂肪酸所需的氢氧化钾的毫克数，表征油脂中所含有的游离脂肪酸的数量。酸值越低表示植物油中游离脂肪酸含量越小，油的质量越好，硬结后油膜强度越高。如果植物油长期储存，受日光、空气和微生物的作用使油氧化和分解，生成难闻气味的酸类混合物，通常称为酸败。酸败后，油的游离脂肪酸含量增加，酸值增大，油的品质变差。

3）皂化值

皂化值是指中和1g试料所含全部游离酸和化合酸需用的氢氧化钾的毫克数，表征植物油中游离的脂肪酸和与甘油结合的化合态脂肪酸总量的多少。

皂化值表示油的纯度，皂化值越大，说明油中的杂质越少。此外，皂化值还可以表示油的分子量大小，皂化值低表示油的分子量大。

表3-10给出了几种常见植物油的碘价、酸值和皂化值。

表3-10 常见植物油的碘价、酸值和皂化值

植物油名称	碘 价	酸 值	皂 化 值
桐油	159～183	0.5～2.0	188～197
亚麻油	182～204	5.0	184～195
改性米糠油	65～85	8～18	170～180
向日葵油	119～144	2.25	185～198
豆油	114～157	2.0	186～195
棉籽油	100～115	1.0	191～198
菜籽油	96～106	3.12	167～186

4. 植物油砂的烘干工艺

由植物油粘结剂的硬化机理可知，植物油砂必须在有游离氧的气氛中加热才能硬化，因此烘干过程中炉气应流通。图 3.15 所示为烘干温度和时间对植物油砂强度的影响曲线。烘干温度太低，油的氧化聚合反应进行得不完全，烘干所需的时间较长，油膜不能达到最大强度。提高温度可以加速油的氧化聚合反应而缩短油砂的烘干时间，但烘干温度过高，油膜被分解破坏，使植物油粘结砂的干强度很快下降。根据试验，植物油砂的最佳烘干温度一般为 200~220℃，最高不能超过 250℃，烘干时间应根据砂芯的厚度决定。

植物油砂烘干后的冷却速度很重要，若冷却速度过快，油膜会产生应力而开裂，破坏油膜的完整性而使干强度降低。植物油砂在加热时会放出一氧化碳、丙烯醛等有害气体，在低于 50~75℃ 时有害气体才停止放出。因此，植物油砂应随炉冷却，以便有害气体从烟囱中排出，但其冷却速度较慢，等炉冷到 50~75℃ 时，方可取出。

5. 粘结剂及附加物对植物油砂性能的影响

1) 粘结剂加入量的影响

图 3.16 所示为亚麻油加入量对试样干拉强度和比强度的影响曲线。当植物油粘结剂的加入量较少时，在砂粒表面形成的油膜在加热过程中要收缩，因而有可能产生裂纹，破坏其连续性，使型芯强度降低。相反，植物油粘结剂的加入量较多时，油膜的厚度增加，可以防止缩裂，从而增加强度。但若继续增加粘结剂的加入量，则在规定的烘干范围内得不到充分地硬化，因而强度增长缓慢，而比强度下降，因此，粘结剂的加入量应有一个最佳值。

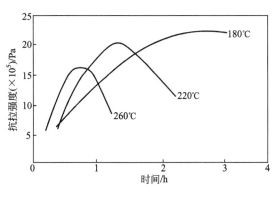

图 3.15　烘干温度和时间对
植物油粘结砂强度的影响

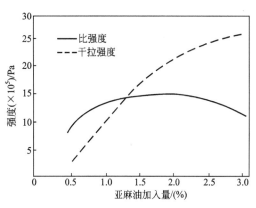

图 3.16　亚麻油加入量对试样
干拉强度和比强度的影响

2) 粘结剂粘度的影响

油类粘结剂的粘度过大和过小均不能保证构成最佳厚度的油膜，而不能得到最好的强度效果，因此，在生产中规定粘结剂的粘度是技术指标中的一项。图 3.17 所示为亚麻油的粘度对试样抗拉强度的影响，从图中可以看出，粘结剂粘度适宜，可得到比加入量多时还要高的强度。由于在生产中测定粘度不便，常改为控制密度，图 3.18 所示为密度对试样抗拉强度的影响。在最佳密度值处，试样的抗拉强度最大。

3) 附加粘结剂和水的影响

用植物油粘结剂配制的型(芯)砂湿强度很小，因此，一般加入某些附加物，如水、粘土、糊精等来提高其湿强度。

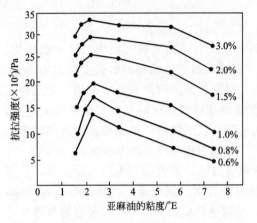

图 3.17 亚麻油的粘度对试样抗拉强度的影响

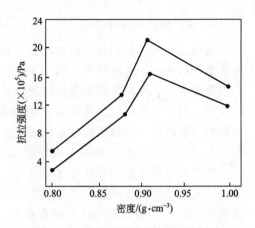

图 3.18 密度对试样抗拉强度的影响

植物油砂中加水,可以改善湿强度。某工厂在含油 15% 的砂中加入 4% 的水,使其湿强度由原来的 2.4kPa 提高到 4.5kPa,但干强度随之下降。据测定,每加入 1% 的水,就相当于损失 0.25% 的油。这是因为油和水都可以润湿石英砂,但在油和水同时存在的情况下,石英砂首先选择被水润湿,并在砂粒表面形成一层水膜,而油浮在水膜外。烘干时水分蒸发,冲破油膜,破坏了油膜的连续性,使强度降低。加水还使油砂易粘芯盒,故生产上不用单独加水来提高湿强度。

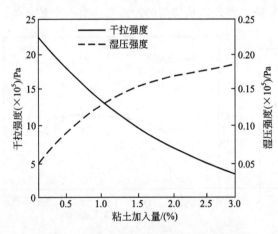

图 3.19 粘土加入量对油类粘结砂性能的影响

植物油砂中加入粘土,同时加入少量水分,能明显地提高湿强度,如图 3.19 所示。砂中加入粘土,使颗粒之间接触面积增大,增加了颗粒间的附着力,同时粘土被水润湿后,能发挥出湿态粘结力。但粘土颗粒细小,表面积大,要消耗掉一部分油。另外,粘土中含有碱性金属氧化物,能与植物油起皂化作用,也要消耗掉一部分油。每加入 1% 粘土相当于损失掉 0.15%~0.25% 的油。砂中加粘土虽可提高湿强度,但降低了干强度,同时也使透气性、流动性和出砂性相应降低。

植物油砂中加入少量的糊精和适量的水,不仅可明显提高湿强度,还可提高干强度,增加表面强度,改善容让性和出砂性。

3.3.2 合脂粘结剂

桐油、亚麻油等作为铸造粘结剂虽然性能优良,但随着铸造生产发展对粘结剂需求量的日益增多,不可能靠来源有限的植物油粘结剂来满足铸造上的需要,因此,有必要寻求植物油粘结剂的代用材料,而利用合成脂肪酸残渣作粘结剂的试验成功解决了这一问题。

合脂也是一种干强度比较高的有机粘结剂,许多工艺性能与植物油相近,且来源丰富,成本低廉,因而,在许多工厂的型芯车间被广泛使用。

1. 合脂粘结剂的组成及稀释溶剂

合脂是"合成脂肪酸蒸馏残渣"的简称。合脂的制取过程也就是合成脂肪酸的生产过程,即以石蜡(主要成分为 $C_{20} \sim C_{30}$ 的烷烃)为原料,经过氧化和皂化分离,真空蒸馏出碳($C_{10} \sim C_{20}$)的脂肪酸产品后,即得到所需的残渣。合脂的制取过程如图3.20所示。

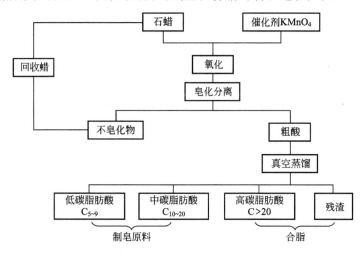

图 3.20 合脂制取过程简图

1) 合脂的组成

合脂的组成比较复杂,很难精确分离,根据合脂各组分在不同溶液中的溶解和皂化特性可以粗略地认为合脂由下列3种物质组成。

(1) 不溶物:不溶物在常温下是一种粘度很大的黑色黏稠物质,主要含有羟基酸(即分子中既含有羧基—COOH,又含有羟基—OH 的有机化合物,也称醇酸)及其他分子量较大的缩聚物(羟基酸与羟基酸和羟基酸与脂肪酸形成的酸类)。不溶物加热时会很快硬化,具有相当高的强度,是合脂中起粘结硬化作用的主要组成部分。

(2) 脂肪酸混合物:主要含有高碳脂肪酸和某些脂类。

(3) 不皂化物:主要是中性氧化物和少量的未氧化石蜡等。

脂肪酸和不皂化物在常温时都是膏状物,加热也能硬化,但硬化温度比不溶物高,硬化时间长且强度低,其中不皂化物强度最低。

合脂中各组成物质的含量与所用石蜡原料有很大关系。我国生产合脂所用的石蜡有两种,一种是熔点较低(30~44℃)的石蜡,也称软蜡;另一种是熔点较高(52℃以上)的石蜡,也称硬蜡。用两种原料制取的合脂的组成和特性有很大不同,见表3-11。从表中可以看出,低熔点蜡合脂比高熔点蜡合脂羟基含量多,强度高,因此作为铸造用应尽量选用低熔点蜡合脂。

表 3-11 不同熔点石蜡制取的合脂的组成和特性

名称	主要组成/(%)			物理性能	
	羟基酸	脂肪酸	不皂化物	粘度(30℃)/s	干拉强度(×10⁵)/Pa
低熔点蜡合脂	25.23	48.82	25.95	50~80	17.9
高熔点蜡合脂	9.7	32.2	58.1	15~30	11.6

2) 合脂的稀释

合脂残渣在常温时是膏状物，温度低时会结成固体。故使用时，为便于混砂，经常采用加溶剂稀释的方法以降低合脂的粘度。

稀释合脂用的溶剂一般用煤油，因为煤油（初馏点 83℃，终馏点 319℃）的馏程适中，成本较低，并且对人体皮肤无大刺激。用煤油稀释的合脂只要烘干时间足够，使煤油充分挥发，就可以使合脂砂芯获得很高的强度。

在大批量流水作业的铸造车间，为提高生产效率，缩短烘干时间，也有采用油漆溶剂油作溶剂的。油漆溶剂油的初馏点高而终馏点低，所以馏程比煤油短，可以缩短烘干时间，但溶剂油成本比煤油高，而且刺激气味比煤油大。

也有采用轻柴油作溶剂的，其优点是成本低，来源丰富，但是轻柴油初馏点为 130℃，而终馏点高达 357℃，型芯烘干时间要延长，否则型芯强度不高，发气量也大，所以目前已经很少应用。此外，用汽油也可以稀释合脂，但汽油成本高，特别是因汽油初馏点很低（44℃）而很易挥发，稀释以后的合脂在存放过程中，由于汽油的挥发会使合脂粘度不断增加，使用很不方便。

2. 合脂粘结剂的硬化机理

合脂的硬化也属于化学硬化，本质上也是由低分子化合物转变成高分子化合物的过程。但合脂组成复杂，其加热硬化反应也很复杂，至今尚未完全弄清楚。

为研究合脂的硬化过程，曾用从合脂中分离出的不溶物及溶解物分别单独配成芯砂，在不同的气氛中进行加热烘干，然后测定其强度，发现溶解物（主要成分是脂肪酸混合物）只能在氧化气氛中硬化，而不溶物不论是氧化性、还原性、还是惰性气氛中都能硬化。这个试验结果证明，合脂的硬化过程中不仅有脂肪酸氧化聚合反应，而且有不溶物中的羟基酸进行的缩聚反应。

根据有机化学的原理，一个羟基酸分子中的羟基和羧基可以分别与另一分子中的羧基和羟基互相进行缩聚反应，其生成物在化学上称为交脂，其反应可举例如下。

$$
\begin{array}{c}
C_{20}H_{41}\!-\!\overset{\overset{\displaystyle H}{|}}{\underset{\underset{\displaystyle OH}{|}}{C}}\!-\!(CH_2)_5\!-\!\overset{\overset{\displaystyle O}{\|}}{C}\!-\!OH \\
+ \\
C_{20}H_{41}\!-\!\overset{\overset{\displaystyle OH}{|}}{\underset{\underset{\displaystyle H}{|}}{C}}\!-\!(CH_2)_5\!-\!\overset{\overset{\displaystyle O}{\|}}{C}\!-\!OH \\
\xrightarrow[\text{脱水}]{\text{加热}} \\
C_{20}H_{41}\!-\!\overset{\overset{\displaystyle H}{|}}{\underset{\underset{\displaystyle OH}{|}}{C}}\!-\!(CH_2)_5\!-\!\overset{\overset{\displaystyle O}{\|}}{C}\!-\!O \\
C_{20}H_{41}\!-\!\overset{\overset{\displaystyle H}{|}}{\underset{\underset{\displaystyle }{}}{C}}\!-\!(CH_2)_5\!-\!\overset{\overset{\displaystyle O}{\|}}{C}\!-\!OH + H_2O
\end{array}
$$

(3-23)

反应式中两个羟基酸中的羟基和羧基还可以与其他羟基酸中的羧基和羟基继续进行脱水聚合反应生成长链状的聚合物。

合脂在加热时还会发生羟基酸和脂肪酸分子的脱水缩聚反应。

$$C_{20}H_{41}-\underset{\underset{OH}{OH}}{\overset{H}{C}}-(CH_2)_5-\overset{O}{\underset{OH}{C}}+O=C-C_{26}H_{53} \xrightarrow{\text{加热}}_{\text{脱水}} C_{20}H_{41}-\underset{\underset{O}{|}}{\overset{H}{\underset{|}{C}}}-(CH_2)_5-\overset{O}{\underset{OH}{C}}+H_2O \qquad (3-24)$$

$$O=C-C_{26}H_{53}$$

此外，由于羟基酸在加热过程中还会因脱水形成不饱和脂肪酸，继续加热时不饱和脂肪酸又会发生氧化聚合反应。

总之，通过上述几种缩聚反应和氧化聚合反应的连续进行，合脂的分子量逐渐增大，生成复杂的网状结构的聚合物，并且在加热过程中，合脂粘结剂中的溶剂和分子量较少的产物不断挥发，使合脂逐渐变稠，最后形成坚韧的固体。

虽然合脂的硬化过程中有不饱和脂肪酸的氧化聚合反应，但在硬化过程中，特别是加热烘干的后期，主要是羟基酸的缩聚反应。所以，尽管合脂的碘价并不高（40～50），但可以和植物油一样硬化并达到相当高的强度，这是合脂与植物油硬化过程的相同之处。

3. 评价合脂粘结剂的指标

由于合脂的硬化作用主要是依靠羟基酸，因此羟基酸含量的多少是合脂的一项重要指标。但是，目前尚没有测定羟基酸的简便方法，因此，生产上采用酸值间接地表示。合脂的酸值不宜过高，否则合脂中脂肪酸含量增多，相对地羟基酸就减少。

粘度是合脂粘结剂的又一个重要指标。测定合脂的粘度是采用锥体形漏斗粘度计，漏斗容量100mL，漏嘴直径6mm。粘度值用100mL粘结剂通过漏嘴的时间（s）来表示。

有时对合脂也测定皂化值和碘价，但都不作为质量指标。

4. 合脂砂的烘干工艺

合脂砂的烘干温度范围比油砂宽些，可以在180～240℃之间，但最适宜的烘干温度是在200～240℃，温度太低烘干时间要延长，温度过高也易过烧，这与油砂相似。图3.21给出了合脂砂烘干温度和烘干时间对干拉强度的影响。

合脂砂型芯的烘干时间主要与型芯大小、厚薄、合脂加入量和选择的烘干温度有关，一般烘干时间为2～3h。但

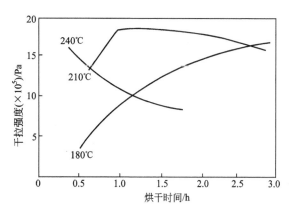

图3.21 合脂砂烘干温度和烘干时间对干拉强度的影响

如果采用溶剂油稀释的合脂，则烘干时间可以缩短一些。

烘干的合脂砂型（芯）在热态时强度不高。因此，要对合脂砂型（芯）充分冷却后才能使干强度达到最高值。此外，如果采用电炉烘干合脂砂型（芯），要注意加强排烟设施，使烘干过程中挥发出来的大量轻油及时散失，否则有燃烧爆炸的危险。用煤油稀释的合脂，因煤油中含有温度较高的馏分，故较大的型芯出炉后冷却比较缓慢，温度较高，仍有冒烟现象，应注意通风和排烟。采用房间式电阻烘干炉，炉内温度分布均匀，便于控制，效率高，型芯烘干质量比较好，且铸铁电热元件成本低而耐用。

5. 粘结剂及附加物对合脂砂性能的影响

1）合脂加入量的影响

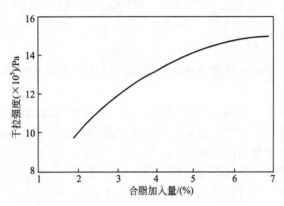

图 3.22 合脂加入量对干拉强度的影响

合脂加入量对合脂砂干强度影响与油砂相似，如图 3.22 所示。合脂加入量超过一定限度后，干拉强度即增加甚微。所以，合脂加入量也不宜过多，否则，不仅使芯砂发气量增加，而且还会使合脂砂许多性能恶化，如粘膜严重、蠕变增加、出砂性变差等。但因合脂粘度比桐油大，分布在砂粒表面的粘结剂膜比较厚，所以合脂加入量应比油砂稍多。实际上确定合脂加入量时，还要根据原砂含泥量、颗粒特性及是否加入其他附加物而定。

2）合脂粘度的影响

合脂粘度对合脂和合脂砂的性能有很大影响，是生产上控制合脂砂性能的重要因素。常温时合脂的粘度主要决定于溶剂加入量，生产上常用合脂和溶剂的重量比——稀释比表示。为了方便，通常将合脂量固定为 10，如稀释比为 10∶5，即表示 10g 合脂中加入 5g 溶剂。

保持合脂粘结剂总量不变，改变稀释比时，合脂和合脂砂的性能变化分别如图 3.23 和图 3.24 所示。合脂稀释比越大，合脂粘度越低，表面张力也越小，合脂砂湿压强度也越低，而干拉强度则开始有些增加，当稀释比超过 10∶6 以后又降低，这是因为适当降低粘度有助于使合脂粘结剂在砂粒表面分布更均匀，并且有利于羟基酸的缩聚，能充分发挥粘结作用。但当粘度过低，稀释比超过 10∶8 以后，由于溶剂过量，合脂量相对减少，大量溶剂在烘干过程中挥发，会影响粘结剂薄膜的连续性，所以又使干拉强度下降。合脂稀释比增加，粘度降低，可改善合脂砂的流动性，但因溶剂量较多，也容易粘附芯盒。

一般合脂的稀释比控制在 10∶8～10∶10 比较适宜。但选择稀释比和合脂原来的粘度是与温度有关的，所以生产上最终以控制合脂粘度为标准，一般控制在 40～60s（N-6 粘度计）之间。合脂的稀释方法是，先将合脂加热到熔融状态（80～100℃），然后逐渐加入煤油，并充分搅拌直到无分层和沉淀为止。加热时，为安全起见应避免用明火直接加热。

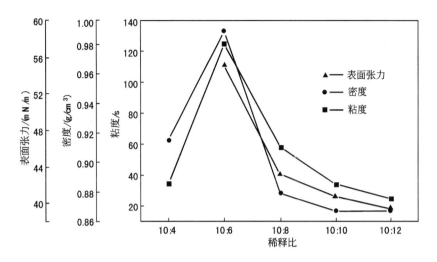

图 3.23 稀释比对合脂物理性能的影响

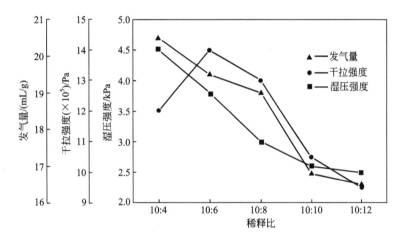

图 3.24 稀释比对合脂砂性能的影响

3）附加粘结剂和水的影响

由于合脂砂的湿强度很低，蠕变性又很大，所以实际应用时，大多加入粘土、糊精、纸浆废液等水溶性粘结剂及适量的水，以提高湿强度。

粘土对合脂砂性能的影响与粘土的种类有关。粘土粘结力越强，湿强度提高越显著，而干强度降低也越多，每加1%的粘土，干强度要降低10%～15%，图3.25是单纯加粘土时对合脂砂湿压强度和干拉强度的影响。

实践表明，糊精和纸浆废液对合脂砂湿压强度和干拉强度的影响基本相似，如图3.26所示。若单独使用粘土、糊精或纸浆废液，效果都不佳，但如果把粘土、糊精和纸浆废液等配合使用，不仅可以改善湿强度，还可以提高干拉强度。

合脂砂中加水对其性能的影响与油砂中加水的情况基本类似，其影响与是否加其他粘结剂有关。当不加其他粘结剂材料时，在合脂砂中单加水会使干拉强度急剧降低，大约每加1%水，干拉强度下降约15%，但对湿压强度的影响并不显著；当合脂砂中加粘土和糊精时，加入适量的水能提高干拉强度，但是水分过多又会使干强度降低；当加入粘土和纸浆废液时，随着水分增加干拉强度一直下降，如图3.27所示。

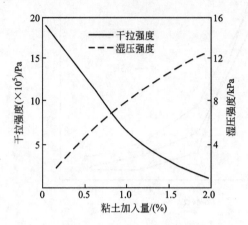

图 3.25 粘土加入量对合脂砂性能的影响

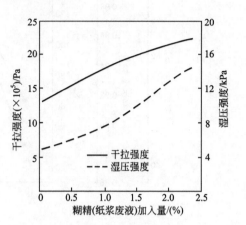

图 3.26 糊精（纸浆废液）加入量对合脂砂性能的影响

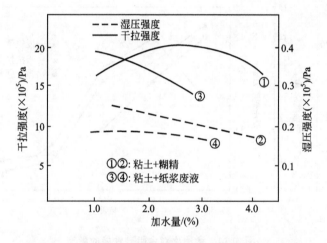

图 3.27 水分对加各种附加粘结剂的合脂砂性能的影响

此外，合脂砂中增加水分会严重粘芯盒。因为水能润湿芯盒及砂粒，使它们之间的附着力增加，因此，合脂砂中加水量必须严加控制。

6. 乳化合脂

合脂粘结剂多用煤油稀释，要消耗大量煤油，但是煤油只作为溶剂以降低合脂的粘度，并不能起粘结作用。此外，煤油对人的皮肤有害，因此生产上常将合脂制成乳浊液使用，其配比为：原合脂∶水∶荷性钠＝1∶(1～1.3)∶(0.26～0.35)。配制时，先将固体荷性钠溶解到一部分水中，再按配比加入原合脂和其余的水，然后一起加热，搅拌（也可按配比先将荷性钠溶于水，再把碱水和原合脂分别加热到90～100℃，再将碱水慢慢倒入合脂中，并不断搅拌），直到合脂变成不能拉丝、没有黑点的稀糊状，表面有气泡和冒出白烟，这时表明合脂已经完全乳化。

3.3.3 其他有机粘结剂

在铸造生产中，除了植物油粘结剂和合脂粘结剂外，还有一些有机粘结剂常被使用，这些有机粘结剂有的难溶于水，称为憎水有机粘结剂；有的易溶于水，称为亲水有机粘结剂。必须指出，由于树脂粘结剂应用较广，在第7章中将详述，在此不作介绍。

1. 憎水有机粘结剂

1) 渣油

渣油粘结剂的原料是减压蒸馏塔底的渣油，称为减压渣油。我国炼油过程中约有40%成为减压渣油，因而来源极为丰富。减压渣油一般作为燃料，或经过处理做成石油沥青及石油焦。

渣油的组成相当复杂，主要由各种碳氢化合物及氧、硫、氮等衍生物的混合物组成。根据其碳氢比值和分子量的不同，一般分为3部分，即油质、胶质和沥青质。油质是渣油中最低分子化合物，分子量为300~500，加热时会部分挥发；胶质为深褐色的半固体物质，分子量为600~800，带有光泽，富有延性和胶粘性，加热时不挥发；沥青质为暗黑色的固体物质，分子量为1000~6000或更高；除了上述3种组分之外，渣油中还包含少量的碳青质和半焦油质，总量不超过1%。

渣油为黑褐色、无光泽的膏状物，使用时需加稀释剂及催化剂。采用裂化柴油作稀释剂，加入量为渣油的1/2。

原渣油加入量一般为3%~5%，湿压强度为15~17kPa，干拉强度为900~1200kPa。渣油型芯在浇注时没有特殊气味，发气性较油类粘结砂小。但渣油型芯烘干后较脆，容易碰坏和断裂，并且烘干温度较高，为240~260℃，烘干时间也较长。

2) 沥青

沥青有石油沥青、煤焦沥青、泥煤沥青和木沥青等。泥煤沥青和木沥青不能大量供应，使用者很少；煤焦沥青是煤气发生炉或炼焦厂的副产品，因其有毒，会刺激皮肤和呼吸道，不能作为粘结剂使用。目前，应用较多的是石油沥青。

石油沥青是石油在提炼过程中的减压渣油经氧化加工得到的产品。根据氧化程度的不同，通常将石油沥青分为两种：软化点高于55℃的称为硬沥青，软化点低于55℃的称为软沥青。铸造上用的沥青软化点在45~60℃之间，多数为软沥青。石油沥青的组分与渣油相似，主要也含有沥青质、油质和胶质。

沥青可以作为粉状物使用，也可以溶于溶剂中制成乳化液使用。生产上常在沥青乳化液中加入粘土和纸浆废液，以改善性能。

乳化石油沥青的配置方法是：先将纸浆废液、水、粘土搅拌均匀，并加热到60℃左右，然后将加热到120℃左右的石油沥青慢慢加入纸浆废液和粘土的混合液中，并不断搅拌15~20min，待沥青均匀地分散在水溶液中，即可得到均匀墨色膏状的乳化石油沥青粘结剂。

乳化石油沥青粘结剂的加入量一般为7%左右，用沥青粘结剂制成的型(芯)砂在250~280℃烘干，这种砂在高温下强度下降缓慢，可代替油类粘结剂用于较复杂型芯(如四柱暖气片)上。

3) 松香

松香是针叶松树的天然树脂经过加工处理后的产物，呈黄褐色，粉碎后呈黄白色，密度为 $1.07\sim1.09g/cm^3$，熔点为 $110\sim135℃$，在空气中会自动氧化。

松香均以粉状加水配成型芯砂，烘干温度为 $160\sim180℃$，干后不吸湿，容让性好。一般加入量为 $3\%\sim5\%$，水为 7% 左右。但是，因其比强度小，所以很少单独使用，而是与其他粘结剂材料配合使用。

4) 塔油

塔油粘结剂也是植物油的代用品，它是造纸工业的副产品，是经蒸馏、脂化稀释和处理之后得到的黑褐色油状液体。塔油粘结剂的加入量为 4% 左右，用塔油粘结剂配制的型(芯)砂的烘干温度为 $210\sim230℃$。

2. 亲水有机粘结剂

1) 纸浆废液

纸浆废液粘结剂是造纸工业的副产品，是木材经亚硫酸盐(如 $Ca(HSO_3)_2$、$Mg(HSO_3)_2$ 等)处理，得到木质纤维后的废液，其中含有一些木质素树脂、醣分及氧化镁、氧化钙等。将这种废液蒸发浓缩到密度为 $1.25\sim1.3g/cm^3$，含水约 44% 即可作粘结剂使用，称之为亚硫酸盐纸浆废液。由于其中含有醣分，发酵后可提取酒精，最后的废液称为亚硫酸盐酒精废液。作为粘结剂，两者的作用相同，一般统称为纸浆废液，均为粘稠的黑褐色液体。

用纸浆废液制芯的混合材料称为纸浆砂，它的比强度一般很小，吸湿性大，因此很少单独使用。当加入粘土后可使强度提高 $2\sim3$ 倍。由于纸浆废液来源广，成本低，是很好的乳化剂，多与其他粘结剂配合使用，烘干温度为 $160\sim180℃$。

2) 糖浆

糖浆是制糖工业的副产品，为暗褐色的胶状液体，其中含糖量 $45\%\sim50\%$，含糖量越高，则粘结力越大。温度高，糖浆易发酵变质，使粘结能力大为降低，因此，经常加入防腐剂(如福尔马林)，以防发酵。与纸浆废液相同，糖浆也很少单独使用，常加入一定量的粘土。糖浆常作涂料的粘结剂，以提高型芯表面强度，烘干温度为 $150\sim180℃$，用其制成的型芯容让性好，但强度差。

3) 糊精

糊精是由玉米粉或马铃薯粉与稀盐酸或硝酸混合加热制成，呈黄色或白色，分子式为 $C_6H_{10}O_5$。糊精砂的烘干温度为 $160\sim180℃$，烘干后型芯易吸潮。糊精一般不单独使用，作为附加材料加入型芯砂中，以提高湿强度。

4) 羧甲基纤维素钠(CMC)

羧甲基纤维素钠是无毒、无味、无臭的白色或淡黄色粉末，易溶于水，水溶液粘稠，呈弱碱性，是较好的糖浆代用品。在水基涂料中，羧甲基纤维素钠是良好的悬浮稳定剂和粘结剂。

制取羧甲基纤维素钠的基本过程如下。

先将纤维素置于 NaOH 溶液中浸泡，得到碱纤维素，即：

$$[C_6H_7O_2(OH)_3]_n + nxNaOH \longrightarrow [C_6H_7O_2(OH)_{3-x} \cdot (ONa)_x]_n + nxH_2O \quad (3-25)$$

再将碱纤维素用氯醋酸醚化，并在醚化过程中加入 NaOH，即得到羧甲基纤维素钠。

$$[C_6H_7O_2(OH)_{3-x} \cdot (ONa)_x]_n + nxClCH_2COOH + nxNaOH$$
$$\longrightarrow [C_6H_7O_2(OH)_{3-x} \cdot (OCH_2COONa)_x]_n + nxNaCl + nxH_2O$$
$$\text{羧甲基纤维素钠(CMC)} \tag{3-26}$$

式中，n——聚合度；

x——取代度。

n 和 x 是 CMC 的两个重要的特性指标，对其在水中的溶解度和溶液粘度都有重大影响。

聚合度 n 是分子的链节数。聚合度越高，则水溶液的粘度越高，通常按此特点将 CMC 区分为低粘度、中粘度和高粘度 3 种。通常我们说 CMC 的粘度，是其 2% 的水溶液的粘度。粘度在 0.3Pa·s 以下者为低粘度，0.3~0.8Pa·s 者为中粘度，0.8Pa·s 以上者为高粘度。涂料中使用的以中粘度 CMC 为宜。

取代度 x 是纤维素链节中 3 个羟基(—OH)中的氢被羧钠甲基(—CH_2COONa)取代的程度。由于羧钠基(—COONa)是亲水的，取代度越大，则 CMC 的水溶性越好。取代度小于 0.3 的 CMC 不溶于水，小于 0.5 者难溶于水。一般取代度在 0.6~0.85 之间。

5）聚乙烯醇(PVA)

聚乙烯醇是一种合成高分子化合物，无毒无味，能溶于水，外观呈黄色或白色粉末状。

聚乙烯醇粘结剂用于普通砂芯时，常以 10% 左右的水溶液形式加入，加入量为 4%~6%，烘干温度约 170℃，抗拉强度可达 1.2~1.4MPa，发气量低，出砂性好。但单纯的聚乙烯醇芯砂的湿强度较低，可以通过加少量石膏来改善。

聚乙烯醇还可以直接用水浸泡溶解制成聚乙烯水溶液，可作为热芯盒树脂砂的粘结剂。

3.4 有机粘结剂的选用原则

3.4.1 型芯的分级

由于铸造生产条件各有不同且各种铸件的型芯大小和复杂程度差别很大，因而对粘结剂的要求也不完全相同。为了便于正确选用粘结剂，常根据型芯特点分为 5 个级别。

(1) Ⅰ级型芯：外形复杂，断面细薄，全部表面几乎都与金属接触，只有少数的小芯头，且在铸型内形成不加工的内腔，并对内腔表面粗糙度要求很高的型芯。此级型芯砂应具有特别高的干强度、高温强度、透气性、出砂性、耐火度及防粘砂性。

(2) Ⅱ级型芯：外形复杂，主体部分断面较厚，但有非常细薄的凸缘、棱角或横堤，与金属接触面积大，芯头比Ⅰ级的大，在重要铸件中构成表面粗糙度要求很高、部分或完全不加工的内腔的型芯。此级型芯砂的干强度、高温强度、耐火度、防粘砂性、出砂性和透气性要求都高，并对湿强度有一定的要求。

(3) Ⅲ级型芯：一般复杂程度，没有特别细薄的断面，但也在铸件中构成重要的不加工表面的各种中央砂芯属于此级；受到冲刷的型芯以及大铸件靠近浇口处的型芯属于此级；一些复杂的外廓砂芯也属于此级。这些型芯烘干后都具有适宜的干强度和较高的表面强度。Ⅲ级型芯的特点是体积较大，湿强度比Ⅰ、Ⅱ级的高，而不需要很高的干强度。

(4) Ⅳ级型芯：外形不复杂，在铸件中构成还要机械加工的内腔，或虽不加工但对内腔粗糙度无特殊要求的型芯属于此级；一般复杂程度和中等复杂程度的外廓型芯也属此级。这些型芯在表面强度足够的条件下，需有适当的干强度和较高的湿强度。

(5) Ⅴ级型芯：在大型铸件中构成很大的内腔的型芯属于此级。这些型芯在浇注过程中只能热透很少一层，因此，型芯中如有有机粘结剂就不能完全燃烧和分解，而使出砂性很差。此类型芯应有很高的退让性。

3.4.2 有机粘结剂的选用

表3-12列举了各级型芯的特点和所通常使用的粘结剂，从表中可看出级别不同的型芯，使用的粘结剂种类也不同。但是同样的型芯，各地所使用的粘结剂也不一定相同，这是因为在实际生产中选择粘结材料，还要考虑生产特点、材料来源和生产组织管理等因素。通常选择粘结剂应考虑下列因素。

表3-12 各级型芯的特点和使用的粘结剂

型芯级别	型芯特点	举例	对芯砂性能的主要要求	使用粘结剂	
				普通制芯工艺	热芯盒或自硬砂制芯
Ⅰ	形状复杂，断面细薄，被液态金属包围的面积大，芯头小，铸件内腔不加工，要求表面光滑	发动机缸体缸盖的薄壁水套芯	干强度高，并有一定的韧性(不要过脆)，流动性好，出砂性好，发气量低，湿强度可低些	桐油亚麻油米糠油渣油	酚醛树脂呋喃Ⅱ型树脂呋喃Ⅱ型树脂
Ⅱ	形状也较复杂，主体断面较大，局部有细薄的筋片和凸起	发动机进排气管部分水套芯	干强度高，流动性好，出砂性好，有一定的湿强度	桐油、亚麻油和纸浆废液、糊精、合脂和粘土、合脂和纸浆、渣油	
Ⅲ	形状复杂程度一般，有局部凸起或筋片，芯头较大	气缸体曲轴箱和缸筒芯、车床溜板箱芯、复杂外轮廓的活砂芯	较高的干强度和湿强度，流动性和出砂性可比Ⅰ、Ⅱ级型芯低	合脂和粘土渣油	酚醛树脂呋喃Ⅰ型树脂
Ⅳ	形状不复杂的中等型芯	普通车床床身芯	有一定的干强度，较高的湿强度，良好的透气性、退让性和出砂性	粘土水玻璃沥青	水玻璃水泥
Ⅴ	形状简单，体积大	大型铸件内腔芯	湿强度高，透气性、容让性良好，有一定的干强度	粘土水玻璃	

(1) 型芯特点。一般Ⅰ、Ⅱ级型芯，选用比强度高的粘结剂。因为粘结剂比强度高，不仅可以提高芯砂强度，还可以在满足强度要求下，减少粘结剂用量，降低芯砂的发气量。对于Ⅳ、Ⅴ级型芯，由于型芯体积大、粘结剂消耗量多，且用粘土砂、水玻璃砂即可满足性能要求，对这类型芯一般不使用有机粘结剂。

(2) 生产条件。在大批量生产的条件下，要提高制芯效率，常要求型芯具有高的尺寸精度。在这种条件下采用热芯、壳芯法制芯的工艺，除个别Ⅰ级型芯外都选用树脂类粘结剂；某些批量不大，但产量大的车间也可采用有机自硬砂，选用常温自硬树脂类粘结剂。

(3) 材料的来源和成本。各地区材料供应不同，选择粘结剂还要因地制宜，并注意降低成本。

选择合理的芯砂成分和使粘结剂得到最有效的利用，对降低铸件成本和保证铸件的质量有重要的意义。但是在许多工厂中，型芯粘结剂的利用率极低，在大多数情况下，芯砂里粘结剂所产生的强度只是正确使用时所能达到强度的 1/2～2/3。

粘结剂消耗过多的原因很多，如过分地追求型芯的高强度，而增加粘结剂加入量；为获得表面强度高的型芯，而使用大量的高级粘结剂；芯砂所用的原砂中常含有大量粘土，而白白消耗掉一部分高级粘结剂；使用某种粘结剂而不考虑其独特的使用范围等。

本 章 小 结

粘结剂的粘结作用是制造形式各样铸型(芯)的必要条件，其分类方法很多，根据化学组成可分为无机粘结剂和有机粘结剂。无机粘结剂包括粘土、水玻璃和水泥等；有机粘结剂包括植物油、合脂、渣油、纸浆废液等。

粘土是最为常用的粘结剂，它分为膨润土和耐火粘土两种。膨润土的主要矿物成分是蒙脱石，耐火粘土的主要矿物成分是高岭石。蒙脱石和高岭石的晶体结构决定了膨润土的吸水膨胀性和粘结能力高于耐火粘土。

粘土溶于水后，将显示出胶体特性和粘结性，将砂粒粘结在一起。根据膨润土所吸附的阳离子种类不同，可分为钠基膨润土和钙基膨润土。由于钠基膨润土的性能优于钙基膨润土，因此，对要求较高的场合，一般进行钙基膨润土的活化处理。水玻璃是由 Na_2O 和 SiO_2 为主要组分的多种化合物的水溶液，通常用模数和密度表征水玻璃的物理和化学性质。铸造生产中用的水玻璃模数通常在 2.0～3.5 之间，密度通常在 1.45～1.6g/cm³ 之间。

水泥的化学成分通常以氧化物的百分含量表示，主要含有硅酸三钙、硅酸二钙和铝酸三钙。水泥的硬化过程大致分为溶解期、胶化期和结晶期 3 个阶段，其硬化过程主要受化学添加剂的影响，此外，还受矿物组成、粒度、湿度和温度的影响。化学添加剂可分为速凝剂、缓凝剂和减水剂 3 类。

植物油粘结剂是应用较早的有机粘结剂，其硬化的过程即为氧化聚合的过程。一般采用碘价、酸值和皂化值来评价植物油粘结剂的优劣。植物油砂的最佳烘干温度一般为 200～220℃，烘干时间应根据砂芯的厚度决定。植物油砂的性能受粘结剂加入量、粘度及其他附加粘结剂的影响。

与植物油粘结剂不同，合脂粘结剂的硬化过程是缩聚的过程，一般采用酸值和粘度来表征合脂的优劣。合脂砂的最佳烘干温度为 200～240℃，但要注意排烟。

除植物油粘结剂和合脂粘结剂外，渣油、纸浆废液、糖浆、糊精等有机粘结剂也得到了一定的应用。

为了正确地选用粘结剂，通常按型芯的特点将其分为 5 级。从Ⅰ级到Ⅴ级，铸件的复杂程度逐渐降低，对粘结剂的要求也逐渐降低。

【关键术语】

无机粘结剂　有机粘结剂　膨润土　水玻璃　水泥　植物油　合脂　渣油　粘土的胶体特性　型芯分级

综合习题

一、填空题

1. 根据粘土矿物种类及性能的不同，铸造用粘土分为_____、_____和硅镁铝土3类。

2. 蒙脱石和高岭石结构中有两个基本结构单位，即_____和_____。

3. 卢斯实验证明粘土颗粒表面带有_____电荷。正是由于粘土颗粒表面带有电荷，它可吸附异性离子，而根据膨润土所吸附的离子种类的不同通常可分为_____和_____两种。

4. 合理的选用粘土不仅可以节约粘土的用量，同时可以改善型砂的强度。为了合理的选用粘土，一般要考虑_____、_____和_____等方面的性能要求。

5. 水玻璃是由_____和_____为主要组分的多种化合物的水溶液，是非常复杂的混合物，它的制取方法有_____和_____两种。

6. 水泥的化学成分通常以_____表示。硅酸盐水泥的矿物组成大致包括_____、_____、_____和_____4种。

7. 在水泥中添加适当的添加剂可以控制水泥硬化的速度，虽然水泥中常用的添加剂种类很多，但铸造上一般可分为_____（如 $CaSO_4 \cdot H_2O$ 和 Na_2SiO_3）、_____（如有机盐三乙醇胺）和_____（如木质磺酸钙）3种。

8. 我国使用最多的植物油粘结剂是_____、_____和_____。

9. 评价植物油粘结剂的指标有_____、_____和_____。

10. 虽然合脂的组成较复杂，但根据合脂各组分在不同溶液中的溶解和皂化特性可以粗略地认为合脂是由3种物质组成，即_____、_____和_____。

二、名词解释

基交换能力　水玻璃的模数　硅碱比　碘价　酸值　皂化值

三、简答题

1. 粘结剂是如何分类的？
2. 为什么说耐火粘土的吸湿膨胀性和粘结力比膨润土差？
3. 粘土颗粒表面带电的原因有哪些？
4. 铸造生产中为什么要对钙基膨润土进行活化处理？如何进行活化处理？
5. 简述水泥的硬化原理及影响水泥硬化过程的因素有哪些。
6. 指出下列粘结剂中哪些是憎水粘结剂，哪些是亲水粘结剂。[膨润土、水玻璃、植物油、合脂、渣油、沥青、纸浆废液、松香、塔油、糊精、糖浆、羧甲基纤维素钠、聚乙烯醇]

7. 型芯是如何分级的？各有什么特点？

四、计算题

购入一种铸造用水玻璃，其 $w(SiO_2)=29.1\%$，$w(Na_2O)=10.1\%$，请问这种水玻璃的模数是多少？如果要将其模数降到 2.65，每千克钠水玻璃需加入固体 NaOH 多少克？

五、思考题

1. 从硬化原理上看，植物油粘结剂和合脂粘结剂有何不同？
2. 试比较植物油砂和合脂砂的烘干工艺及影响性能的因素。
3. 除植物油粘结剂、合脂粘结剂和树脂粘结剂外，常用的有机粘结剂还有哪些？它们各有何特点？

【案例分析】

根据以下案例所提供的资料，试分析：
(1) 从表 3-14 的数据中可以得到什么结论？
(2) 根据所学知识，对(1)中所得的结论进行合理分析。
(3) 从表 3-15 可以看出什么？

高性能铸造用植物油沥青粘结剂

目前市场上所谓合脂，实际上就是植物油沥青，这种沥青全国总量约 2 万 t，一半左右用于铸造用粘结剂，其干拉强度不高，一般在 1.2～1.8MPa。为此，有人研发了一种高性能铸造用植物油沥青粘结剂，它具有优异的粘结性能、干拉强度、溃散性和较宽的烘干温度范围等。该产品的综合性能达到或超过桐油粘结剂的性能，可以代替价格昂贵的桐油，而售价只是桐油的 1/4，可用于铸造用 I 级型芯。经过漳州力嘉柴油机厂、三明天工铸业有限公司等用户使用，产品符合设计和使用要求。

该粘结剂以含有—COOH 基的各种植物油沥青，如棉油沥青、豆油沥青和混合油沥青等为主要原料，与含有—OH 的聚酯废弃物（如塑料瓶）在高温和催化剂 ZnO 存在下发生酯化、裂解和脱水缩合反应制备而成。所采取工艺路线如图 3.28 所示。根据此工艺路线，分别利用棉油沥青、豆油沥青和混合油沥青获得了 3 种性能相似的植物油粘结剂：聚酯废弃物改性铸造用棉籽油沥青粘结剂（MB1）、聚酯废弃物改性铸造用豆油沥青粘结剂（MB2）和聚酯废弃物改性铸造用混合油沥青粘结剂（MB3）。

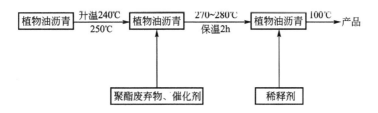

图 3.28 聚酯废弃物改性植物油沥青粘结剂工艺路线

分别测试上述 3 样品和对应的未改性植物油沥青粘结剂的粘度值和干拉强度，见表 3-13。

表 3-13 改性和未改性植物油粘结剂粘度值和干强度对比表

		烘干温度/℃	200	220	230	240	260	280
聚酯废弃物改性植物油沥青粘结剂	MB1	干拉强度/MPa	2.50	3.00	3.05	2.90	2.56	2.00
		发气总量/(mL·g^{-1})	13.2	11.0	10.5	10.0	7.0	6.9
	MB2	干拉强度/MPa	2.58	3.13	3.13	2.95	2.73	2.10
		发气总量/(mL·g^{-1})	13.0	10.8	10.5	9.4	7.5	6.6
	MB3	干拉强度/MPa	2.58	3.10	3.15	2.98	2.68	2.00
		发气总量/(mL·g^{-1})	13.2	11.3	10.5	10.0	7.1	6.8
植物油沥青粘结剂	棉籽油沥青	干拉强度/MPa	1.41	1.61	1.79	1.53	1.24	1.15
		发气总量/(mL·g^{-1})	13.7	11.0	10.9	10.4	9.8	9.4
	豆油沥青	干拉强度/MPa	1.45	1.65	1.80	1.54	1.33	1.15
		发气总量/(mL·g^{-1})	13.8	11.0	10.4	9.8	9.3	9.2
	混合油沥青	干拉强度/MPa	1.35	1.55	1.77	1.51	1.20	1.05
		发气总量/(mL·g^{-1})	13.8	11.2	10.5	10.0	9.8	9.2

同时，为了考察获得的改性植物油沥青粘结剂性能的好坏，分别与未改性植物油沥青粘结剂、合脂粘结剂和桐油粘结剂进行了比较，几种粘结剂的主要性能对比见表 3-14。

表 3-14 几种不同粘结剂的主要性能对比

测试项目	MB3	植物油沥青粘结剂	合脂粘结剂	桐油粘结剂
干拉强度/MPa	3.15	1.55	1.70	2.85
30℃时粘度值/s	202	482	80~120	—
烘干温度范围/℃	200~280	220~250	200~230	200~250
比强度/[MPa·(%)$^{-1}$]	0.92	0.80	0.85	0.89
溃散性(600℃时的残留干拉强度)/MPa	0	0.01	0.04	0

资料来源：郑玉婴，吴章宏，王灿耀等．高强度铸造用植物油沥青粘结剂．铸造技术，2005(10)．
陈学钿．高性能植物油沥青粘结剂．化学工程与装备，2007(5)．

第 4 章
粘土粘结砂

本章知识构架

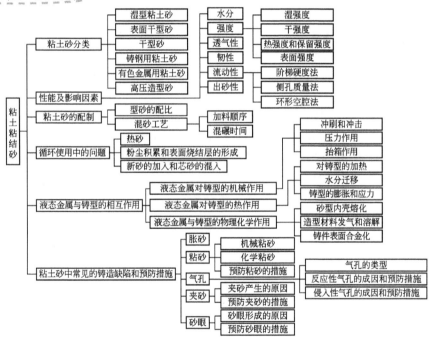

本章教学目标与要求

- 掌握粘土砂的性能及评价性能的常用指标，掌握影响粘土砂性能的各因素；
- 掌握液态金属与铸型的相互作用，包括液态金属对铸型的机械作用和热作用、液态金属与铸型间的物理化学作用，重点掌握铸型中水分迁移的过程；
- 掌握粘土砂中常见的铸造缺陷及产生的原因，熟悉预防粘土砂中出现铸造缺陷的措施；
- 熟悉粘土砂的配比及混砂工艺；
- 熟悉粘土砂使用过程中应注意的问题；
- 了解粘土砂的分类及各类粘土砂的使用范围。

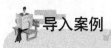

导入案例

粘土砂的重要性

用粘土粘结砂作造型材料生产铸件，既是历史悠久的工艺方法，也是应用范围最广的工艺方法。说起历史悠久，可追溯到几千年以前；论其应用范围，则可说世界各地无一处不用。

纵观世界铸造工业，尽管水玻璃砂、树脂砂以及各种以金属型为基础的特种铸造方法得到了很大的发展，但总的来说，粘土砂的重要地位并没有动摇，这是任何其他造型材料都不能与之比拟的，而且铸件生产呈现"三升二降"的趋势。球铁件、有色金属铸件以及用特种方法生产的铸件上升；铸钢件、可锻铸件明显下降。这两种铸件逐渐被球铁件代替，而大量生产球铁件的方法，首选粘土砂造型。

据报道，美国钢铁铸件中，用粘土砂制造的占80%以上；日本钢铁铸件中，用粘土砂制造的占73%以上。这充分说明了粘土砂地位的重要性。

1890年震压式造型机问世，长期用于手工造型条件的粘土湿型砂，用于机器造型极为成功，并为此后造型作业的机械化、自动化奠定了基础。近代的高压造型、射压造型、气冲造型、静压造型及无震击真空加压造型等新工艺也都是以使用粘土湿型砂为前提的。各种新工艺的实施，使粘土湿型砂在铸造生产中的地位更加重要，也使粘土湿型砂面临许多新的问题，促使人们对粘土湿型砂的研究不断加强，认识不断深化。

目前采用粘土湿型砂的铸造厂，一般都有适合其具体条件的砂处理系统，其中包括：旧砂的处理、新砂及辅助材料的加入、型砂的混制和型砂性能的监控。粘土湿型砂系统中，有许多不断改变的因素。如某一种或几种关键性能不能保持在控制范围之内，生产中就可能出现问题。一个有效的砂处理系统，应能监控型砂的性能，如有问题，应能及时加以改正。由于各铸造厂砂处理系统安排不同，选用的设备也不一样，要想拟定一套通用的控制办法是做不到的。

问题：

1. 材料中提到粘土湿型砂是粘土砂的一种，那么粘土砂是如何分类的？
2. 粘土砂的应用范围有哪些？
3. 砂处理系统包括旧砂处理、新砂和辅料加入、型砂混制和性能监控等环节，那么粘土湿型砂配制过程中应注意什么？应该用哪些参数来合理表征粘土湿型砂的性能？

资料来源：http://mw.newmaker.com。

4.1 粘土砂的分类

粘土砂的性能要求与应用的条件和造型方法有密切关系。按砂型的种类可分为湿型砂、表面干型砂和干型砂；按合金种类可分为铸铁用型砂、铸钢用型砂和有色合金用型砂；按造型时情况又可分为面砂、背砂和单一砂。高压造型用的型砂又较普通机器造型用的型砂有更多特点。目前应用量最大的是湿型砂。

1. 湿型砂

湿型砂又称潮模砂,其优点是不用烘干设备和燃料,生产周期短,便于组织流水作业,落砂容易,灰尘少,劳动条件好,砂箱寿命长。其缺点是型砂强度较低,流动性差,含有水分,铸件容易产生砂眼、气孔、粘砂、夹砂等铸造缺陷。因此,湿型砂必须控制严格,保持较稳定的性能。目前大部分中小型铸铁件多用湿型砂,特别是汽车、拖拉机、内燃机等行业,机械化生产铸铁件以湿型砂为主,有的工厂也用来生产几吨重的铸铁件。

配制湿型砂的原砂多用天然石英砂或石英-长石砂,粒度多为 55/100、75/150 或 100/200,以保证铸件表面较光洁。为了使湿强度较高,减少粘砂,常常将两种粒度的原砂混合使用。

湿型砂大都用膨润土为粘结剂;有的工厂将钙基膨润土活化处理后使用以获得较高湿强度和热湿拉强度,但活化膨润土砂的流动性较差,容易结团,所以在满足强度要求的情况下,不一定要进行活化处理。

煤粉是湿型砂用于铸铁件常加入的附加物以防粘砂。有的工厂常用煤粉与重油或渣油混合使用,这样除了有更好的防粘砂作用外,还能减少夹砂倾向,改善砂子流动性。

湿型砂的主要组成为砂、粘土、煤粉和水,少数还有重油、渣油或淀粉等附加物。湿型砂大都回用旧砂。循环使用的旧砂性质要发生变化,如部分粘土、煤粉和活化膨润土用的碳酸钠烧损,砂粒的形状和粒度分布发生改变,水分蒸发等,这就给型砂性能的控制带来一定的困难。生产中经常检测和控制的内容有以下几方面。

(1) 型砂中的死粘土含量。靠近铸件表面的一层型砂中的粘土受热后失去结构水成为死粘土,死粘土大部分以烧结膜的形式包敷在砂粒周围。型砂循环使用的次数越多,这种死粘土膜越厚。少部分死粘土以粉尘的形式存在。烧结了的死粘土膜具有多孔性,其密度小于砂子的密度,吸水率大,熔点低。研究表明:在砂粒周围的死粘土膜的熔点只有 1080℃ 左右,极易使铸件产生粘砂等缺陷。但这种死粘土膜能减少型砂的热膨胀,有利于防止夹砂的产生。

最简单的测定死粘土量的方法是测定三锤法试样重量。当试样质量小于 148g 时,表明型砂中 SiO_2 含量已降低,死粘土量增加,型砂需添加新砂及新粘土,否则,铸件将产生粘砂、气孔等缺陷。虽然死粘土严重降低型砂的塑性和韧性,但是当这样的型砂含适量水时,却能使型砂具有较大的湿压强度。生产中也可通过测定型砂的塑性或韧性间接判断型砂中死粘土是否增加。旧砂中死粘土量的直接测定较复杂,经常用吸蓝量法来测定型砂中的有效粘土量(或称为亚甲基蓝粘土量)。型砂中的亚甲基蓝粘土量一般可控制在 7%~8% 的范围内。生产中也经常测定型砂的含泥量,含泥量一般比有效粘土量高出 30% 左右,常控制在 12%~14% 之间。

(2) 煤粉与粘土一样,其靠近铸件表面的部分受热后除了燃烧的或挥发成气体的之外,还能以焦粒和灰分形式残存在型砂中。循环使用的旧砂中有效煤粉会逐渐减少,故必须定期检查其含量,以作为补加煤粉量的依据。有效煤粉的检测可用测定型砂灼减量的方法,即用 50g 烘干的型砂,在 980℃ 下焙烧 1.5h,计算其中烧损的百分数,再从这个值中减去型砂中有效粘土失去结构水的百分数(膨润土为 0.09×亚甲基蓝粘土百分数),就是烧损的含碳量。也可以用测定型砂发气量的方法推算出型砂中的煤粉的含量。型砂中有效煤粉经常控制在 3.5%～5.0% 的范围内。

(3) 对于活化膨润土砂，浇注后 Na_2CO_3 也会烧损。Na_2CO_3 的加入量应根据旧砂中残存的 Na_2CO_3 量来调整。当膨润土含量一定时，加入不同量的 Na_2CO_3，型砂的 pH 不同，而且两者有对应的关系。可按不同膨润土量与不同的 Na_2CO_3 量配成型砂，分别测出其 pH，绘出 Na_2CO_3 量与 pH 的关系曲线。旧砂中的 Na_2CO_3 可用亚甲基蓝滴定法测出有效膨润土的含量，再测出旧砂的 pH，就可根据 pH 在上述曲线上查出旧砂的有效 Na_2CO_3 的量，由此可确定补加 Na_2CO_3 的量。

(4) 型砂中有效的或死粘土、煤粉和灰分均导致纯 SiO_2 含量的下降。研究表明：铸铁型砂中 SiO_2 含量低于 70% 时，型砂粘砂严重；高于 85% 时，铸件易产生夹砂。一般铸铁型砂中 SiO_2 含量控制在 70%～85% 之间。

(5) 湿型砂的日常检测项目主要有水分、紧实率、透气性和湿强度。实际水分含量多在 4%～6% 的范围内。透气性对于铸铁件多在 30～300 范围内。背砂的透气性应较面砂大。湿强度目前大部分以检测湿压强度为主，一般在 50～80kPa。湿拉及湿裂强度的测定主要用于机械化造型时作为辅助检查项目。

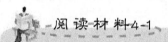

粘土砂铸造铸铁件生产中煤粉的作用机理

煤粉在砂型铸造铸铁件生产中是一种不可或缺的造型材料，铸铁用湿型粘土砂中加入煤粉，有防止铸件表面粘砂、抑制膨胀缺陷、减少气孔等多方面的作用，可降低铸铁件表面粗糙度，改善铸件质量。

煤粉的组分以有机质为主体，存在的元素有数十种之多，但主要是 5 种元素，即 C、H、O、N 和 S。实际上，效果最好的煤粉是烟煤，其中含有大量的碳、挥发物及少量的硫。含有的水分即附着水，可通过加热的方式去除，还有一部分水是以化合物的形态存在于煤粉中，在结构中占有一定的位置，即化合水。

在铁液高温浇注的过程中，煤粉会发生如下反应：

$C+O_2=CO_2+Q_1$　　　　[在氧气充足的情况下，反应温度约为 200℃]

$C+CO_2=2CO-Q_2$　　　　[在氧气不充足的情况下，反应温度约为 200℃]

$2C+O_2=2CO+Q_3$　　　　[在氧气不充足的情况下，反应温度约为 200℃]

$2CO+O_2=2CO_2+Q_4$　　　[在氧气充足的情况下，反应温度约为 200℃]

$H_2+O_2=2H_2O+Q_5$　　　[燃烧反应，反应所需温度较低，约为 200℃]

$C+2H_2O=CO+2H_2-Q_6$　　[所需温度约为 400℃]

$H_2+FeO=Fe+H_2O-Q_7$　　[所需温度约为 400℃]

$C+H_2O=CO+H_2-Q_8$　　　[所需温度约为 880℃]

$CO+H_2O=CO_2+H_2-Q_9$　　[所需温度约为 800℃]

从上面的反应方程式可以看出，这些反应是连锁反应，首先是碳元素和氧气反应产生气体，随后发生的化学反应产生的各种气体在型腔表面形成一层气膜，铁液不容易渗入型砂中的孔隙，对提高铸件表面的质量有良好的作用。氧元素本身含量较少，通过反应后不会与型砂中的无机物发生反应生成硅酸铁盐，恶化铸件表面质量。

$C+2H_2O=CO_2+2H_2$ 这一反应的进行温度只需400℃,温度越高,其反应进行得越快。当温度达到650℃左右时,煤粉开始分解产生大量的碳氢化合物。在温度达到880℃左右时,会发生 $C+H_2O=CO+H_2$。通过碳水反应和一氧化碳与化合水的反应,可以产生还原性质的氢,这是煤粉对铸铁件表面质量改善的一个重要因素。一氧化碳和氢有利于还原随铁液流入型腔的氧化铁,进一步提高铁液的质量。另外,氢还可以消除型腔空气中原有的氧,防止铁液氧化,这是煤粉不能用碳粉替代的根本原因。国内曾使用白色聚乙烯醇等有机物的混合物代替煤粉,型砂韧性显著提高,流动性下降,引起铸件表面粗糙。

实践中发现,通过增加型砂中的水分来增大反应所需的氢含量并不能提高铸铁件的表面质量,这是因为碳水反应中的氢来源于煤粉中的化合水,而型砂中的水在高温下首先会挥发,难以参与到反应中。物质中的附着水一般在温度高于100℃时会迅速蒸发,而化合水一般在450℃以上才会蒸发,而此时煤粉中的碳水反应已经开始,因此,化合水能够有效地提供反应所需的氢元素。在还原性的气氛中,煤粉还会发生热解反应分解出气相碳,高温下(高于950℃)会产生热解碳的显微结晶,在铸件表面形成一层细小的光亮碳膜,这可以从浇注出来的铸件在落砂的时候很明显地观察到。

因此,一般认为煤粉在砂型铸造铸铁件生产中的作用机理是:浇注时产生大量的还原性气体,能够防止铁液氧化,避免与硅砂产生化学反应;煤粉受热后成为固、液、气相的胶质体,能够堵塞砂粒孔隙,使铁液难以钻入;挥发的煤粉在高温下气相热解,析出微细结晶的光亮碳并沉积在砂粒表面,使砂粒不被铁液润湿,不能借助表面张力向砂粒孔隙中渗透。

➡ 资料来源:聂小武. 煤粉在砂型铸造铸铁件生产中的作用机理探讨. 机械工人(热加工),2008.

2. 表面干型砂

表面干型砂(简称表干型砂)生产大型铸铁件已获得较广的应用,目前已可以用这种工艺生产十几吨的铸铁件,它对型砂要求有以下几个特点。

(1) 型砂要有很高的透气性。原砂粒度很粗,常用12/30,20/40和30/50的石英-长石砂,透气性不低于400,一般为600~800,复杂的铸件要求达到2000。回用旧砂要经除尘处理。

(2) 型砂要有较小的发气性。为此,造好型后要自然干燥或表面火焰干燥,以减少表面层和涂料的含水量。

(3) 型砂要有较好的湿压强度。湿压强度为100~120kPa,为此,必须采用活化膨润土,加入膨润土量为6%~10%。铸型表面干燥后,表面强度还可提高。24h自然干燥,强度可达500~700kPa,表面烘干时可达800kPa,这样就可防止冲砂。

(4) 型砂要有较大的抗夹砂能力。活化膨润土砂有较大的热湿拉强度,具有较好的抗夹砂能力。有时还常在型砂中加入1%~2%的湿木屑,采用SiO_2含量较低的原砂,以减少型砂热膨胀和热应力。

(5) 铸型要刷涂料,以提高抗粘砂能力。一般都用耐热的石墨涂料,以膨润土为粘结剂,用水作稀释剂。许多大件，涂料往往刷2～3遍，每次刷完后要自然干燥后再刷下一遍涂料。

表干型砂的关键是严格控制型砂质量，旧砂要有良好的再生设备。表干型砂的铸造工艺也有一些特点，主要是型砂捣实要紧且均匀，紧实度大。为便于起模，模型要做得光滑牢固，最好用劈模，模型缩尺较干型大。内浇口要多，而且分布要均匀，采用开放式浇口，使铁水流动平稳，防止冲刷铸型。排气口要多，在铸型壁上多扎气眼。补缩冒口一般比干型稍大，以增加补缩效果。

3. 干型砂

目前，重型铸件一般用干型砂。铸型烘干后强度大，对防止砂眼和气孔有利，但退让性和溃散性变差，恶化了工作环境，增加了燃料消耗。干型砂中要加入木屑或焦炭粒以改善退让性和溃散性。干型砂都刷涂料以提高铸件表面质量。

干型砂工艺要注意烘干操作。烘干时，水分迁移取决于温度梯度和湿度梯度，可分别用下式表示：

$$i_1 = -k \cdot \gamma_0 \cdot \Delta u \tag{4-1}$$

$$i_2 = -k \cdot \gamma_0 \cdot \delta \cdot \Delta t \tag{4-2}$$

式中，i_1，i_2——水分迁移密度；

γ_0——砂型容积重量；

δ——热湿度传导系数；

k——系数，与型砂的湿度和温度有关；

Δt——温度梯度；

Δu——湿度梯度。

这两式表明，铸型中水分由含水量高处向含水量低处迁移和由高温处向低温处迁移，因此，烘干工艺应力求使砂型内外湿度保持一致，最好内部温度高于外部温度，以加速内部水分向外层扩散，再由表层蒸发，直到烘干。所以烘干操作可分3个阶段。

(1) 均热阶段。均热目的是使砂型内外温差趋于一致，升温要慢，尽量减少表面水分蒸发，这时烟道闸门要部分关闭，使炉气几乎不循环，炉内水分能很快达到饱和，以减少表面水分蒸发，砂型内外温度趋于一致。

(2) 水分蒸发阶段。此时表面水分不断蒸发，内部水分不断向外迁移，烟道闸门全打开，并保持炉温恒定，促使炉气将水分带走。

(3) 缓冷阶段。此时把闸门半闭，使砂型随炉冷却，利用余热进一步排除残留的少量水分，保证彻底烘干。

干型砂的烘干温度为300～400℃，含木屑的型砂可适当降低到300～350℃。

4. 铸钢用粘土砂

铸钢件浇注温度高，凝固时收缩大，所以铸钢件易产生粘砂（特别是化学粘砂）、裂纹等缺陷。因此，铸钢件要求型砂具有较高的耐火度、强度和退让性。高温钢水也使型砂有较大的发气性，故型砂透气性也应较大。

目前大部分铸钢件已用水玻璃砂等化学硬化砂来生产，但某些大件仍用干型粘土砂，若机器造型生产一些小型铸钢件，则湿型粘土砂用得较多。

铸钢件粘土砂的原材料主要用 SiO_2 在97%以上的人造石英砂，用于干型的原砂粒度较粗，有24/45、55/100，大型铸件中常用1～3mm的大粒人造石英砂。干型都刷石英粉、锆石粉、刚玉、铬铁矿等配制的涂料,以防粘砂。

湿型砂则多用75/150较细的石英砂。粘土可用耐火度较高的粘土,亦可用粘结力较高的膨润土,加入量可减少,因而相应地也可减少水分用量。为了提高铸型表面强度,湿型可以喷一层糖浆、纸浆废液或水玻璃等。

湿型砂的水分一般在4%~5.5%,湿压强度大于55~75kPa,湿透气性视铸件情况而异,一般均大于100。干型砂水分可达7%~8%,干强度可测干压、干剪或干拉,干拉强度各厂相差很大,一般大于0.1MPa。

5. 有色金属用粘土砂

铜、铝、镁等合金的特点是浇注温度低,收缩较大,极易氧化。对这些铸件要求表面光洁,轮廓清晰,以尽量节约金属。因此,型砂应有良好的可塑性和退让性,而对耐火度、强度和透气性的要求则不高。一般有色合金铸件均可用湿型铸造,一些较大的重要铸件也可用干型。

有色合金用的型砂颗粒较细,大多用100/200的天然砂或天然粘土砂。天然粘土砂中含有大量粘土,加入适量水,就具有较好的塑性和强度。一般湿型砂湿压强度为30~50kPa,透气性大于30,含水量为4.5%~6.0%。

镁合金用的型砂具有特殊要求。镁极易氧化,还可与空气中的氮、与砂中的SiO_2发生反应。为了防止镁燃烧,在浇注时要用硫磺粉保护液流,在型砂中必须加入保护性的附加物。过去常用的附加物是氟化物,由于它的腐蚀性,已经很少使用,现多采用的附加物有硫磺、硼酸等。由于硫磺燃烧时也产生有害气体,近来已研究成功用无毒附加物来代替,常用的有硼酸、碳酸镁、烷基磺酸钠、尿素等按一定比例混合使用,使之产生B_2O_3、CO_2或SO_3等保护性物质,防止镁的氧化。

6. 高压造型砂

高压造型是大批量生产中迅速发展的新工艺,铸件尺寸精确、表面光洁、组织致密、机械性能提高、生产率提高、劳动条件改善。压实比压达到700kPa以上者称为高压造型,砂型密度可达1.5~1.6g/cm³以上,硬度在90左右。

压实比压的提高会产生以下几个现象:①随着比压提高型砂湿压强度也提高,但湿压强度的提高却在比压为1.0~1.5MPa时趋于平缓,这可能是由于包在砂粒周围的粘土膜在高压下被挤到砂粒间孔隙中而减薄,砂粒与砂粒几乎是直接接触的缘故,故比压过大有可能降低砂粒与粘土间的粘结力;②比压超过1.0~1.5MPa时,砂型密度和硬度几乎不再增加,而透气性剧烈下降;③比压的提高,使模型与砂型之间附着力增大,起模时,砂型的凹凸部分阻力很大,超过该处型砂的抗拉强度,易使砂型损坏;④比压大于1MPa时,由于粘土膜的减薄,砂粒直接接触,产生弹性变形,在起模时,压实力去掉之后,砂型出现回弹现象,砂箱在高压下也会产生弹性变形,这种回弹将使起模困难,甚至砂型开裂;⑤随着比压提高,浇注时会产生"水爆炸"。"水爆炸"的形成是由于液态金属渗入高密度的砂型壁的孔隙中,金属迅速冷却,堵塞孔隙,而砂粒间的水分又急剧蒸发,由于孔隙已被堵塞,急剧膨胀的水蒸气骤然侵入液态金属中,产生一种冲击波,压迫金属进一步渗入砂型,同时细小气泡可以并成大气泡,如果金属温度低、凝固快,可能形成气孔。

因此,根据上述现象,比压不宜过高,国内高压造型机比压多在1.0MPa左右。

高压造型的型砂特点是粘土含量较高,水分较低,煤粉加入量也较少。高压造型强调型砂中有效粘土含量一般在7%~10%，总含泥量控制在12%~16%，水分控制在3%~4%之间。原砂粒度不宜过分集中，以免热膨胀引起夹砂。颗粒形状为圆形和多角形，以保证在强度和硬度较高时流动性较好。为了减少回弹现象，砂中常加入少量糊精和木屑。

高压造型的型砂湿压强度在0.1MPa左右，但更强调湿拉强度。根据经验，湿拉强度为20~25kPa。有效粘土量对强度影响很大，若湿压强度不低，而湿拉强度低，则型砂很脆，起模性和造型性都不好，说明有效粘土量下降。透气性多在100左右。紧实率与水分及粘土含量有密切关系。紧实率是高压造型型砂的重要指标。紧实率太高时，砂子即显得太湿、太粘，流动性不好，不易紧实；紧实率太低时，型砂流动性好，易紧实，又比较干和脆，故紧实率一般在40%±5%。

4.2 粘土砂的性能及影响因素

根据铸造生产条件和铸件种类的不同，对粘土砂性能的要求也不尽相同。但是一般应具备强度、透气性、流动性、溃散性等，对这些性能指标都有规定的或通用的测定方法，而影响这些指标的因素是多种多样的，下面将分析这些指标及相应的影响因素。

1. 粘土砂的水分

粘土砂中的水分对型砂性能和铸件质量影响甚大，反应非常灵敏。水分不足，型砂太干时，型砂强度低，韧性和可塑性差，砂型易破碎，不易起模，铸件易产生冲砂、砂眼等缺陷。水分高时，可塑性和韧性虽好，但湿强度却较低，砂型易变形，铸件薄处可能浇注不足，厚处则表面粗糙，易产生夹砂缺陷。型砂过湿，干强度和热强度则过高，会使容让性太差，铸件产生裂纹，也使落砂困难。故控制型砂时适宜的水分十分重要。

有经验的工人用手捏砂时，型砂不沾手，只有潮的感觉，且型砂容易捏成团，砂团上指纹清楚，这样的型砂，水分比较适宜。但是这种凭人的感觉来判断水分的办法没有量的标准，并且受主观因素的影响很大。目前，生产中测定型砂的水分有直接测量法，也有通过仪器来测定型砂的紧实率和过筛性的方法。

☞ 你知道紧实率与紧实度的区别吗？
紧实率是反映型砂紧实前后体积变化的一个参数，一般用百分数(%)来表示；
紧实度是指单位体积内型砂的质量，它的定义跟密度的定义相似，因此单位是 g/cm^3。

1) 紧实率

实践表明：比较干的型砂在未紧实前，颗粒间堆积比较紧密，即松态密度高，紧实后，体积减小不多；而比较湿的型砂，未紧实前的松态密度小，紧实后，体积减小多。所以可以根据型砂在试样筒内紧实前后的体积变化来检查型砂的干湿状态。

紧实率测定试验过程如图4.1所示，使型砂通过3mm的筛网松散的填入直径50mm、有效高度120mm的试样筒中，将试样筒上端用刮板刮平，然后用压头给型砂施以1MPa的压力或用SAC锤击式制样机(图4.2)锤击3次，试样体积被压缩的程度作为其紧实率，紧实率可直接从制样机上读出或用紧实高度与试样筒高度之比表示。

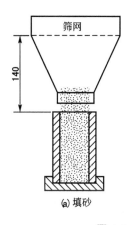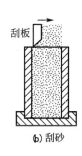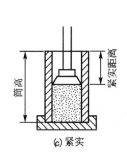

图 4.1　测定紧实率过程示意图　　　　　　图 4.2　SAC 锤击式制样机

试验证明粘土型砂的紧实率对水分很敏感,水分有 0.2% 的变化,紧实率就能反映出来。图 4.3 所示为水分对紧实率的影响。

型砂混辗时间的延长,能提高紧实率,如图 4.4 所示。型砂中各种微小质点(如失效粘土、煤粉、膨润土等)对紧实率都有明显影响,当水分不变时,上述质点都使紧实率下降,如图 4.5 所示。这些结果表明,紧实率还能反映型砂组分的变化(如死粘土的多少)和型砂的混辗程度。混辗程度完全,水分分布均匀,型砂的适宜水量可减少。

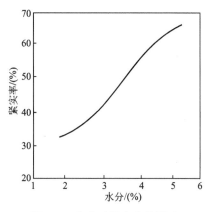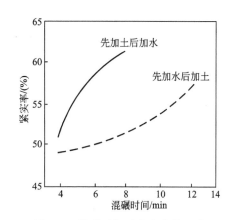

图 4.3　水分对紧实率的影响　　　　　　图 4.4　混辗时间对紧实率的影响

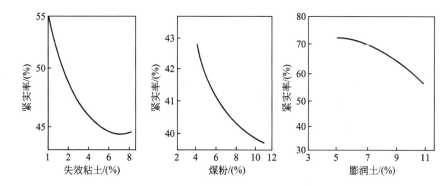

图 4.5　型砂中质点含量对紧实率的影响

紧实率的测定操作简单、方便、快捷，不需特殊仪器，灵敏度高，误差较小，只要预先做出紧实率与水分的关系曲线，作为两者间的定量关系，当水分不变的条件下，用紧实率可间接测定水分。

各种造型方法对紧实率的要求不同，一般手工造型时紧实率控制在48%～52%，震压式造型时为45%±5%，高压造型或垂直挤压造型时为37%～42%。实践证明：紧实率为45%左右时，型砂水分为最适宜水分。这时，型砂的透气性、湿强度、破碎指数等基本上较合适，所以，生产中用紧实率控制型砂性能是一种简单有效的方法。

2）过筛性

实践证明，较干的型砂比湿型砂容易通过筛网，因此，可以根据型砂通过筛子的难易程度来表示型砂中的含水多少。

一定量的型砂在测定过筛性的滚动筛中过筛10s，通过筛的砂重与原来重量比的百分数称为过筛性。过筛性对水分也很敏感，水分稍有变化，过筛性就会突变。不论型砂组分如何，过筛性为70%～80%时，正好相当于手捏时的适宜水分。

根据生产条件和使用习惯，可以适当控制型砂过筛性。如希望型砂韧性高一点，型砂水分可稍高些，过筛性可控制在60%左右；如果希望流动性好一点，过筛性可控制在80%左右。还可利用连续测量过筛性的装置，实现混砂机自动加水，达到型砂规定的过筛性。

生产中湿型粘土砂水分含量一般在下述范围内。手工造型时要求可塑性和韧性高，以便起模和修型，水分可偏高些，对流动性要求可低些，透气性的不足可利用多扎通气孔来弥补，水分经常在4.5%～6.5%。机器造型在4.5%～6.0%之间。高压造型水分多在3.2%～4.2%之间，以获得较好的型砂流动性。

2. 粘土砂的强度

型砂在紧实后必须具有一定强度以承受外力作用而不致使型（芯）损坏。强度不足，会使型（芯）塌箱，浇注时会因液态金属的冲刷而产生铸造缺陷，如砂眼、胀砂、跑火等。若型（芯）强度太大，则铸件易产生裂纹，落砂也困难。

强度用型砂试样受力破坏时的应力值来表示。根据试样的受力状况，强度有抗压、抗拉、抗弯、抗剪和抗劈裂等，这些参数可在液压强度试验机（图4.6）上测得。根据试样是否干燥又可分为湿态强度与干态强度。型砂强度试验方法简图如图4.7所示。

生产条件下，湿型砂经常检测湿压强度，此外，还检查干压或干拉或干剪强度。高压

图4.6 液压强度试验机

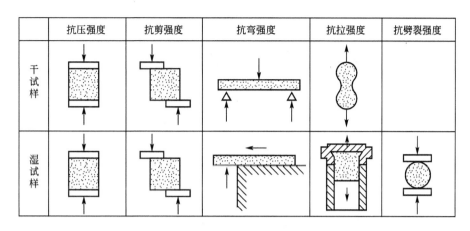

图 4.7 型砂强度试验方法简图

造型型砂常用湿拉强度作为补充检测内容。

紧实后的型砂试样,在受静拉力作用下,砂粒间破坏形式可能有 4 种:①通过砂粒破坏;②粘结膜被拉断(内聚破坏);③粘结膜与砂粒表面脱开而破坏(附着破坏);④粘结膜破坏和粘结膜与砂粒表面脱开破坏两者都有,如图 4.8 所示。一般情况下,湿态多是内聚破坏,干态主要是内聚破坏与附着破坏共存,通过砂粒破坏实际上是很少的。下面分别就影响湿、干强度的因素进行讨论。

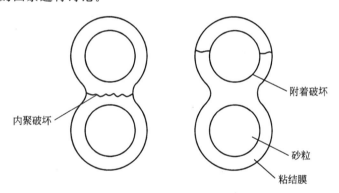

图 4.8 粘结膜破坏类型示意图

1)湿强度

粘土砂的湿强度主要受以下因素的影响。

(1)原砂的颗粒组成。在同样紧实条件下,砂粒越细,强度越大。粒度越分散,小颗粒越易于嵌入大颗粒之间,能增加砂粒间接触面积,故也使强度增加。尖角形砂一般较圆形砂强度大,这是因为尖角形砂粒易互相啮合,但是尖角形砂不易紧实。

(2)水分和粘土。水分和粘土对湿压强度的影响如图 4.9 所示。在粘土用量一定时,随着水分的变化,强度有一个峰值。水量不足时,粘土不能形成完整水化膜,故粘结力不够。水分过多时,粘土胶粒间出现自由水,粘结力显著下降。

(3)紧实度。紧实度越大,湿强度越大。紧实度用单位体积内型砂的质量来表示,它直接影响砂粒间接触面积和空隙的大小,因而也影响透气性。所以测定强度和透气性的标准试样是在紧实度相同的冲样机上制成的。

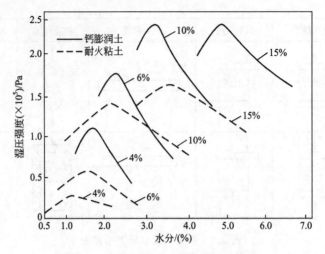

图 4.9 水分和粘土对湿压强度的影响

粘土加入量多时相应需要的水分也多。粘土加入过量，强度并不再增加。强度还与粘土的种类有关，各地的粘土质量不相同，在粘土用量相同时，达到强度峰值的最佳含水量也不一样，如图 4.10 所示。

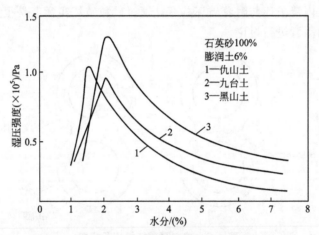

图 4.10 不同膨润土型砂的湿压强度与水分的关系

随着对粘土砂认识的不断深入，人们已经注意到粘土砂在各种受力情况下，其湿态强度与粘土、水分含量间有着内在的联系。Boenisch 研究了粘土、水分含量与比率和各种湿强度的关系，得到了图 4.11 和图 4.12 所示的结果。由图中可以看出：不同粘土量的湿压强度最大值，均在水/(水+土)=20% 时出现；强度的临界转变点都在恒定的水/(水+土)比值时发生。这个事实证明了粘土颗粒表面存在着水化膜，并且水化膜厚度为几个水分子时，湿强度达到最大值。从图 4.12 可以看到，湿压、湿剪、湿拉、湿裂强度的临界转变点也都在水/(水+土)=20% 处。这就证明了这些性能都与水、土含量有内在联系。

湿压强度只是在造型起模后使砂型能保持一定形状，而铸型的破坏往往是由于型砂的湿拉强度不够引起的。如起模时，型砂就受到拉力，上箱的吊砂受自身重量引起的拉力等。型砂的湿压强度大，湿拉强度不一定大。旧砂中的死粘土，即使在机械化程度很高的砂处理系统循环使用，也是越积累越多，当有足够水分时，湿压强度可以很大，但是，夹

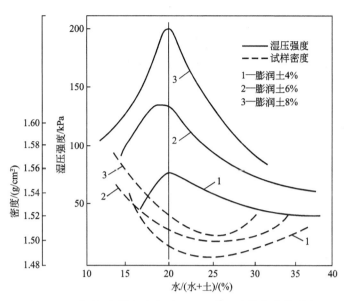

图 4.11 水/土含量和比率对湿压强度及试样密度的影响

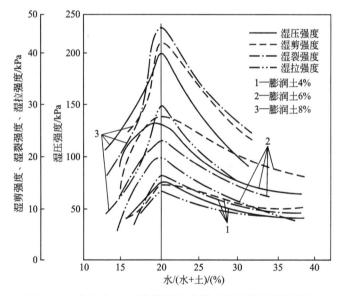

图 4.12 水/(水+土)与膨润土含量对各种湿强度的影响

砂、砂眼等铸造缺陷却难以避免。因此单纯用湿压强度作为型砂的强度指标是不够的。必须用湿拉强度作为检测型砂的补充指标，但是湿拉强度值一般较小，需要用专门的灵敏度高的仪器来测定，故现在国内外已注意使用普通的抗压强度测定仪和标准圆柱形试样来测定型砂的湿裂强度。湿裂强度的计算如下：

$$\sigma_{裂} = \frac{P}{dL} \tag{4-3}$$

式中，$\sigma_{裂}$——湿裂强度，Pa；

P——试样破坏时的力，N；

d——圆柱形试样的直径，m；

L——圆柱形试样的高度，m。

图 4.13 给出了死粘土含量对各种强度的影响。试验结果表明，随着死粘土量的增加，除了湿压强度外，湿拉强度、湿裂强度和热湿拉强度均直线下降。所以，湿裂强度能敏感地反应型砂中死粘土含量。

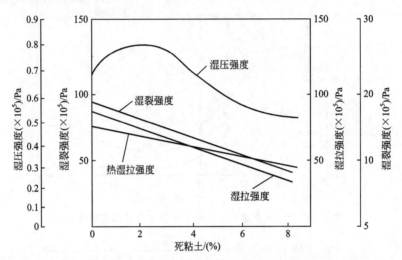

图 4.13 死粘土量对型砂湿压强度、湿裂强度、湿拉强度和热湿拉强度的影响

2）干强度

粘土砂在干燥以后，也有一定的干强度。造好的铸型，在等待浇注的过程中，其表面上可能失去一部分水分。如果型砂的干强度太差，失去水分以后表面就会发脆，容易被熔融金属冲坏。相反，型砂的干强度太高，铸型的落砂性差，铸件易产生应力和裂纹。而最理想的是提高表面层的干强度而不提高背层的干强度。

粘土砂的干强度不是很大，故常测其抗压强度。粘土砂的干强度除了受粘土本身粘结能力影响外，干强度还受粘土加入量和水分的影响。粘土含量越高，干强度也越高。粘土含量一定时，水分对型砂干强度的影响与对其湿强度的影响大不相同。型砂水分越高，其最终的干强度也越高，在常用的水分范围内，见不到干强度的峰值。图 4.14 为用几种不同粘土配制的型砂的干抗压强度与水分之间的关系。

由图 4.14 可以看出：不管用什么粘土，不管粘土加入量多少，型砂的水分越高，它的干强度也越高。其原因是：粘土中的水分越高，它的粘度就越小，在舂实型砂的过程中，粘土颗粒容易进行更紧密的排列，所以烘干后聚合强度较高。

3）热强度和保留强度

粘土粘结的型砂，加热时，粘土的粘结作用不会破坏，型砂在一很宽的范围内都有很好的强度。图 4.15 中的曲线 1 是型砂加热到不同温度时的抗压强度。

在缓慢加热的情况下，粘土型砂有一个热强度峰值。出现峰值强度的温度，不同的粘土是各不相同的。一般说来，粘土的熔点越高，出现峰值强度的温度也越高。膨润土粘结的型砂，大约在 1000 ℃ 有峰值强度；耐火粘土粘结的型砂，出现峰值强度的温度就高一些，为 1100～1200 ℃。

型砂加热到 700 ℃ 左右，粘土的结构发生变化，一些耐火度较低的组分开始熔化，形成玻璃状的粘结膜，故其强度有显著的增加。出现峰值强度以后，继续提高温度，因为粘

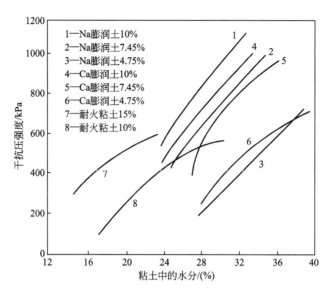

图 4.14 水分对粘土砂干抗压强度的影响

土软化的缘故,型砂的强度会很快下降。

将熔融金属浇到铸型中,和金属贴近的型砂以极高的速率加热。在这样快速加热的情况下,热强度的峰值不如缓慢加热时高,但仍有足够的强度,可以保证铸件的形状和尺寸不会有太大的偏差。

保留强度是型砂经高温加热后冷却到落砂温度时仍具有的强度。图 4.15 中的曲线 2 是型砂加热到 1000℃ 以后冷却时,在不同温度下测得的型砂强度。可见,冷却到 300℃ 以下,保留强度很低。曲线 3 是加热到 800℃ 以后冷却时,在不同温度下测得的型砂强度,它的保留强度也很低。

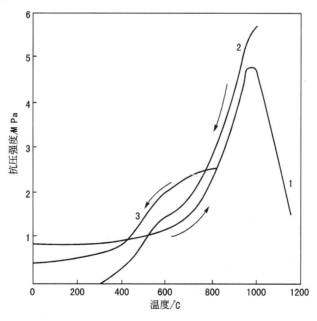

图 4.15 粘土砂在加热和冷却时的强度

这是因为粘土型砂在加热时，粘土逐步熔化成为玻璃状的粘结膜。在冷却过程中，型砂的基体石英砂中发生 α-石英→β-石英的转变，而这种转变伴随着很大的体积改变。结果，使在高温下形成的玻璃状粘结膜破裂，型砂的强度也就很低。

因此，粘土粘结的石英砂，浇注以后，曾经受高温作用的部分，一般都容易破碎，有较好的落砂性能。

4）表面强度

表面强度低，铸件易产生冲砂、砂眼等缺陷。它决定了粘土膜的粘结力与砂粒间互相啮合的情况。多角形和尖角形的砂、粒度分散的砂，表面强度较高。在粘土砂中加入纸浆废液、糖浆等可提高表面强度，在型砂的表面喷一层这类粘结剂也可提高表面强度。

3. 粘土砂的透气性

铸型壁砂粒间孔隙透过气体的能力称为透气性。浇注后，铸型在液体金属热作用下产生大量气体，其主要原因在于：型砂内水分在高温下汽化，型砂中附加物受热分解及型砂型腔中原有气体受热膨胀。因此，必须使这些气体穿过型壁或从冒口中逸出，否则会使铸件产生气孔、浇注不足或在浇注时发生金属喷溅，故透气性是型砂重要的性能指标之一。对于不刷涂料的型（芯）砂透气性不宜过大，否则，铸件表面粗糙，甚至粘砂。

凡是减少砂粒间孔隙的因素都降低型砂透气性。这些因素主要有如下几种。

（1）砂子的颗粒组成和颗粒形状。粗砂，粒度集中的原砂透气性好；细砂、粒度分散的原砂透气性差。圆形砂透气性好。

（2）紧实度。紧实度越高，砂粒排列越紧密，透气性越差。

（3）混制工艺。它对透气性的影响主要表现在加料顺序和混砂时间上，混砂的目的是使粘土膜能均匀地包围砂粒。值得注意的是，在使用活化处理的膨润土时，可能使型砂结块硬化，从而影响透气性，因此，混砂时间不可过长。

（4）水分。它对透气性的影响很大，在粘土含量一定时，水分对透气性的影响如图 4.16 所示。当水分较低时，粘土未被充分润湿，砂粒间孔隙充满粘土，故透气性不高。当水分达到一定值，粘土的粘结力得到充分发挥，砂粒间滑移阻力增大，在一定的紧实试样条件下，试样的紧实度低（即砂粒排列疏松），透气性就增大。从图上可以看出，透气性的峰值与试样密度的谷值是一致的。当水分超过一定值后，水膜变厚，粘结力下降，透气性下降。

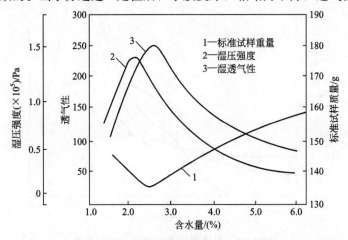

图 4.16 型砂的湿压强度、透气性、标准试样重量与水分的关系

粘土砂湿压强度的峰值与透气性峰值并不是出现在同一个含水量下。当水分增加时，粘土逐渐达到粘结力最大值。水分再增加，则因粘土的粘结作用超过了粘土膜对砂粒间的滑移作用的影响，滑移阻力增大，试样不易紧实，故砂粒间孔隙增大，这时，强度有所下降，但透气性反而提高。

（5）粘土。粘土在型砂中占据一定空隙，阻碍气体流动，在含水量适宜的前提下，随着粘土含量增加透气性下降。此外，透气性还与粘土种类有关，采用同种原砂时，膨润土透气性比耐火粘土透气性好，钙基膨润土的透气性比钠基膨润土透气性好，型砂中死粘土含量增多时，可明显降低透气性。

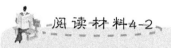

型砂透气性测定方法

型砂的透气性大小用透气率来表示。数值越大，表示透气性越高。透气率定义为单位时间内，在单位压力下通过单位面积和单位长度的气体量，即：

$$K=\frac{Q \cdot H}{F \cdot P \cdot t} \tag{4-4}$$

式中，Q——流过的气体总流量，cm^3；
　　　P——试样两端压力差，Pa；
　　　F——试样截面积，cm^2；
　　　H——试样高度，cm；
　　　t——排气时间，s。

透气率的单位是 $cm^2/(Pa \cdot s)$，但一般都省去不写。

根据 GB/T 2684—2009 型砂的透气率在透气性测定仪上测定。测定前，应先检查仪器的准确度，即仪器的全部系统不应有漏气现象。用密封样筒试验时，保持10min，气钟不下降，水柱的高度应为10cm，不得低于9.8cm。图4.17是STZ型直读式透气性测定仪原理图，图4.18是STZ型直读式透气性测定仪实物图。

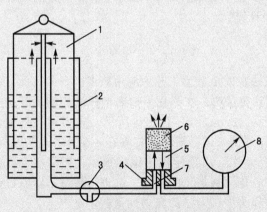

图 4.17　STZ型直读式透气性测定仪原理图
1—气钟；2—水筒；3—三通阀；4—试样座；
5—试样筒；6—标准砂样；7—阻流孔；8—微压表

图 4.18　STZ型直读式透气性测定仪实物图

湿透气性测定方法如下。

(1) 称取一定量的粘土放入圆柱形标准试样筒中。

(2) 在锤击式制样机上冲击3次,制成φ50mm×(50mm±1mm)的标准试样。

(3) 当试样的透气性大于或等于50时,应采用φ1.5mm的大阻流孔;当试样的透气性小于50时,应采用φ0.5mm的小阻流孔。

(4) 提起直读式透气性测定仪的气钟,将带有试样的试样筒放到直读式透气性测定仪试样座上,并使两者密合。

(5) 再将三通阀转至"工作"位置,放下气钟,靠气钟的自动下落可产生100mm水柱的恒压气源。

这样即可从微压表上直读出透气性的数值。

> 资料来源:GB/T 2684—2009,铸造用原砂及混合料试验方法。

4. 粘土砂的流动性

型砂在外力或自重作用下砂粒间互相移动的能力称为流动性。型砂具有良好的流动性才能保证紧实度均匀,得到轮廓清晰、表面光洁的型腔,也有利于防止机械粘砂、获得表面光洁的铸件。流动性对于机械化造型,特别是对于高压、射压造型更有意义,它可以使型砂很容易紧实,复制出模样的形状,从而减轻劳动强度,提高生产效率。

流动性的测定方法目前很不统一,往往由于使用的粘结剂种类不同、紧实型砂的方法不同,而采用不同的方法,下面介绍其中的几种。

(1) 阶梯硬度法。在圆柱形湿压强度标准试样筒中,放置一个半圆形金属凸台,如图4.19所示,将110~120g的型(芯)砂放入试样筒中,用锤击式制样机舂打或在专用的压实机上压实。然后翻转试样筒,测量A处硬度H_A,再将试样从试样筒中顶出少许,使试样的阶梯处与试样筒边平齐,取下半圆形金属凸台,用条形刀片削去突出的砂块部分,再测试样B处的硬度H_B。试样A、B两处的硬度值差别越小,说明型(芯)砂的流动性越好,其流动性η可用式(4-5)计算:

$$\eta = \frac{H_A}{H_B} \times 100\% \qquad (4-5)$$

目前该法在高压造型工艺中应用较多。

(2) 侧孔质量法。在圆柱形标准试样筒的侧面开有一个小孔,直径为12mm,如图4.20所示。先用塞柱塞紧,称量185g试样并倒入试样筒中,再将它放在锤击式制样机上,拔出塞舂击10次,用顶样柱将试样顶出。把留在小孔中的砂子刮下来,连同被挤出的砂子一起进行称量,以它占试样的质量分数作为型(芯)砂的流动性指标。

小孔中被挤出的砂子越多,说明型(芯)砂的流动性越好。这项试验基本上能反映出型(芯)砂充填铸型轮廓、凹槽的能力及它的吹射性。

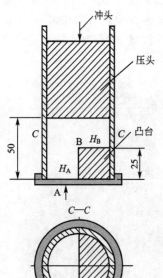

图4.19 用阶梯硬度法测定型砂流动性示意图

(3) 环形空腔法。在锤击式制样机上先舂一个圆柱形标准试样,并称其质量;再称同样质量的型砂,填入图 4.21 所示的特制试样筒中,该试样筒的下端有环形空腔。在锤击式制样机上舂打 3 次,测量试样高度。型(芯)砂的流动性用式(4-6)表示:

$$\eta = \frac{h_0 - h}{h_0 - h_1} \times 100\% \qquad (4-6)$$

式中,h_0——当型砂流动性为零时试样的高度,$h_0 = 50$ mm;

h_1——当型砂流动性为 100% 时试样的高度,$h_1 = 35$ mm;

h——实际试样高度,mm。

此法能反映出型砂受力后向各个方向移动的能力。

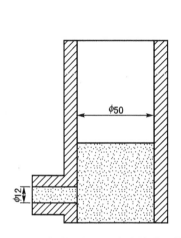

图 4.20 侧孔质量法测定流动性装置简图

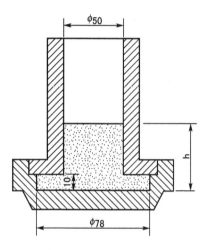

图 4.21 环形空腔法测定流动性装置简图

一般情况下,圆形砂比尖角形和多角形砂流动性好。型砂混制质量对流动性影响很大,如加料顺序不当,型砂中出现团块,或未经松砂等都会降低流动性。有人用型砂紧实后的密度来衡量流动性。粘土和水对于粘土砂容积密度的影响如图 4.22 所示。容积密度

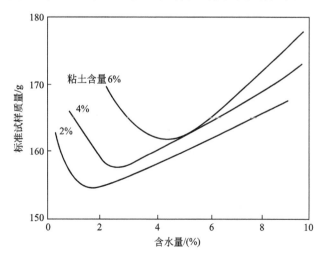

图 4.22 标准试样重量与粘土含量及含水量的关系

大，流动性好。粘土型砂的流动性按粘土种类分，以钙基膨润土最好，耐火粘土次之，钠基膨润土最差。型砂各种性能都受粘土和水的影响，所以应在综合考虑的基础上来确定粘土和水的加入量，不应以某一个性能来决定它们的用量。粘土砂中加入少量柴油、重油或表面活性剂可大大改善其流动性。

5. 粘土砂的韧性

可塑性是指型砂在外力作用下变形，当外力撤去后能完整地保持所产生的变形的能力。韧性为材料抵抗脆性破坏的性质，即塑性材料在破坏时，需做较大的功并有较大的塑性变形。近年来，国内外用韧性间接地表示型砂的可塑性。韧性用落球法测出的破碎指数（标准圆柱砂样以规定高度坠落在6目筛网中部的钢砧上，残留在该筛网上砂的质量占总质量的百分数）来表示。破碎指数高，表明型砂韧性好。

凡是影响湿压强度和应变的因素都影响韧性。粘土和水对型砂应变（以变形量表示）的影响如图4.23所示。

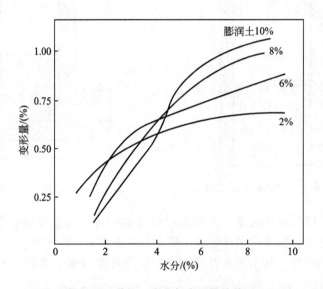

图4.23 粘土、水分与变形量的关系

随着水分增加，变形量显著提高；但水分到达一定值后，变形量的增加就比较缓慢了。粘土量的增加，并伴以足够的水分，变形量也随之增加。由此可以看出，只有高湿度才能获得高韧性，而且获得高韧性的水分值已经超过高湿压强度的水分值。实践表明：当型砂比较干时，虽然湿强度很高，但起模时容易开裂，这说明型砂韧性差；而稍加水后，起模就不易损坏砂型，这主要是型砂加水后变得柔软，容易变形，提高了韧性。高韧性的适宜水分与高湿拉强度水分更接近。当型砂中死粘土过多时，湿压强度可以很高，但型砂韧性很差，在生产中反映出来就是起模性很差，故生产中常用测定型砂湿拉强度的方法来作为判断失效粘土的补充手段。

韧性好的型砂流动性差，故生产中对破碎指数规定在一个范围内，通常压实造型砂的破碎指数在60%～80%之间，震压式造型砂在68%～75%之间。

6. 粘土砂的出砂性

铸件冷却后,将型砂和铸件内腔的芯砂从铸件上清除下来的性能称为出砂性。出砂性好的型砂,当铸件凝固后呈松散的状态,很容易从铸件内脱落;而出砂性差的型砂则当铸件冷却后烧结在一起,很难从铸件中取出,使铸件落砂十分困难,降低了生产效率。

出砂性是由型砂加热冷却过程中的残留强度决定的。残留强度低,易于出砂。如型砂在高温时烧结或是粘结剂在高温熔融后又凝固,将型砂粘成大块时,则出砂性很差。

4.3 粘土砂的配制

在粘土砂中,以粘土湿型砂造型是生产铸件(特别是中小型铸件)的主要生产方法,其中包括手工造型和机器造型两大类工艺。当前,大量流水生产的造型设备多采用造型速度很高的震压、射压、高压、气冲和静压造型,它们要求与之匹配的砂处理设备也应确保生产效率高、型砂混制质量好。

一般粘土砂处理设备应满足如下要求:①混砂机应能使原砂、水分和辅料三者间有效混合,使砂粒表面覆盖均匀的粘土层,从而使型砂有充分的水分浸透且具有高的强度和韧性;②能通过混砂过程的在线检测来控制型砂的紧实率和强度等关键质量指标,实现型砂质量的自动控制;③能将旧砂中的粗杂物(芯块、砂团等)去除;④能将进入混砂机的高于50℃的热旧砂冷却到50℃以下;⑤能通过多道磁选去除混入旧砂中的残铁;⑥能根据不同造型需要,方便地改变型砂中各种加入物料的配比,以满足不同型砂工艺的要求。

1. 型砂的配比

粘土湿型砂一般由新砂、旧砂、膨润土、附加物及适量的水组成。在拟定型砂配比之前,必须首先根据浇注的合金种类、铸件特征和要求、造型方法和工艺及清理方法等因素确定型砂应具有的性能范围,然后再根据各种原料的品种和规格、砂处理方法、设备、砂铁比及各项材料煅烧比例等因素拟定型砂的配比。一个新的型砂系统通常在开始使用前,先参考类似工厂中比较成功的型砂系统的经验,再结合本厂的具体情况,初步拟定出型砂的技术指标和配比,进行实验室配砂,并调整配比,使性能符合指标要求;然后进行小批混制,造型浇注,对型砂的技术指标及配比进行反复修改,直到试验合格才可投入正式生产。一个车间的型砂技术指标和配比要经过长期生产验证才能确定。

铸铁件用的湿型砂配比中,一般旧砂为50%~80%,添加新砂为5%~20%,活性膨润土为6%~10%,有效煤粉为2%~7%,还可以加入1%左右的重油或渣油作防粘砂的附加物。

铸钢件用的型砂中,新砂所占比例较大,膨润土加入量也相应增多。为提高型砂性能常加入少量有机亲水性粘结剂(如糊精、α淀粉)及氧化铁粉等附加物。

高压造型用的型砂中加入质量分数为0.5%~1.0%的α淀粉,其作用如下:①提高型砂的破碎指数,增加韧性,减少型砂与模样之间的摩擦力,改善起模性能;②提高型砂的热湿拉强度,减小热压应力,延长型砂表面激热开裂时间,提高抗夹砂能力;③提高砂型表面强度和风干后的表面强度，加强抗冲蚀能力，减少冲砂等缺陷。特别是在应用钙基膨润土的型砂中加α淀粉，能使型砂的热湿拉强度剧增，韧性明显提高。

铸造非铁合金（铜合金、铝合金、镁合金）主要要求型砂能防止液态金属渗入砂型，使铸件表面光滑、清晰、美观及尺寸比较精确。因此，原砂粒度一般较细，含水量较低，以减少型砂的发气量和提高其流动性。

2. 混砂工艺

在现代化的砂型铸造中，除了要求混砂机有高的生产效率外，更为重要的是还应具有好的混砂性能以混制出高质量的型砂。混砂过程的作用有两方面：一是使砂、粘土、水分及其他附加物混合均匀；二是揉搓各种材料，使粘土膜均匀包在砂粒周围。影响混砂质量的因素除了混砂设备外，还有混砂工艺。由于混砂机的种类很多，不在本书的范围之内，在此不作介绍，可参阅相关书籍。

1) 加料顺序

许多工厂习惯先将干料（新砂、旧砂、膨润土和煤粉等）一起加入混砂机进行干混一段时间，再加水湿混后出砂。这种操作方法有两个缺点：①混干料时粉尘飞扬，污染环境；②在混匀了的干料中加水，即使水加得很分散，也是一滴一滴地落在干料中。因为粘土是亲水的，加上水滴表面张力的作用，水滴附近的粘土很快就聚集到水滴上，形成较大的粘土球，而将这些粘土球压碎并将它涂于砂粒表面上是比较困难的，需要的能量也比较大，因此，混砂时间也较长。如果先把砂和水混匀，后加粉状粘土，因为水已分散，没有较大的水滴，加入粘土后只能形成大量较小的粘土球，压开这些小粘土球是比较容易的，需要的能量也较小，所需的混碾时间也就较少。

当使用大量返回旧砂时，由于旧砂表面一般包裹着被烤干但还未失效的粘土，如果加入旧砂后进行预加水，旧砂表面包裹的干附加物可先吸收一些水分，使这些活性粘土充分发挥作用，产生粘结力；然后再加入新砂、膨润土、煤粉等附加物继续加水湿混，达到所规定的型砂紧实率后出碾，混碾效果较好，同时也可以减少附加物的添加量。因此，在混砂时，应该先对旧砂预加水湿混一段时间后，再加入其他附加物，并使其充分混碾。也可采用在旧砂皮带上喷水的方法，使旧砂的干粘土膜预先吸水。

某铸造厂针对75%旧砂、25%新砂、2%膨润土、1.5%煤粉的型砂，采用S1118型碾轮混砂机做了加料顺序对粘土球形成及型砂性能的对比试验，试验记录见表4-1。

表4-1 不同混碾顺序对型砂性能的影响

混碾时间/min	混碾方法	紧实率/(%)	透气性	湿压强度/MPa	水分/(%)	密度/(g·cm^{-3})
10	Ⅰ	54	165	0.110	6.0	1.45
	Ⅱ	51	166	0.095	6.0	1.43
8	Ⅰ	50	146	0.105	6.0	1.44
	Ⅱ	50	154	0.094	6.0	1.43
6	Ⅰ	53	158	0.102	6.0	1.44
	Ⅱ	52	160	0.092	6.0	1.43

注：Ⅰ代表先加水湿混2min后，再加粉料混碾的混砂方法；Ⅱ代表先加砂干混2min后，加粉料再加水混碾的混砂方法。

2) 混碾时间

要获得好的混碾效果，必须保证混砂机有足够的混碾时间，特别对于碾轮式混砂机显得更重要。

从图 4.24 中可以看出，混碾时间不够，粘土和附加物不能很好的包裹在砂粒表面，使粘结桥的宽度不够，如图 4.24(a)中的 1 和 2 所示，型砂的强度和韧性低；只有足够的混碾时间才能使砂粒之间的粘结桥具有足够的宽度和厚度，如图 4.24(a)中的 3 和 4 所示；达到良好的型砂性能，如图 4.24(b)所示；混碾时间过长，粘结桥的厚度又变薄，如图 4.24(a)中的 5 所示，型砂性能反而变差。

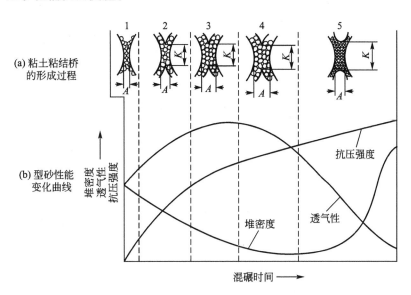

图 4.24 混砂时间与型砂性能的关系
A—砂粒间距；*K*—粘土膜宽度

混砂时间应根据混砂机的类型和型砂中粘土的含量决定。使用碾轮式混砂机，面砂一般混碾 6～12min，背砂混碾 3min 左右；离心式摆轮混砂机，面砂一般混碾 2～3min，背砂混碾 1min 左右；转子式混砂机的混碾时间为 1～2min。

随着混砂时间的延长，型砂湿强度和透气性上升，但过长的混砂时间会使型砂因摩擦而发热，故应控制混砂时间。加料顺序通常是先加水湿混，再加干料混合，这种方法可避免干混时灰尘大的问题，干料也能完全混匀。

型砂混好后，应进行调匀和松砂，使水分更趋一致，松散团块。旧砂回用时，要经过磁力分离器去掉铁豆等杂物，再经过过筛、除尘；大量流水生产中旧砂要经过冷却和除尘。

4.4 粘土砂循环使用中应注意的问题

粘土砂在浇注后经过落砂、磁选、过筛、冷却和除尘后，大部分(90％～95％)旧砂又回到混砂机上方的砂斗中，然后补充一定量的新材料(膨润土、煤粉、水等)进行混制达到所要求的型砂性能就可以输送到造型机上方砂斗进行造型，如图 4.25 所示。

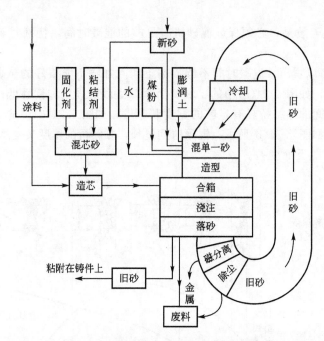

图 4.25　铸铁湿型单一砂循环过程示意图

　　由于一般铸件在铸造过程中都需要砂芯，特别是发动机气缸体、气缸盖之类的铸件（图 4.26），砂芯所占的比例很高，甚至接近或超过型砂的用量。这些砂芯落砂后，会进入旧砂循环系统，所以必须将破碎不了的砂芯块筛出扔掉。另外，砂芯和砂型上的涂料落砂后也一起进入旧砂循环系统。在大量流水生产的铸造厂，旧砂在一天里就反复使用多次，每浇注一次液态金属，铸件在砂型中凝固、冷却，将金属的热量传给了型砂和芯砂，使型砂温度不断升高；同时型砂和芯砂中的粘结剂、附加物等材料灼烧后形成的粉尘也会使型砂性能变差。因此，必须随时注意旧砂循环使用过程中出现的问题，采取恰当的措施，使砂系统一直处于良好的状态。

缸体　　　　　　　　　　　缸盖

图 4.26　发动机气缸体和气缸盖

旧砂循环系统中经常出现的主要问题有热砂、粉尘积累和砂粒表面烧结层形成等。

1. 热砂

经过反复浇注的热量积蓄，旧砂温度不断上升。热型砂的不良影响有：①随着砂温的提高,标准试样的重量和湿压强度等性能都会下降;②型砂水分很容易蒸发,混砂机出口处型砂的紧实率和水的质量分数与造型机所用型砂有明显变化;③热砂蒸发出来的水蒸气凝结在冷的运输带、砂斗和模板表面上而使其粘附一层型砂,粘附在输送带上的浮砂会掉落地面而污染作业环境,粘附在砂斗内壁的砂会越聚越厚,粘附在模板上的型砂会造成起模困难;④砂型表面的热砂容易脱水变干,使砂型棱角易碎,不耐液态金属冲刷,容易造成冲蚀和砂眼缺陷;⑤热砂的水蒸气凝结在冷铁和砂芯上,使铸件产生气孔缺陷;⑥由于旧砂温度高、含水量少,运输过程中粉尘会随着空气流和烟气向外散发,影响环境卫生。

一般造型时型砂温度高于室温10℃,可认为存在热砂问题。解决热砂的最有效措施是旧砂采用增湿通风冷却处理。为了防止热砂粘附模样,有的造型机装有模板加热装置,以减少型砂与模样的温度差。

旧砂的冷却设备常用双盘冷却器、振动沸腾冷却床和冷却滚筒。降温的原理是通过水分的蒸发带走型砂中的热量。根据计算,每蒸发1%的水分,砂温降低将近25℃。为了取得良好的增湿降温效果,一般需要配有测温、测湿和自动加水控制系统。除在冷却器内喷水外,当旧砂温度高于100℃时,还可以同时在旧砂输送带上喷水,降温效果会更好些。另外,除尘器的选择应特别注意高湿度的粉尘堵塞抽风管道的问题。

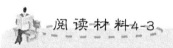
阅读材料4-3

两种常用的旧砂冷却设备

1. 双盘冷却器

进入冷却盘体内的旧砂和粘土等,由两个旋转方向相反的搅拌装置抛起,为了使砂充分搅拌,砂层成波浪式的翻腾状态。每个搅拌装置上有刮板、内刮板和外刮板,且有角度要求。在搅拌的同时,由鼓风系统鼓入的冷空气经半环状的进风通道和导风口分别进入双盘底侧。冷空气以一定的风压和风速吹射到抛起的砂子表面,翻腾着的砂子与冷空气充分接触进行交换,空气吸取砂子的热量后由抽风装置将其抽走。为了提高冷却效果,在进行上述过程中的同时,加水系统以雾状将水加入砂层中。加水的多少一般根据料层的厚度自动调节,此外,还根据旧砂的水分和温度来调节加水量。经冷却后的砂子由卸料口排出。

双盘冷却器不仅作冷却用,还能起到预混的作用。双盘冷却器由先进、稳定、可靠的以微型机为基础的可编程序控制器实时控制。由温度、湿度、主机功率等多种传感器监控双盘运行,随时根据设定传感器的信号对双盘做多种调整,使出砂湿度控制在1.5%~2.0%,温度比环境温度高10℃。为适应预混的要求,双盘冷却器制造厂商增加了在双盘冷却器中加添加剂的功能。添加剂加入量的控制全部根据生产要求自动控制。

双盘冷却器配有精密的控制系统来检测砂温,计算需要的冷却水。把定量的水加入混合料中,并监测其造成的温度变化。空气从冷却器内壁上的许多孔同时引入。空气把冷却过程中产生的水蒸气带走,消除了在型砂中积聚的过量水分。双盘冷却机具有结构紧凑、运动噪声小的优点,且具有对旧砂的预混作用,冷却效果可以满足生产要求,但价格高于沸腾冷却床。

2. 沸腾冷却床工作原理

经过筛后的热旧砂,由均匀给料装置均匀地加入沸腾冷却床的鱼鳞板上,砂层的厚度一般为80~120mm。在旧砂沿着振动方向前进的同时,鼓风系统将冷风鼓入沸腾冷却床下部的风室内,然后通过鱼鳞板的小孔,不断地吹向旧砂层,使热砂呈沸腾状态,由此进行充分的热交换使砂子冷却;吸收了砂子热量的空气由抽风装置抽走。为了提高冷却效果,往往在砂子进入冷却床之前加水,但现在发展的趋势是在冷却床中加水。加水系统由多个不同通径的阀组成,加水量的控制一般根据料层的厚度和进出砂的温度,自动调节阀的开启数量和顺序。高档的控制除根据料层的厚度和温度外,还根据旧砂中的水分来调节加水量,不仅可以使砂子冷却,而且可以控制旧砂进入混砂机之前的水分。

沸腾冷却床的特点是:①结构简单;②造价较低;③电力安装容量小。但是它的结构既给它带来了简单便宜的好处,同时也带来了使用上的一些问题。

该设备适用于颗粒大小较一致的砂,而一般铸造厂用砂其颗粒差异可达1:10。确定风速(风量)是使用中的一个关键参数,风速太小会使大颗粒砂掉入下层而没有起冷却作用;风速太大会使大量尘土飞到空气中产生空气污染,还带走了浇注所需的粘土。这样经沸腾床冷却的砂还需添加这方面成本,增加了生产费用。

为了减少粉尘,一种折中的办法是减小风速,其直接后果是降低了设备能力。为了达到一定的处理能力,又不产生较多粉尘,另一种办法是增加设备长度。庞大的占地面积是这种设备的一个问题,尤其是场地有限的老厂改造,会带来更多限制。振动和噪声很大,而且对设备安装的环境又有特殊要求,它难以安装在拥挤狭小的夹层,另外难以处理温度、湿度和特性起伏较大的旧砂。

3. 冷却器的应用实例和选用

随着铸造技术的快速发展,高压造型线(如HWS、KW、DISA等)的使用日益广泛。这些装备对砂的要求远比传统的造型设备要苛刻。它要求型砂质量单一、均匀。但是旧砂在湿度、温度各种方面参差起伏很大。这种情况对砂的混合提出了挑战。而旧砂冷却器质量各异,来自各方面的旧砂预混处理,变成较接近浇铸要求的砂,送到混砂机作最后的处理,提高了混砂机的生产效率,应用实例见表4-2。

表4-2 粘土砂旧砂冷却设备应用实例

序号	产品	造型线		砂冷却设备		
		砂箱尺寸/mm	生产率/(型·h^{-1})	选型	生产率/(t·h^{-1})	型号
1	615发动机缸体铸件	1450×1100×400/400	70	双盘冷却器	160	ASK180
2	6130缸体、缸盖铸件	1400×900×450/450	60	双盘冷却器	130	MC200
3	615发动机缸盖铸件	1000×800×260/260	120	双盘冷却器	100	ASK135
4	底盘类铸件	1100×900×350/350	105	双盘冷却器	130	ASK150
5	11~13L直列六缸柴油机缸体、缸盖铸件	1500×1000×450/450	60	沸腾冷却床	150	SL120
6	直列四缸柴油机缸体、缸盖铸件	1200×900×350/350	90	沸腾冷却床	120	SL120

在选用冷却设备时,有人提出应根据两种设备的特点,对用砂量较小的铸造车间(80t/h 以下),且有足够空间的情况下,建议选用沸腾冷却床。对用砂量较大的铸造车间(80t/h 以上),建议选用双盘冷却器。当然,这些并不是绝对的,要根据各个厂的不同条件和习惯来选用。

> 资料来源:刘小龙. 旧砂冷却器在粘土砂铸造生产中的应用. 中国铸造装备与技术,2002(1).
> 杨玉祥. 浅析大规模粘土砂的旧砂冷却设备. 铸造设备研究,2008(2).

2. 粉尘积累和型砂表面烧结层形成

型砂反复使用后,型砂中的微粉(粒径小于 0.075mm)增加,型砂中的微粉产生和增加的主要原因有:①砂型浇注后,膨润土在 600℃左右失去结晶水,成为失去粘结力的死粘土,这是微粉的主体;②在金属/铸型界面上反应而形成 FeO、MnO 等氧化物,由其生成的 $FeO \cdot MnO \cdot SiO_2$ 是硅酸盐,也是微粉的一种;③混砂及造型时的机械力造成部分型砂微粉化,添加新砂或混入溃散砂芯时也会导致微粉量增加。试验表明 200 筛号以下的微粉量超出 1.1% 时,型砂的紧实率、水分增加,湿压强度、韧性下降,从而造成铸件砂孔、气孔、粘砂等缺陷,使废品率增加。然而,微粉量过少,使得包覆在砂粒表面的积层薄,型砂膨胀时得不到充分的缓冲,又容易产生夹砂等膨胀性缺陷。所以,型砂中微粉以适量为好。

微粉控制,先要减少悬浮粉尘,显然,旧砂再生系统排气管道的清扫很重要。特别要注意振动落砂工序之后的洒水冷却、砂团分离、松砂等工序及皮带输送机转接处产生的粉尘随着水蒸气而散发,并附着或凝结在管道壁上,使管道的有效排气量明显减小。为减少微粉,管道的风速一般控制在 1~2m/s 或 3m/s,为此,推荐采用直径为 200~300mm 的大径管道。

附着于砂粒上的死粘土,不可能直接用除尘机去除。避免砂粒上的包覆层过多或过少的方法有:①保持膨润土和新砂加入量的平衡;②混制型砂中至少保持 1%~2% 的新砂;③保证足够的混砂时间以充分混砂。上述最重要的首先是混制型砂中始终至少含有 1%~2% 的新砂;其次是避免膨润土过量加入。对于高密度砂型,活性粘土最好控制在 8%~12%。混砂时新砂的加入量为 4% 时,新加膨润土量不应超过 1%。

这部分失效的死粘土和失效煤粉还会以多孔覆膜形式烧结在砂粒表面,且在反复循环使用中会多次覆膜,越来越厚。当这种惰性膜占砂总量的 4%~5% 时,会使铸型尺寸稳定性降低、铸件表面粗糙或粘砂及气孔缺陷增加。

失效成分的增加及油砂、树脂砂等旧砂的混入,挥发成分在型砂中的凝聚,都会引起膨润土的反活化现象,使湿型砂的热湿拉强度和抗夹砂能力等性能显著下降。为使型砂能保持在原定水平,需在每次浇注后不断加入新的材料并排出相应数量的旧砂,使型砂性能与成分之间取得平衡。

3. 新砂的加入与芯砂的混入

1)新砂的加入

混砂时向型砂中加入新砂的作用有:①补充因排出废砂而造成的砂粒损失;②调整粗粒芯砂流入而造成的砂粒粗化;③冲淡浇注热量造成的失效膨润土和失效煤粉等灰分。如果灰分的含量大于 3.0%～3.25%就会使型砂的比表面积增大，还会干扰所要求的热湿拉强度。如果型砂中灰分过高，就会迫使型砂加入更多的膨润土，同时也需要提高型砂含水量，从而使铸件缺陷增多。应当及时加入新砂来冲淡灰分，极端情况下需要大量加入新砂并大量排掉旧砂，以免系统中砂量过多。新砂的加入最好在混砂时每碾按比例加入，一定不要好多天（如 10～15 天）不加一点新砂，而集中在几天里突击大量加入，这样会造成型砂性能大的波动，产生相关的铸造缺陷。有人认为计算膨润土和煤粉补加量时可以将流入的溃散砂芯和加入的新砂混在一起考虑，两者都起更新型砂的作用。

2）芯砂的混入

生产发动机缸体、缸盖等复杂铸件的铸造厂，一般大量应用树脂作为砂芯粘结剂，这些砂芯在铸件落砂时溃散，流入旧砂系统中。新型落砂机的效率提高，更增大了芯砂的混入量。混入的溃散砂芯可以代替部分或全部新砂，用来弥补型砂的砂粒损失，并可冲淡回用砂中的灰分。树脂芯砂的残留树脂膜具有防止铸铁件表面粘砂和改善表面光洁程度的作用，能够减少煤粉加入量。有人认为芯砂粘结剂的凝聚物会使湿型砂的大部分性能受到不同程度的损害；但是还有研究表明热芯盒砂和冷芯盒砂对湿型砂性能只有轻微影响。稍微延长混砂时间和增多膨润土加入量就能够抵消混入芯砂的不良影响。芯砂混入的另一问题是粒度的变化。有些铸造厂使用高密度造型方法，芯砂粒度与型砂基本相近，都是 100/150，溃碎成散粒的砂芯混入，不存在使型砂变粗的问题。但是有些铸造厂湿型砂的粒度是 70/140，而树脂砂芯粒度是 50/100 或 70/140，散粒的砂芯混入过多就会使旧砂的粒度变粗，需要加入细粒度新砂来纠正。

溃散砂芯的流入和型砂的更新——树脂砂芯受铁水的热作用后，铸件落砂时大部分溃散后混入回用的旧砂中。流入旧砂的芯砂量占旧砂量的比例因工厂的生产条件、铸件种类等众多因素而异，必须通过试验测定才能确定各工厂中各种铸件的溃散砂芯流入量。如德国 Mettmann 铸造厂 8 种铸件的砂芯流入量占相应砂型中旧砂量的 0.14%～4.25%；瑞士 Harzer 铸造厂生产汽车球铁件和灰铁件，砂系统不加新砂，只靠溃散砂芯流入，砂芯流入最可高达到型砂总量的 12%。我国一汽车二铸的 3 种气缸体铸件落砂时，砂芯溃散流入旧砂中的量按砂芯质量的 80%计算，分别占相应砂型旧砂量的 1.96%、3.25%和 4.4%。由此可见，生产砂芯流入量不同的铸件时，在混砂时需要补加的膨润土和煤粉量有很大差异。

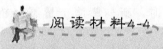
阅读材料 4-4

泥分和芯砂混入对粘土砂的影响

山东建筑大学张普庆研究了泥分加入量（模拟粉尘积累的情况）和芯砂混入对粘土砂性能的影响，试验条件如下。

以大林砂为原砂（加入量 2000g），山东潍坊产膨润土（加入量 160g）为粘结剂；为了模拟生产的实际情况，以失去活性的膨润土作为泥分（即粉尘积累），分别以酸固化呋喃树脂自硬砂和酯硬化水玻璃砂作为芯砂；按最佳紧实率下的最佳水分加水。将新砂、粘土、泥分、芯砂按一定的比例混合，按照一定的工艺流程混制型砂，并分别测试其铸造工艺性能，以确定泥分及芯砂混入对型砂性能的影响规律。

模拟芯砂分别在实验用高速转子混砂机上混制。模拟树脂芯砂的配比为树脂占砂子质量的 1.2%，固化剂占树脂加入量的 40%，其混砂工艺为：新砂加上固化剂混制 15s

后加入树脂，再混制 30s 出砂制成砂块，放置 24h 后破碎成料状待用。模拟酯硬化水玻璃芯砂的配比为：水玻璃占砂子质量的 3%，酯占水玻璃加入量的 10%。其混制工艺为：新砂加入酯后混制 15s，然后加入水玻璃混制 30s 出砂，放置 24h 后破碎成粒状待用。

1. 泥分对型砂性能的影响

分别加入不同量的泥分，模拟泥分含量对型砂性能的影响，见表 4-3。

表 4-3　泥分含量对型砂性能的影响

泥分/(%)	透气性	湿压强度/(kg·cm^{-2})	热湿拉强度/(g·cm^{-2})	泥分/(%)	透气性	湿压强度/(kg·cm^{-2})	热湿拉强度/(g·cm^{-2})
0	80.0	0.79	40.2	8	68.3	1.11	46.7
1	82.3	0.81	42.1	9	67.7	1.37	43.2
2	88.3	0.89	43.7	10	56.7	1.33	39.5
3	93.6	0.94	47.5	11	52.0	1.32	34.7
4	89.3	0.97	52.5	12	47.7	1.21	31.3
5	84.3	1.06	55.0	13	39.3	1.00	27.5
6	74.7	1.09	53.7	14	36.3	0.81	26.5

由表 4-3 可以看出，在固定膨润土含量的情况下，随着泥分的增加，粘土旧砂的透气性逐渐降低，湿压强度、热湿拉强度逐渐升高。这表明尽管泥分在不断增加，但由于水分含量充分，会抑制泥分的少量增加对粘土旧砂性能带来的不利影响。当泥分含量继续增加时，首先是透气性开始下降（当泥分含量超过 3% 时），继而是热湿拉强度开始下降（当泥分含量超过 5% 时），最后是湿压强度开始下降（当泥分含量超过 9% 时）。这说明随着泥分含量的继续增加，多余的泥分占据空隙，造成透气性的下降；由于泥分完全没有粘结性能，所以当泥分增加到足以破坏型砂的粘结桥以前，热湿拉强度和湿压强度不断下降。

2. 泥分和芯砂综合作用对型砂性能的影响

加入不同数量的泥分和芯砂，研究泥分和芯砂综合作用对粘土砂性能的影响，见表 4-4 和表 4-5。

表 4-4　泥分和树脂芯砂对粘土砂性能的影响

泥分/(%)	树脂砂/(%)	透气性	湿压强度/(kg·cm^{-2})	热湿拉强度/(g·cm^{-2})	泥分/(%)	树脂砂/(%)	透气性	湿压强度/(kg·cm^{-2})	热湿拉强度/(g·cm^{-2})
1	1	78.0	0.72	44.0	8	8	73.7	0.98	18.0
2	2	80.0	0.84	32.0	9	9	70.0	0.96	17.5
3	3	80.6	0.92	28.7	10	10	67.3	0.95	16.7
4	4	81.6	0.95	26.5	11	11	62.6	0.94	16.5
5	5	82.6	0.99	24.0	12	12	58.0	0.82	16.2
6	6	85.3	1.10	19.5	13	13	53.0	0.82	16.2
7	7	76.3	1.01	19.0	14	14	47.0	0.91	16.0

表 4-5 泥分和水玻璃芯砂对粘土砂性能的影响

泥分/(%)	水玻璃砂/(%)	透气性	湿压强度/(kg·cm^{-2})	热湿拉强度/(g·cm^{-2})	泥分/(%)	水玻璃砂/(%)	透气性	湿压强度/(kg·cm^{-2})	热湿拉强度/(g·cm^{-2})
1	1	85.7	0.83	44.5	8	8	78.3	0.95	16.7
2	2	87.6	0.84	41.7	9	9	72.6	0.84	16.0
3	3	90.0	0.88	27.2	10	10	70.3	0.93	15.7
4	4	95.6	0.89	24.0	11	11	62.6	0.92	15.2
5	5	90.0	0.91	23.0	12	12	60.3	0.89	14.5
6	6	85.0	0.92	20.2	13	13	56.0	0.86	14.2
7	7	81.0	0.93	18.0	14	14	50.0	0.84	13.2

由表 4-4 可知，透气性、湿压强度均在泥分及树脂芯砂含量为 6% 时达到最大值，而热湿拉强度则一直趋于下降；由表 4-5 可知，随着水玻璃砂含量的增加，透气性在 4% 时出现最大值，湿压强度则在 8% 处达到最大值，而热湿拉强度却呈现逐渐降低的趋势。

3. 泥分和芯砂含量对型砂发气性的影响

将前面所用泥分、芯砂对型砂性能影响的试样分别取少量烘干至恒重，然后分别称取 2g 试样，在温度为 850℃ 时测试其发气性，结果见表 4-6 和表 4-7。

表 4-6 芯砂混入对型砂发气性的影响

芯砂含量/(%)	发气性/(mL·g^{-1})		芯砂含量/(%)	发气性/(mL·g^{-1})	
	树脂芯砂	水玻璃芯砂		树脂芯砂	水玻璃芯砂
1	4.9	2.4	8	6.2	4.5
2	5.1	2.7	9	6.46	4.9
3	5.5	2.9	10	6.81	5.2
4	5.8	3.0	11	7.02	5.5
5	5.83	3.2	12	7.09	5.9
6	5.87	3.5	13	7.12	6.4
7	5.92	3.9	14	7.33	6.8

表 4-7 泥分和芯砂共同作用下型砂的发气性

泥分含量/(%)		2	2	4	4	6	6	8	8
芯砂含量/(%)		2	4	6	8	4	6	4	8
发气性/(mL·g^{-1})	树脂砂	5.00	5.50	6.30	6.60	5.30	5.60	5.88	6.24
	水玻璃砂	2.9	3.2	3.3	4.7	3.0	3.3	3.8	4.6

由表 4-6 和表 4-7 可知，型砂的发气性随着树脂芯砂、水玻璃芯砂含量的增加而增大，而泥分的含量对其发气性影响不大。这说明粘土砂中掺杂的芯砂含量一定要严格控制，否则，将直接影响型砂的性能。

资料来源：张普庆，孙清洲，赵中魁. 泥分、芯砂混入对粘土型砂质量的影响. 铸造技术，2007(5).

4.5 粘土砂的现场控制

砂处理系统是一个复杂的系统，它涉及的设备、变化因素多，所以往往难以控制。如果控制不当，往往造成型砂性能的波动和铸件质量缺陷。砂处理系统的控制，首先是对型砂组分的控制，包括原砂、含水量、粘土含量、煤粉等，而水分的准确检测和控制最为重要。此外，型砂的其他性能，如紧实率、湿强度、透气性、韧性的检测和控制也是十分必要的。

要控制型砂的水分，首先必须测量型砂和旧砂中的水分，然后根据需要向型砂中加入适量的水。在线检测时水分的检测方法通常有电阻法、电容法和成型性法。

电阻法测量水分是将插在混砂机型砂中的测试棒作为一极，以混砂机的底板和侧壁作为另一极，或直接在型砂中插入两根电极。然后在电路中加上电压，测量两极之间的电压。当型砂所含水分少时电阻值大，所含水分多时电阻值小。根据这个原理，可以测得电阻值随水分变化的情况。这个电阻值的变化可以通过电路转换成电压的变化，计算机里的信号采集卡将这个电压信号与事先存储在计算机里的型砂电压-水分关系曲线进行对比，就可以得到型砂的水分含量值。

电容法测量型砂的水分一般在混砂机上方的旧砂斗里进行。将探头作为一极插入型砂中，砂斗壁作为另一极，由这两极组成一个电容，型砂作为电容两极间的介质。根据介质对电容量的影响，即型砂含水量低电容量大，可以由事先测得的电容-水分对照曲线，计算出旧砂的含水量，然后根据混砂性能的要求向混砂机里补加水。

成型性控制法是一种安装在混砂机上，自动取样、检测并反馈的自动装置。在型砂混碾周期内连续地取样，监测它的成型性，从而自动控制加水量。当型砂含水量小时，它能通过一定尺寸的缝隙；当含水量增加时，型砂之间的粘结力增大，它的通过能力就逐渐减小；当型砂达到规定的成型性时，就不再通过缝隙，加水也就自动停止。型砂成型性的装置如图4.27所示。

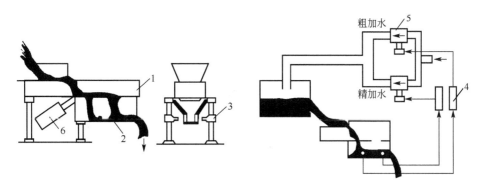

图4.27 型砂成型性水分控制仪示意图
1—振动器；2—集砂槽；3—光电管；4—继电放大器；5—电磁水阀；6—微振器

它是一个3层的振动筛。第一层接受取样器自混砂机取出的砂样，并使砂样沿振动槽均匀移动；第二层有两条缝隙，第一条是窄缝，用来控制粗加水，第二条是宽缝，用来控制精加水；第三层是集砂槽，收集从第二层的缝隙中落下的型砂。在集砂槽的侧壁上，相对宽、窄缝开有4个孔，其中两孔为光源，另外两孔中安有光电管，可以通过光电控制电磁阀加水。

为获得较好的流动性和较高的湿强度，高压造型时型砂的水分质量分数通常控制在3.2%～4.5%；普通机器造型时一般为4.5%～5.5%；而手工造型时刻高达5.0%～6.0%。

粘土砂中粘土加入量并不是根据所要求的强度确定的。考虑到型砂的抗膨胀缺陷能力，或在高压造型时为减少型砂的回弹量，都得加入相当多的膨润土。如果只考虑砂的强度，加入4%左右的膨润土就足够了，而实际上粘土含量往往比得到足够强度所需的量多一倍，甚至更多一些。粘土加到一定数量以后，砂粒表面上涂布的粘土膏已相当厚，再补加粘土并不能使强度提高，反而可能下降。

型砂从排气的角度希望透气性要高些，但从降低铸件表面粗糙度的角度则希望透气性不要过高。根据不同的情况，面砂的透气性一般控制在40～100，背砂的透气性一般控制在100～200，单一砂的透气性一般控制在100～150。

有些工厂受传统观念和试验条件的限制，仅测定型砂的含水量、透气性、湿压强度和紧实率，这是不够的，它不能有效地控制型砂的质量。现在国内外许多工厂将湿拉强度或湿裂强度也作为日常检测项目，再定期检查型砂中的有效粘土含量和失效粘土含量，就能基本上控制型砂的性能，从而控制铸件废品的产生。

4.6 液态金属与铸型的相互作用

从开始浇注起，在液态金属的作用下，铸型中会产生各种物理、化学现象；同时，铸型对液态金属也有各种作用，如铸型被加热和液态金属被冷却、液态金属对铸型的冲刷和造型材料卷入液态金属中等。液态金属对铸型的作用和铸型对液态金属的作用是互相联系、并互为条件的。

液态金属与铸型有3种基本作用：机械作用、热作用及相互的物理化学作用。其中热作用是其他两种作用的基础，而且它们的作用是随热作用的激烈程度而变化的。在这3种作用下，铸型产生各种伴生现象，在不利的情况下，这些伴生现象反作用于金属，使铸件产生铸造缺陷，如胀砂、粘砂、夹砂、砂眼和气孔等，但也可以利用这些伴生现象来改善铸件质量，如当铸型工作表面被加热时，造型材料中某些组分熔化，并溶入液态金属，利用这种现象就可以使铸件表面合金化，从而改善铸件表面性能。

研究液态金属与铸型相互作用的目的如下：①能很好地掌握与相互作用有关的各种铸造缺陷的形成机理，从而能更好地防止这些缺陷，而液态金属与铸型的相互作用及各种伴生现象是这些缺陷形成机理的理论依据；②利用相互作用有利的一面以改善铸件质量，创造出新的工艺方法，作为新工艺的理论依据。

4.6.1 液态金属对铸型的机械作用

液态金属对铸型的机械作用有：①浇注时砂型受到的液态金属的冲刷和冲击；②液态金属在型腔中凝固成有足够强度的硬壳前，砂型受到的动、静压力。在不利的情况下，将产生砂眼和胀砂。

1. 对铸型的冲刷和冲击作用

迅速流动的液态金属对砂型表面有摩擦力,当摩擦力大于砂型表层砂粒间的粘结力时,砂粒被冲下。有人用放射性同位素 W185 研究了这种冲刷现象,把有放射性同位素的型芯放在受冲刷最厉害的地方。从试验结果得到以下结论:液态金属对砂型表面的冲刷作用主要决定于液态金属的浇注温度和砂型的表面强度。液态金属的浇注温度越高,冲刷越严重;浇注温度低,易结壳,液态金属在壳中流动,可减少冲刷。造型材料的高温强度高,则耐冲刷。

浇注时,砂型表面受液态金属的冲击作用,液态金属的冲击力 P_c 为:

$$P_c = \frac{F \cdot v^2}{t} \cdot \rho \quad \text{或} \quad P_c = \frac{Q \cdot v}{t} \cdot \rho \tag{4-7}$$

式中,P_c——液态金属流对砂型表面的冲击力,N;
F——液流的截面积,m³;
v——液态金属的流速,m/s;
t——时间,s;
Q——单位时间内液态金属的流量,m³/s。

如果金属液的冲击力超出砂型的高温表面强度,砂型表面将被冲坏,使铸件产生砂眼。

2. 对型壁的压力作用

浇注后液态金属在型腔中凝固成有足够强度的硬壳前,型壁受到液态金属的静压力 P_s 的作用,而型壁单位面积受到的液态金属静压力随液柱的增高而增大。当型壁上某处受到的静压力大于该处的高温强度时,型壁滑移,型腔扩大,使铸件形状和尺寸不符合设计要求。

3. 对上型的抬箱作用

液态金属作用于上型工作面上的抬箱力 P_t 可用式(4-8)计算:

$$P_t = r \cdot \int h \cdot dF \tag{4-8}$$

在实际运算中,为了简便取 h 为浇口杯液面到上型型腔表面中心点的距离,而 $\int dF$ 为型腔工作面的水平投影,式(4-8)可改写为:

$$P_t = r \cdot h_{平均} \cdot F_{水平} \tag{4-9}$$

在计算液态金属对上箱的总抬力时还需考虑型芯受到的浮力 P_f,这种浮力是通过型芯头或型芯传递给上型的,因此液态金属作用于上型的总抬力 P_T 应为:

$$P_T = P_t + P_f \tag{4-10}$$

$$P_f = V_1 \cdot \rho_1 \cdot g - V_2 \cdot \rho_2 \cdot g \tag{4-11}$$

式中,V_1——砂芯受浮力部分体积,m³;
ρ_1——液态金属密度,kg/m³;
V_2——砂芯的体积,m³;
ρ_2——砂芯的密度,kg/m³。

总抬箱力如果超过上箱重量,上箱就被抬起,造成跑火、抬箱等缺陷。为避免上箱被抬起,应加压铁。压铁重量 G 可用下式求出:

$$G > P_t + P_f - G_s \tag{4-12}$$

$$G = (1.3 \sim 1.5)(P_t + P_f - G_s) \tag{4-13}$$

式中,G_s——上箱重量,N。

为了防止抬箱,可以采取用压铁、箱卡增加上箱的重量(高压造型线有时采用)等措施。

4.6.2 液态金属对铸型的热作用

1. 液态金属对铸型的加热

浇注后,液态金属通过热传导、辐射和对流将热量传递给铸型。首先是金属冷却,同时将铸型加热,当两者温度达到平衡时,就同时冷却。铸型被加热的剧烈程度直接影响产生各种伴生现象的激烈程度。预先计算铸型各层的加热温度对防止产生铸造缺陷很有作用。

理论上确定铸型内各层温度是非常复杂的,到目前为止,还没有一个既有严格的科学根据,又在实际应用中很方便的计算公式。这是因为有许多因素影响铸型的加热,使问题变得非常复杂,而不便于实际应用。因此在进行理论分析时要假设条件,把复杂的现象尽量简单化,以便于计算。对于这些理论计算结果,也要想到其假设条件,以便估量计算值与实际情况的偏差。

研究铸型的加热主要是解决以下两个问题:①铸型内某处,经过多长时间被加热到什么温度;② 在同一时间内,相邻两层的温度差有多大。目前有多种方法可解决铸型的加热问题,其中实验法和解析计算法较实用,现简述如下。

1) 实验法

在铸型中不同深度的各层上,分别插入热电偶;浇注后,立即测出各点的温度。以后每隔一定时间,分别测出各点温度,然后绘出铸型各层温度随时间的变化曲线,如图 4.28 所示。

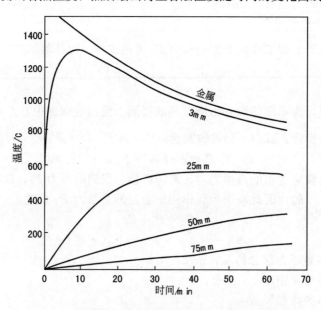

图 4.28 实验法测得的铸型表面层和内层的温度变化

根据图 4.28 可得出以下两个结论：①浇注后，铸型内壳表面迅速达到与液态金属相近的温度，但此时铸型其他部分还处于相当低的温度；②浇注后，砂型不同深度的各层在同一时间内有很大的温度差。

不同合金的加热砂型都具有以上两个特征，只是砂型被加热的绝对温度不同而已。实验法定性地解决了砂型加热的普遍特征，但它只能在浇注后进行，因而没有预见性。

2) 解析计算法

目前有许多解析计算法公式，其中以贝尔格公式较实用。假设条件如下：①铸型和铸件的接触面是一个平面；②在接触面金属与铸型温度相同；③铸型与铸件平面是无限大，即只考虑单方向的热传导；④在一开始，铸件与铸型中均无温度差；⑤在整个过程中热物理常数不随温度变化；⑥不考虑浇注时加热型腔中空气的热量损失及对流热传导。

根据热传导微分方程式及一系列复杂的数学推导，并把按照上述假设得到的边界条件代入，得到计算砂型温度的公式：

$$\begin{cases} T = T_0 + (T_H - T_0) \cdot \dfrac{2}{\sqrt{\pi}} \displaystyle\int_0^y e^{-y^2} dy \\ y = \dfrac{x}{2\sqrt{\alpha\tau}} \end{cases} \quad (4-14)$$

式中，x——砂层到砂型与铸件接触面的距离，m；

T——距界面为 x 这一层的温度，℃；

T_0——砂型与铸件接触面上的温度，℃；

T_H——砂型原始温度，℃；

τ——时间，s；

a——换热系数，W/(m³·℃)。

浇注结束后，经过时间为 τ，在距离与铸件接触面为 x 的砂层的温度可用式(4-14)求出。由于推导公式的假设，式(4-14)只有当 τ 值很小时，计算值较接近于实际值；随着加热时间的延长，只有 x 很小时，计算值才较接近于实际值。

2. 水分迁移

铸型(尤其是湿型)被液态金属剧烈加热，铸型表面层在瞬间被完全烘干，产生的水蒸气向铸型深处逸散。由于铸型导热性很差，深层温度尚低于100℃，水蒸气在砂粒间隙(可看作毛细管)凝聚，凝聚到一定程度，达到饱和。在砂粒间隙凝聚的水分在表面张力作用下，按照雷科夫原则移动，即砂型中各层水分移动密度由各层的湿度差和温度差决定，由于水分饱和凝聚区中的水分和温度都比更深层高，因此温度梯度的方向和湿度梯度的方向是相同的，从而

$$i = -k \cdot \rho_0 \cdot (\Delta u + \delta \cdot \Delta t) \quad (4-15)$$

式中，i——总的湿分流动密度，kg/m³；

ρ_0——绝对干燥材料的容积密度，kg/m³；

Δu——湿度梯度；

Δt——温度梯度；

k——因材料的湿度和温度不同而变化的系数；

δ——热湿度传导系数。

即水分是背着热源和水分饱和凝聚区逐渐向更深层迁移，直到水分正常时为止，这种现象称水分的迁移。按照浇注后某一瞬间砂型中水分的分布，可把型壁分成4个区域，如图4.29所示。

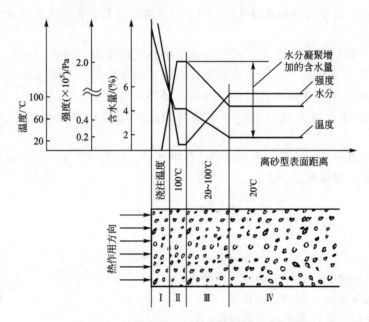

图4.29　浇注后某一瞬间砂型中水分的分布

Ⅰ—完全烘干区；Ⅱ—水分饱和凝聚区；Ⅲ—水分不饱和凝聚区；Ⅳ—正常区

Ⅰ区为完全烘干区。在此区内砂型被完全烘干，强度随温度的升高而上升，到粘土结晶构造被破坏的温度，强度达到最高值。此外还产生大量的气体，其来源有：①砂型表层中的自由水、化合水和结晶水的汽化；②有机物的燃烧和升华；③复杂化合物的分解；④砂粒间毛细管中空气的膨胀；⑤造型材料受高温时部分物质挥发。

Ⅱ区为水分饱和凝聚区。由于水分的迁移和水蒸气的凝聚，此区水分已达饱和，故强度比较低。水分饱和凝聚区向远离金属和铸型界面的方向移动，金属的浇注温度越高，移动的速度越快。此区的厚度则随距砂型表面的距离的增加而增加。水分饱和凝聚区聚集着大量水分，堵塞了砂粒间的空隙，降低了透气性，阻碍完全烘干区产生的气体向外逸散，因此增大了气体压力。此区温度始终稳定在100℃左右。

Ⅲ区为水分不饱和凝聚区。该区为水分饱和凝聚区与正常区的过渡区，温度也在它们之间，即20～100℃。

Ⅳ区为温度正常区。该区水分含量无变化，强度也无变化。

以上因水分迁移形成的各区的界限随着砂型型壁中温度的升高而不断地向远离界面的方向移动，型砂的含水量、粘土的种类和加入量、紧实度等对水分迁移也有很大影响。型砂的含水量越高，则水分饱和凝聚区出现得越早（即离交界面越近），饱和凝聚区的水分也越高。在含水量相同时，用膨润土代替耐火粘土可推迟饱和凝聚区的出现。

3. 砂型受热时的膨胀和热应力

浇注后，由于砂粒的膨胀引发砂型膨胀。铸造生产上使用得最广的石英砂加热时先均匀膨胀，到573℃左右转变为α-石英，伴随着体积突然膨胀，相变体膨胀为0.82%。在铸造条件下，α-石英是稳定的，不再发生相变和膨胀，所以石英加热到600℃，即达到最大膨胀值1.5%。

所有粘土被水润湿后体积都膨胀，当失去水分时则收缩。粘土在加热时失去吸附水和结晶水，粘土体积收缩，当加热温度超出粘土的结晶破坏温度和重结晶温度后，则发生很大的收缩，粘土的煅烧线收缩在7%~13%。粘土的矿物组成、杂质含量和加热温度决定粘土的收缩量。

在粘土砂型中，砂粒膨胀，粘土收缩，但是粘土的加入量只占砂粒的百分之几，粘土的收缩，只能补偿砂粒膨胀的一部分，所以砂型受热后体积仍是膨胀的。型砂受热膨胀率与加热温度、加热时间和加热速度有关，分别如图4.30、图4.31和图4.32所示。从图4.30和图4.31中可以看出急热自由膨胀率比缓热自由膨胀率高。实际生产中的铸型，由于浇注的液态金属温度较高，铸型急速加热，其膨胀率与急热膨胀率相近。从图4.32可以看出：加热温度越高，膨胀速度越快，膨胀量也越大。从不同种类的型砂来看，合成砂(石英砂与粘土的混合物)比山砂(自然界砂粒与粘土共存的型砂)的膨胀量大；粘土的种类不同，型砂的膨胀量也各异。

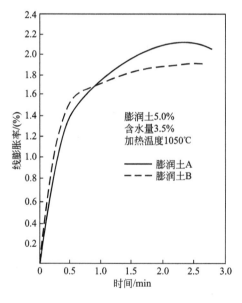

图4.30 急热膨胀率与时间的关系

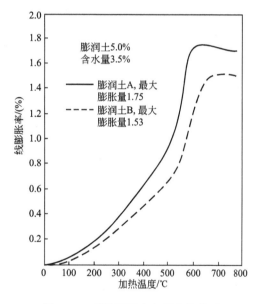

图4.31 缓热膨胀率与温度的关系

型砂在高温时产生膨胀，然而实际的砂型并不一定产生这种膨胀。砂型一般使用砂箱(或箱套)，而且砂型不能全部加热到所定的温度，膨胀是受限制的，因而在砂型中会产生热应力。为测量膨胀力的大小，把砂试样在石英管内捣紧，对它急剧加热，限制住在x、y方向的膨胀，在z方向加载荷，使其尺寸一直不变。试样单位面积所加的载荷，即为在该温度下的热应力，图4.33为加热温度与热应力的关系，在500℃、800℃等比较低的温度下，虽然膨胀量不那么大，但却显示出较大的应力。与此相反，在具有大膨胀量的高温下，产生的应力较小。在低温时，由于铸型的刚体性质，不能吸收膨胀，产生的热应力就大，而在高温时，由于铸型显示出粘弹性的性质，在某种程度上可以吸收膨胀，所以应力较小。影响型砂热膨胀的因素都影响热应力。

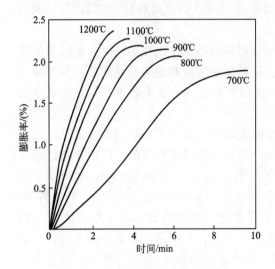

图 4.32 合成砂的急热膨胀曲线

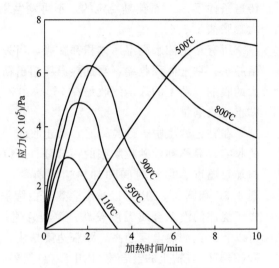

图 4.33 加热温度与热应力的关系

4.6.3 液态金属与铸型的相互物理化学作用

液态金属与铸型的物理化学作用主要包括砂型内壳的熔化、造型材料的发气和造型材料的熔解及铸件表面合金化等。

1. 砂型内壳熔化

纯金属（尤其是铁碳合金）很少直接与造型材料形成化合物，不过大多数铸造合金容易与砂粒间隙中的氧气化合，在液态金属表面形成一薄层熔融的氧化膜。这层金属氧化物易与砂粒、粘土相化合，在铸件表面形成粘砂层。

2. 造型材料的发气

由于液态金属对砂型的热作用，致使砂型的某些组成物燃烧、分解、升华而产生大量气体，这些气体可以被液态金属吸收，或直接卷入液态金属，冷却后在铸件中形成各种气孔。有时也利用这种化学过程来防止液态金属与造型材料发生直接的化学反应，其中镁合金和砂型工作面的相互物理化学作用就是最典型的实例。镁合金和砂型中的水分、空气中的氧和氮以及石英砂粒都能起化学反应，它们的化学反应式如下：

$$Mg + H_2O = MgO + H_2 + Q \tag{4-16}$$

$$2Mg + O_2 = 2MgO + Q \tag{4-17}$$

$$4Mg + SiO_2 = 2MgO + Mg_2Si + Q \tag{4-18}$$

$$3Mg + N_2 = Mg_3N_2 + Q \tag{4-19}$$

化学反应所放出的大量热和反应产物（氧化物、非金属夹杂物）都会导致金属过热和铸件质量恶化。为了避免以上不良后果，镁合金湿型铸造时，在型砂中要加入保护性的附加物，常加 50% 的硫黄粉和 50% 的硼酸粉的混合物。硫黄粉的作用是形成 SO_2 保护性气体；硼酸粉的作用是在铸件上形成保护性薄膜，防止继续氧化。

3. 造型材料的熔解及铸件表面合金化

砂型中的某些物质能很好地熔解在液态金属中，所以铸件表面有可能会被砂型表面层的某些物质所饱和，进而改变铸件表面的化学成分，同时也改变了铸件的表面性能。利用这种相互作用的特点来改变铸件表面性能的方法称为表面合金化。

铸件表面合金化的过程，一般认为主要是在浇注时的热作用下，涂料中的合金元素熔入液态金属，这个过程比固体扩散过程快得多，因而能在较短时间内得到较大的渗入深度。常用的合金化元素有铬、锰、铝、硅、铈、碲等，根据铸件的材质和表面所要求的性能而定。如在金属型中浇注薄壁的灰口铁铸件，经常采用含有大量粉状的硅铁合金的涂料，以防止铸件表面产生白口；冷硬车轮的砂型涂以含碲的涂料，可使轮辋表面生成白口，提高耐磨性。使用含碲的涂料，不仅可以使灰口铁表面成白口，提高耐磨性，而且可以防止缩松，还可以防止可锻铸铁件白口毛坯的截面厚大处出现麻口。

4.7 粘土砂中常见的铸造缺陷及预防措施

在粘土砂型铸造中，由于各方面的原因，经常造成一些铸件缺陷。其中与砂型密切相关的铸件缺陷主要有胀砂、粘砂、夹砂、砂眼、气孔及裂纹等。为了进一步控制型砂的性能和提高铸件的质量，必须全面了解这些缺陷。

1. 胀砂

铸件内、外表面局部胀大，形成不规则的瘤状金属突起物，如图 4.34 所示，胀砂影响铸件的精确度，增加了金属的消耗和切削加工。

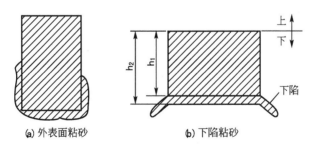

图 4.34 铸件胀砂缺陷示意图

胀砂是浇注时液态金属对型壁的压力作用使铸型壁移动，从而使得铸件胀大的结果。对于粘土砂来说，胀砂主要发生在水分过高和湿态强度不足的铸型上。当水分过高时，在液态金属作用下由于水分迁移而造成高湿度的薄弱区，削弱了它对铸型表面的支持力，因而容易引起铸型型壁移动。在球墨铸铁中由于析出石墨时体积膨胀，有利于进一步促进胀砂，同时还往往伴随着出现缩孔缺陷。

为了防止胀砂，主要应严格控制型砂的水分，并适当提高粘土加入量，调整型砂配方，以提高型砂的湿强度。当铸件厚大而使胀砂严重时，可考虑使用表干型或干型。此外，还应从造型工艺方面加强预防措施，如提高铸型的紧实度和表面硬度，提高砂箱的刚度，并力求降低浇注温度，以使液态金属在铸型表面尽快结壳，降低液态金属对铸型的压力。

2. 粘砂

铸件表面粘附着的一层难以清除的砂粒称为粘砂。粘砂不仅影响铸件的外观，而且会影响其工作寿命。如泵或发动机等机器的零件中若有粘砂，将影响流体（液体、燃料油、气体、润滑油和冷却水等）的流动，并会沾污和磨损整个机器。为了清理铸件表面的粘砂往往要耗费大量的时间和劳力，不得不对铸件多次进行热处理；粘砂还使得切削困难，加快了刀具的磨损。因此，在铸造中应积极预防和消除粘砂缺陷。

1）粘砂的类型及鉴别

粘砂的类型与所采用的砂型性质、铸件大小和材质等因素有较大的关系。根据砂粒与铸件粘结情况的不同，一般把粘砂分为机械粘砂和化学粘砂两种类型。

液态金属钻入砂型表面孔隙中，凝固后将砂粒机械地粘连在铸件表面上，称为机械粘砂；液态金属表面被氧化，生成的氧化铁等金属氧化物与型砂中的 SiO_2 反应，生成低熔点的铁硅酸盐渣液，凝固后与砂粒一起牢固地粘附在铸件表面上，称为化学粘砂。中小型铸铁件出现的大多是机械粘砂，只在局部热作用剧烈的部位有时会出现化学粘砂；大型铸钢件或合金钢铸件常出现化学粘砂或化学粘砂与机械粘砂混杂。在生产中，可以采用如下方法鉴别粘砂的类型。

（1）肉眼观察法。如果是机械粘砂，可以看到粘砂层中夹有完整的单个砂粒，这些砂粒被一些金属毛刺粘附在铸件上，若用锤打击粘砂层表面，在被打之处可看到金属光泽；如果是化学粘砂，则在粘砂层中看不到单个的砂粒，而是一片连续的蜂窝状物质。

（2）显微观察法。将一小块粘砂层用树脂固定，磨制成试样，用金相显微镜观察。如果可以很清楚地看到砂粒是单个的夹在金属毛刺之间，且金属毛刺与砂粒间有明显的分界线，则为机械粘砂；如果看到连成一片的渣子，分不清砂粒与金属毛刺的边界，且有新生成相将铸件和砂粒粘连，则为化学粘砂。

（3）电测法。在机械粘砂中，砂粒间的连接物是金属，具有良好的导电能力，而化学粘砂的粘结物是不导电的硅酸盐。根据这个差别，可用万用表测量铸件表面粘砂层的导电能力，机械粘砂测得的电阻值小，化学粘砂测得的电阻值无穷大。

（4）化学鉴别法。根据粘砂层物质与酸的作用不同来鉴别粘砂的种类。从铸件表面粘砂层上取 3~5g 作为试样，放在浓度为 40% 的盐酸中，如果是机械粘砂，则可以看到酸液中不断产生气泡，液体的颜色由无色透明逐渐变为淡黄、棕红，反应终了时，酸液中剩余的是单个砂粒；如果是化学粘砂，产生气泡很少，酸液的颜色也没有明显的变化，最后的残留物是多孔性絮状物质。

2）机械粘砂

铸型表面砂粒间的孔隙可看成是直径细小的毛细管，液态金属浇入铸型后，在静压力的作用下，有可能渗入这些毛细管中，形成包围砂粒的金属毛刺，在铸件表面覆盖一层金属和砂子的混合物，形成机械粘砂。熔融的液态金属渗入毛细管越深，金属毛刺就越牢固地包围住砂粒，清理就越困难。因此，可以用液态金属渗入的深度来衡量机械粘砂的程度，见表 4-8。

表 4-8 用液态金属渗入的深度来评价粘砂程度的基准

序号	液态金属深入深度/mm	铸件表面情况	粘砂清理方法
1	<0.127	光洁	完全能从铸件上震落
2	0.127~0.38	稍微粗糙	仍能从铸件上震落
3	0.38~0.63	粘砂	采用喷砂处理才能去掉
4	0.63~0.88	粘砂较严重	必须用砂轮才能去掉
5	>0.88	粘砂严重	去除粘砂层非常困难

由于液态金属的物理、化学特性及其与铸型的作用是复杂的物理化学反应，因此液态金属渗入砂型孔隙的过程要复杂得多，从而影响机械粘砂的因素也很多。

(1) 铸件表面处于液体状态的时间。此时间的长短是决定渗入深度大小的最基本的因素，铸件表面处于液态的时间越长，就意味着长期剧烈地加热铸型，可使型壁较深的地方接近或达到金属凝固点以上的温度，为液态金属渗入型壁的较深处创造了条件，所以渗入深度较深。厚壁铸件易过热的部分，如凹角、冒口根部、小型芯等，金属处于液态的时间较长，容易产生严重的机械粘砂。

铸件表面处于液态的时间由铸型的蓄热系数、合金的过热度及铸件壁厚决定。铸型的蓄热系数高，液态金属达到凝固点的时间短，很快失去流动能力，铸件表面凝固的硬壳也较厚，不致被熔化，因此采用蓄热系数高的原砂可减轻粘砂程度。液态金属过热度高，铸件壁厚，能把铸型加热到较高温度，使铸件表面处于液态的时间较长。此外，过热度高，液态金属粘度小，流动性好，可以渗入更深的砂粒间隙中。

(2) 静压力和临界渗入压力。在各种情况下，铸型受到液态金属的静压力始终都是促使液态金属向砂粒间隙渗入的。液态金属静压力越高，机械粘砂越严重。因此，高大铸件的底部更容易产生机械粘砂。

当液态金属浇入铸型后，在一定的静压力作用下，处于液体状态的金属能否渗入铸型与临界渗入压力的大小有关。当静压力大于临界渗入压力时，液态金属容易渗入铸型；相反，当静压力小于临界渗入压力时，液态金属难以渗入铸型。

铸型可以看作毛细管体系，型砂之间的空隙可看作一个个毛细管。根据毛细管的特性，液态金属的表面张力将产生附加压力，因此，临界渗入压力 P_L 的大小可表示为：

$$P_L = P_g - P_b = P_g - \frac{2\sigma\cos\theta}{r} \tag{4-20}$$

式中，P_g——浇注后在铸型中产生的气体所形成的压力，其作用方向始终是阻碍液态金属渗入砂型孔隙的，N；

P_b——液态金属在砂型孔隙中产生的毛细压力，N；

σ——液态金属的表面张力，N；

θ——液态金属对砂型的润湿角；

r——毛细管半径，m。

当液态金属不润湿铸型(液态金属一般不润湿石英砂粒)，即 $\theta>90°$ 时，$\cos\theta<0$，P_b 也是负值，其作用方向与静压力方向相反，而与 P_g 方向相同，即也是液态金属渗入砂粒间隙的阻力。对一定成分的金属和一定成分的铸型来说，表面张力和润湿角是一定的，只

能改变 r，以提高 P_b 防止机械粘砂。

当液态金属润湿铸型（金属液被氧化后的金属氧化物是润湿石英砂粒的），即 $\theta<90°$ 时，$\cos\theta>0$，P_b 的方向与静压力方向一致，促进液态金属向砂粒间隙渗入，使机械粘砂严重。

润湿性主要决定于金属和造型材料的性质、周围气氛的性质、液态金属的成分和氧化程度等。若在氧化性、弱氧化性、中性气氛中，工业纯铁与石英砂的润湿角分别为 52°、83°、111°；工业纯铁与镁砂的润湿角分别为 90°、107°、113°。由这些数据可以看出，中性气氛中工业纯铁对石英砂和镁砂都不润湿，但是在氧化性气氛中对石英砂润湿，而对镁砂仍不润湿，因此，在氧化气氛中石英砂比镁砂更容易产生粘砂。

金属成分对润湿角也有很大影响。钢水含碳量较低，含氧量较高，在冶炼时若脱氧不良，浇注后与铸型相互作用时又被氧化，则润湿角大大减小，极易渗入砂粒间隙，形成机械粘砂。而铁水含碳量较高，含氧量较低，又不易被氧化，润湿角大，因此，机械粘砂倾向比铸钢件小。在钢水中，随着锰含量的增高，润湿角随着减小，这是高锰钢铸件容易产生机械粘砂的主要原因。

(3) 气体压力。从式(4-20)可知，铸型中产生的气体积聚在铸型表面，对液态金属的渗透起到了一定阻碍作用。但在高压紧实的砂型中有时由于水汽的积聚产生水爆炸，又会加强金属的渗透。

在高密度砂型（如气冲造型、高压造型、射压造型等）中，由于压实比压的提高，会引起水爆炸，从而引起铸件产生气孔、局部表面粗糙和机械粘砂，甚至整个铸件表面粘砂等缺陷。水爆炸的形成过程是在浇注时，液态金属在很高的速度下冲击型腔的表面形成相当高的接触压力，使液态金属渗入型砂的孔隙中。由于砂型的热传导，使先渗入的金属液凝固。此时，被金属液包覆的砂粒上的水分爆炸性蒸发，因孔隙被堵塞蒸汽排不出去，在液态金属中形成气泡。爆炸性蒸汽产生的压力波对液态金属液面产生压力，迫使金属液又钻入邻近部位的砂型孔隙中。开始时形成的分散性气泡逐渐集中成为大气泡，常常由剩余的孔隙逸出。若此时金属液温度已很低，就会在金属中形成气孔，如图 4.35 所示。实践证明，型砂中的高含水量和煤粉类附加物都能增加水爆炸粘砂。

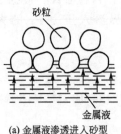

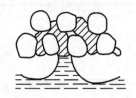

(a) 金属液渗透进入砂型　(b) 金属液在空隙中凝固　(c) 金属液进一步渗入型壁,气泡集中

图 4.35　水爆炸粘砂形成过程示意图

(4) 砂粒大小和砂型紧实度。在一般情况下，减小铸型表面的孔隙可减小金属液的渗入深度，因此采用细粒砂和提高砂型的紧实度均可减少机械粘砂。随着砂粒空隙的减小，型砂的透气性会下降，因此，也有人认为为了减少机械粘砂，应当采用具有低进气性的细粒砂。但是，在浇注温度较高的情况下，有时在金属液渗入深度上细砂反而比粗砂大。这是由于浇注温度提高到一定程度后细砂先被烧结而使空隙变大。当浇注温度更高时，粗砂

也被烧结，此时金属液渗入深度比烧结后的细砂更大。

3）化学粘砂

一般情况下，液态纯金属并不润湿铸型，因而不与铸型起化学反应。但是，当金属液浇入铸型后，金属液极易与铸型中的空气及水蒸气反应，生成氧化铁。氧化铁的熔点低于金属液的凝固温度，并与石英砂润湿，因而不断渗入砂粒间隙，可与砂或粘土发生以下两种化学反应：

$$2FeO + SiO_2 \longrightarrow 2FeO \cdot SiO_2 \quad (4-21)$$

$$Al_2O_3 \cdot 2SiO_2 + 2FeO \longrightarrow 2FeO \cdot SiO_2 + Al_2O_3 \quad (4-22)$$

生成的新化合物（硅酸亚铁）的熔点极低，常称为低熔点化合物。由于它的流动性好，易于渗入铸型的孔隙内，从而将金属与铸型连成一体；同时熔融硅酸盐也润湿石英砂，在毛细压力的作用下，能渗入砂粒间隙，增加了金属渗入的深度，其结果是扩大了氧化铁与型砂的作用面积，促使化学粘砂加剧。图 4.36 给出了化学粘砂的形成过程。

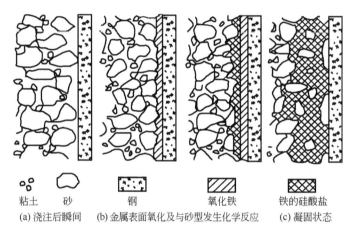

图 4.36 化学粘砂的形成过程示意图

化学粘砂层的厚度取决于金属氧化物的渗入深度，金属氧化物的渗入深度与不同气氛气体的关系如图 4.37 所示。

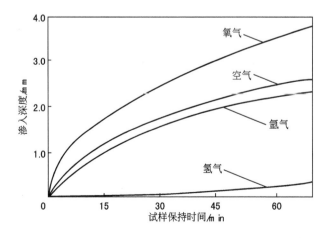

图 4.37 金属氧化物渗入深度与不同气氛气体的关系

由此可见，产生化学粘砂的先决条件是金属表面的氧化。影响化学粘砂的因素主要是金属氧化物的数量及金属氧化物与型砂之间的作用程度，后者主要取决于热作用的情况，如铸件大小和壁厚、浇注温度等。热作用对化学粘砂有很大的影响。热作用越大，则化学反应越剧烈。型砂的耐火度不足，则在高温金属的作用下发生熔化，将促使化学反应加剧，形成严重的化学粘砂。由于金属氧化物渗入铸型孔隙后促进了金属氧化物与铸型之间化学反应的进行，因此，凡是影响机械粘砂的因素也间接地影响化学粘砂。

在实际生产中常常遇到这种情况：有时形成的化学粘砂层很容易从铸件表面剥落，而有的粘砂层和铸件表面则熔结得很牢固，极难清理。因此，有必要弄清粘砂层是如何与铸件粘结的，分析粘砂层断面的化学成分得知：紧靠铸件表面的是一薄层金属氧化物，其后为低熔点化合物，如图 4.38 所示。下面分别研究这两层对铸件化学粘砂起的作用。

有人认为铸件和粘砂层的连接是依赖于氧化物薄层，因为氧化物的晶格在 $\alpha-Fe$ 的晶格上长大，而使氧化物薄层同铸件牢固地连接起来。这种观点认为，粘砂的关键在于氧化物薄层的厚度。但通过对粘砂层中氧化物分布特点的研究发现，当氧化物薄层的厚度达到或超过某一个临界值时，粘砂层就容易从铸件上清除下来，反之就不易清除。这个临界值也就是氧化物薄层的临界厚度，其大小约为 $100\mu m$。因此，为了防止化学粘砂，应增加氧化物薄层厚度，使之超过临界厚度。

当铸件凝固冷却到室温时，铸件表面的氧化物层由 Fe_3O_4 和 Fe_2O_3 组成，它们的层次是铸件→Fe_3O_4→Fe_2O_3。若金属和铸型界面上为氧化性气氛，不仅金属液氧化，而且铸件凝固后将继续氧化，使铸件表面的氧化物层增厚。Fe_3O_4 层中又可以分为3层，如图 4.39 所示。第Ⅰ层是紧贴铸件表面的极薄层，不超过 $10\mu m$，在 $\alpha-Fe$ 上结晶长大，就好像 $\alpha-Fe$ 晶格的延续；第Ⅱ层是由 $\alpha-Fe$ 晶格的氧化物过渡到正常氧化物晶格的过渡区域，这一层也很薄；第Ⅲ层为正常晶格的氧化物区域，即具有正常结晶晶格的 Fe_3O_4 区域。

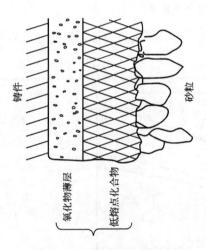

图 4.38 粘砂层断面示意图

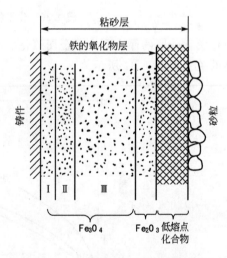

图 4.39 砂层中氧化物的结构示意图

铸件表面氧化物层靠很薄的氧化物层Ⅰ和过渡区域层Ⅱ牢固地连接在铸件上，这两层都可以看作是 $\alpha-Fe$ 结晶的延续。因此，当氧化物极薄，氧化物层中可能仅存在着Ⅰ和Ⅱ两层，而低熔点化合物又和氧化物紧密连接时，就会使粘砂层牢固地粘附在铸件上形成化学粘砂。当氧化物层增厚，超过临界厚度后，在氧化物中存在着正常的 Fe_3O_4 和 Fe_2O_3 层，因它们在结晶时体积膨胀较大，所以粘砂层就可沿着这些氧化物层从铸件上清除下来。

低熔点化合物冷凝后是结晶体，其晶格常数与金属氧化物相接近，又近似于砂粒时，结晶体就可能在金属氧化物和砂粒的晶格上长大，使粘砂层与铸件表面的结合力增大，而把它们连接起来，形成粘有砂粒的难于清除的粘砂层。

虽然金属氧化物能牢固地粘附在铸件表面，但是如果低熔点化合物冷凝后是玻璃体而不是结晶体，由于其性质与金属氧化物和砂粒晶体相差很远，也不会同铸件表面的氧化物粘连而发生粘砂。这就是说粘砂层中若有一定数量的玻璃体低熔点化合物，铸件就不易粘砂，可以获得光洁的铸件。有的资料认为，当粘砂层中含有15%～20%的玻璃体物质，就可以避免化学粘砂。

为了得到玻璃体的低熔点化合物，应注意以下两个因素。

(1) 粘砂层的化学成分。粘砂层中应有一定量的 MgO、FeO、MnO、Na_2O 等，它们能降低型砂的耐火度，使砂粒间较早出现硅酸盐相，并使硅酸盐接近共晶成分，容易过冷而获得玻璃体硅酸盐。

(2) 粘砂层的冷却速度。粘砂层冷却速度大，容易使液态硅酸盐过冷形成玻璃体，同时也可以阻止金属液的渗入。

4) 预防粘砂的措施

为了防止粘砂，主要从型砂和造型工艺方面着手，常用的措施如下。

(1) 减小铸型的孔隙。使用细砂和提高铸型的紧实度都可以减小铸型的孔隙。图4.40给出了型砂粒度与金属液渗入深度和铸型透气性的关系。从图中可以看出，采用砂粒的粒度越小，铸型表面的孔隙越小，毛细管阻力就越大，金属液就越难渗进去。但是，由于采用了细粒原砂，型砂的透气性将明显降低，不过可以使用面砂或背砂来保证必要的透气性。铸型舂得紧一些，砂粒相互靠得比较近，铸型表面的孔隙就小，可以防止液态金属渗入，图4.41所示为砂型硬度与金属液渗入深度的关系。

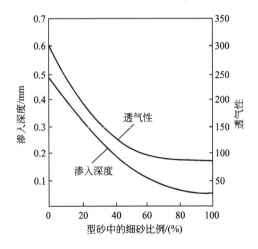

图4.40 型砂粒度与金属液渗入深度和铸型透气性的关系

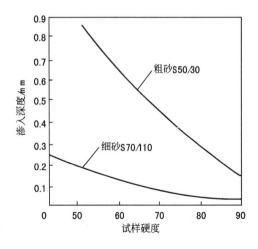

图4.41 砂型硬度与金属液渗入深度的关系

(2) 型砂中加入煤粉和重油等附加物，以避免或减少金属的氧化，并生成光亮碳膜。在湿砂型中加入煤粉防止铸铁件的粘砂，效果很显著。在生产中，有时即使铸型的孔隙很小，但若未加入煤粉或加入量太少，仍然难以防止粘砂。煤粉是用烟煤磨细制成的，主要成分是碳。煤粉在空气中约500℃软化和焦结，随即氧化，在650℃剧烈燃烧，700℃完全燃烧，灰烬约在1320℃熔融；在惰性气体中于650~1000℃发生碳的沉积；在密闭环境中加热，先放出水汽，然后在400℃左右开始软化和升华，并逐渐放出大量挥发物，在受热剧烈的情况下，产生柏油状的黑色物质，然后逐渐缩合成焦渣。当煤粉的焦渣特性为4~5级时，可生成良好的光亮的碳膜，碳膜不仅包覆着砂粒，还包覆着液态金属，防止金属液与铸型接触，改变金属表面的性能，从而防止粘砂。煤粉的加入量和粒度根据铸件大小厚薄不同而异，厚大铸件煤粉要多加些，粒度要粗些，薄小件要少加些，粒度要细些。一般生产中湿型铸铁件所用型砂的煤粉含量常在3%~8%。

生产实践证明，重油是一种极好的防止粘砂的材料，尤其是与煤粉配合使用效果更好，使用时用柴油以1:1或3:2的比例稀释。型砂中加入重油的主要作用与煤粉一样，即能生成碳膜，包围砂粒，并堵塞砂粒孔隙，防止金属液渗入。此外，重油的挥发分很高，能在液态金属与铸型间生成气膜，同时也增加了砂型孔隙中的气体压力，使金属液不能渗入型砂中，因而重油的防粘砂效果比煤粉强。由于重油含灰分很低（只有0.1%，而煤粉约为10%），因此在型砂中用重油代替一部分煤粉，不但有良好的防粘砂作用，而且可以减少旧砂中灰分的积累，因而使型砂性能更加稳定。

(3) 尽可能地降低浇注温度。液态金属过热度大，处于液态的时间长，与铸型的热交换激烈，因此液态金属能渗入更深处。此外，过热度大还使金属与铸型的相互作用加剧，铸型更易被润湿、侵蚀、烧结而扩大砂粒间隙，使粘砂更为严重。因而应尽可能地降低浇注温度。

(4) 采用蓄热系数高的原砂或在砂型（型芯）表面涂覆涂料。采用蓄热系数高的原砂（如镁砂、锆砂、铬铁矿砂等），可以使液态金属温度降低的幅度较大，而使砂型温度升高较小，这些原砂具有较高的热化学稳定性，不易被金属氧化物所润湿，也不会形成低熔点化合物，因而具有很好的抗粘砂能力。由于这些原砂一般价格较高，所以常将它们制成涂料，用以防止粘砂。

(5) 在型砂中加入氧化铁、氧化锰等，以加快金属的氧化和促使低熔点化合物的形成。采用钠基或活化的钙基膨润土，可加快冷却速度，防止化学粘砂。

3. 夹砂

夹砂是砂型铸造中常见的一类表面缺陷，特别是用湿型铸造无台阶的大平面铸件、外圆角很小的铸件和具有大而光滑的锅底状表面的铸件时尤为严重。它是在铸件表面还未凝固或凝固壳强度很低时，由于砂型表面膨胀受限制发生拱起和裂纹而造成的。

1) 夹砂分类

夹砂的形式有鼠尾、沟槽和结疤三种，这些表面缺陷产生的原因相同，只是处于不同的形成阶段，有时统称夹砂。如图4.42，现将它们的表面特征叙述如下。

(1) 鼠尾。鼠尾也称脉状夹砂，是一种轻微的夹砂形态，具有方向性的浅沟，一般小于5mm。若将铸型取下观察，可看到在型面上对应这些浅沟有线状垄存在。

(2) 沟槽。沟槽是在铸件表面产生的较深（大于5mm）的、边缘光滑的V形凹痕，V

形凹痕的底部经常存在一条金属线。

（3）结疤。铸件表面产生了疤片状的金属突起物，其表面粗糙，边缘锐利，有一小部分金属和铸件本体相连，疤片状突起物与铸件之间夹有砂层。

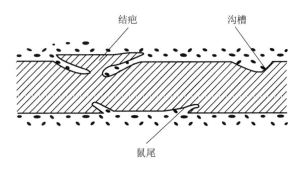

图 4.42　铸件夹砂缺陷的形式

2）夹砂产生的原因

随着人工合成砂（砂＋粘土）的广泛应用，夹砂等缺陷的发生率也大大增加。早在1912年就有人开始研究产生夹砂的原因，经过不断的探讨研究，虽然还没有被公认而确定下来的理论，但观点已趋于一致。后来进行的一些研究工作，观点也都大同小异，没有大的突破。

根据近代对砂型在加热时的膨胀、水分迁移、强度变化及变形等方面的研究，一般认为夹砂的成因如下：一方面，往砂型中浇注液态金属时，由于与液态金属的接触或辐射，砂型表面温度急剧上升，因而表面层膨胀；另一方面，当砂型表面层产生的水蒸气通过砂型内部时，被冷却而形成水滴，凝聚在表面干燥层下面，成为水分饱和凝聚的薄层，此层的热湿强度很低，仅为正常状态下湿强度的几分之一。在形成高湿度低强度的水分饱和凝聚区的同时，若表面干燥层受热至600℃左右，由于石英突然膨胀，表面砂层产生较大的膨胀压应力，迫使表面层有沿着水分凝聚层滑动脱离本体而拱起的趋势。如果型砂的膨胀压应力较小，或者热湿强度较大，就能够防止表面层拱起；否则拱起的表面层开裂，铁水从破裂处侵入，冷却凝固后即形成夹砂。若拱起开裂的表层进一步破碎，或受液态金属冲刷断裂，铸件表面形成疤状凸起，脱落的砂块夹在疤块中或被冲到铸件的其他部位，冷却凝固后即为结疤。如果砂型表面只局部拱起而不开裂，则铸件形成鼠尾。

图4.43(a)是形成鼠尾的过程示意图，它大多出现在铁液流过而又不被金属液覆盖的地方。这时，表面层型砂膨胀产生的应力大于水分凝聚层的抗剪强度，使边缘部分突出于表面之外，因而产生鼠尾。图4.43(b)是形成结疤的过程示意图，表示了砂型上表面由于受金属液的热辐射，表面层受热膨胀、变形直至开裂而产生夹砂的过程。

生产经验表明：如果大部分铸件都产生夹砂，则型砂的抗夹砂性差常常是主要原因；如果提高型砂的抗夹砂性能后，仍有个别铸件经常产生夹砂，则可能是该铸件的铸造工艺、造型过程或浇注有问题；如果零星地在一些铸件上产生夹砂，则可能是造型操作或浇注方面的问题。

3）预防夹砂的措施

根据以上分析，为了预防夹砂，主要可以从减小型砂的热压应力和提高型砂的热湿拉

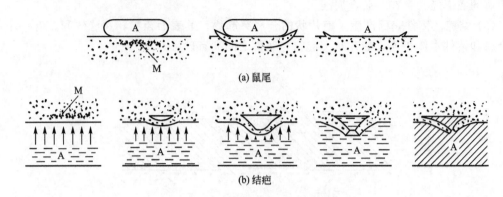

图 4.43　鼠尾、夹砂形成过程示意图
M—水分凝聚区；A—金属

强度两方面入手，从造型材料和铸型工艺操作等方面采取具体措施。

(1) 造型材料方面如下。

① 合理选用原砂。原砂膨胀的大小主要取决于其中的 SiO_2 含量。SiO_2 含量越小，则形成夹砂的倾向越小，因此，在铸铁件中不应过分地追求砂子的 SiO_2 含量。圆形砂虽比尖角形砂的夹砂倾向稍小，但测得的实际差别微不足道，而砂粒大小却有较大的影响。粗砂比细砂的夹砂倾向小，粒度分散的比粒度集中的好。此外，采用热膨胀小的铬矿砂、镁砂、锆砂等特种砂也可防止夹砂，但价格高，湿型铸铁件一般不采用。

② 采用钠基膨润土或增加粘土加入量。钠基膨润土的热湿拉强度高于钙基膨润土，在湿型砂中采用钠基膨润土对于防止夹砂效果最为显著，可以采用钠基膨润土或经活化处理的钙基膨润土作粘结剂。控制有效粘土的含量，使其不过低，灰分和死粘土量不应过多。经验证明，死粘土最多时，夹砂也最严重。

③ 控制型砂水分。在湿型砂中应严格控制型砂的水分，必要时可采取表面烘干，表面烘干后可降低铸型表面层的水分，减小水分迁移，同时提高了表面层的强度。

④ 使用附加物。在湿型铸铁件型砂中，经常用的附加物有煤粉、渣油、木屑和糊精等。把煤粉加入型砂，可提高它的热湿拉强度，同时降低型砂的热应力。渣油虽然使热湿拉强度略有下降，但可大大降低热应力，故对防止夹砂有明显效果。在金属液的热作用下，木屑和糊精等纤维物质增大了铸型的变形量，防止铸型表面从铸型本体上脱出，从而可以预防夹砂。一般在型砂中加入煤粉 3%～8%、渣油小于 2% 或木屑 0.5%～2.0% 就可有效地防止夹砂。

(2) 工艺操作和工艺设计方面如下。

① 型砂紧实度要均匀，不宜太紧。随着紧实度的增加，夹砂越容易产生。但不能用过松的型砂来防止夹砂，因为这会使粘砂、冲砂等缺陷增加。

② 扎通气孔不仅对防止气孔有作用，而且对防止夹砂也有作用。通气孔要扎得穿过水分凝聚区，但不得穿透铸型。通气孔可使水蒸气排出、水分凝聚区后移和凝聚区的水分降低。

③ 在铸型表面插钉子以加固铸型表层，这是一些大型铸件常采用的防夹砂的方法。

修型时避免用压勺反复压铸型表面，以免表面被压得过紧，并在修型时尽量不刷或少刷水。

④ 设计浇注系统时要使内浇口不要过分集中，以避免局部强烈过热。浇注时间应尽量缩短，以免上型和侧立面长时间受热辐射而造成夹砂。

⑤ 一些容易产生夹砂的平板类铸件应采用低温和快速的倾斜式浇注，减小金属液对铸型的热作用，从而减小铸型的体积变化，以防止夹砂。

4. 砂眼

砂眼是在铸件表面或内部充塞着砂粒或砂块的孔洞，可使铸件报废。铸件表面的砂眼是清理铸件时砂粒脱落而留下孔穴。

1) 砂眼形成的原因

在浇注时，金属液充填铸型的冲击力和紊流冲刷是造成砂眼的主要原因。砂型的紧实度和砂粒间的结合力差是形成砂眼的重要条件。砂型的紧实度不足，砂粒间的孔隙大，金属液就易于钻入；砂粒间结合力弱，钻入砂粒间的金属液就会把砂粒挤出来形成砂眼。在流动的金属液冲刷力作用下，砂粒间结合力弱，砂粒也会被冲刷下来。

砂眼形成的具体原因如下。

（1）砂型的表面强度越差，金属液充型时砂粒越容易被剥落下来。

（2）与金属液流垂直的砂型型壁所承受的冲击力大，其上的砂粒最易被剥落下来。这种砂粒的剥落在浇注初期最为严重。

（3）受金属液流冲击最厉害的地方是直浇道根部垂直于液流方向的型壁。但从该型壁上剥落下来的砂粒，只在附近部位流动；距直浇道较远处，即使金属液流量很大，剥落下来的砂粒也不会流失。如果在直浇道根部设置凹坑，则剥落下来的砂粒流动范围缩小。但如果直浇道高度增加，其斜度增加，砂粒流动范围就相应扩大。

（4）合金熔点越高，其浇注温度也越高，热作用就越剧烈，也就越容易产生砂眼。若铸钢件同铝合金铸件相比，前者产生砂眼的倾向性显著大于后者。对于形成砂眼倾向性大的铸件，砂型应提高其紧实度，用耐金属液冲刷的造型材料和涂料。铸钢件直浇道一般用耐火砖管铺设。大中型铸钢件的浇注系统甚至全部用耐火砖管铺设而成。

（5）修型及合箱操作不当，散落砂子未清理干净。

2) 预防砂眼的措施

预防砂眼的措施主要是严格控制型砂质量，特别要控制粘土量和水分。提高有效粘土含量可以提高型砂的表面强度。在粘土砂中加入糖浆、纸浆废液，或在铸型表面喷一层糖浆或纸浆废液，均可提高表面强度。

加强造型、合箱、浇注等工艺规程的管理和执行，可以减少由于操作疏忽造成的砂眼等缺陷。

5. 气孔

气孔是气泡在金属液结壳之前未及时逸出，而在铸件内生成的孔洞类缺陷。气孔的内壁光滑、明亮或带有轻微的氧化色。铸件中产生气孔后将会减少其有效承载截面，并会在气孔周围引起应力集中而降低铸件的冲击韧性和疲劳强度。气孔还会降低铸件的致密性，致使某些铸件报废。

1) 气孔的类型

根据形成气孔的气体来源，可大致把气孔分成析出性气孔、反应性气孔和侵入性气孔3种类型。

(1) 析出性气孔。在熔炼过程中溶入液态金属中的气体，当液态金属冷却凝固时由于其溶解度降低而从金属中析出形成的气孔称为析出性气孔。析出性气孔中的气体大都为氢和氮（因为氢和氮在金属中有较大的溶解度，而在金属凝固时溶解度又大为降低），呈分散的麻点状圆孔，表面光亮，常布满整个铸件断面，而且同炉浇注的铸件往往会同时出现。铝合金铸造中常见的氢针孔便属于析出性气孔。析出性气孔在铸钢中也比较常见。析出性气孔较多的铸件中冒口缩孔较小，并有不同程度的冒口上涨现象。灰铸铁中有时也可能析出氢气孔，大都在靠近热节处呈狭长裂缝状或圆形，表面光洁，内腔常常有一层石墨薄膜。析出性气孔常在冲天炉头几批铁水浇注的铸件中出现。

(2) 反应性气孔。铸型（包括型砂和冷铁）与金属之间，金属与渣滓之间或金属中某些成分之间发生化学反应而生成的气孔称为反应性气孔。在铸铁和铸钢粘土砂造型中，这类气孔中的气体大都是一氧化碳和氢气；球铁件粘土砂造型时则为硫化氢气体、镁蒸气和氢气等，大都均匀分布于铸件皮下，因而又称为皮下气孔。这类气孔在同炉浇注的同类铸件中往往成片出现，大都是针状或蝌蚪状，与铸型表面垂直，位于距铸件表面不深处。

(3) 侵入性气孔。侵入性气孔是气体从外部侵入金属液中，不能及时排出而形成的气孔。气体来源有型砂、型腔和冷铁等多方面。另外，在浇注时也可能卷入气体，其特征是铸件中局部出现气孔，暴露在铸件表面或隐藏在铸件内部。侵入性气孔大都呈圆形或椭圆形（有时因铸件收缩和金属液波动而使气孔形状不太完整），有的呈喇叭形或梨形。这类气孔多分布在铸件上部，靠近型砂和砂芯的表面处，常常单个或局部存在。有时在铸件断面上可发现一连串的气孔，此时可按其轨迹找到发气源。气体过多时可呈蜂窝状气孔，侵入性气孔的气体多为水蒸气、CO、CO_2 或碳氢化合物。

2) 反应性气孔的成因和预防措施

铸钢件的反应性皮下气孔主要是由于钢水与粘土砂型接触时产生了如下反应：

$$Fe+H_2O(气) \longrightarrow FeO+H_2+Q \tag{4-23}$$

生成的氢气在较高的氢分压和较高温度下会分解为原子氢，在铸型透气性不足的情况下会向钢水中扩散或溶解，使钢水中的含氢量过饱和，形成氢皮下气孔。

式(4-23)反应生成的FeO和钢水由于脱氧不良而残留的FeO则会与钢水中的碳发生如下反应：

$$FeO+C+Q \longrightarrow Fe+CO\uparrow \tag{4-24}$$

生成的CO给氢提供气泡核心或直接形成CO气泡。

这种气泡在钢水凝固期间最容易产生，这主要是因为气泡在固液两相上生长要比在纯液体中生长容易得多，而且凝固期间残留的液体比较粘稠，生长的气泡不容易逸出。如果金属结晶中有形成柱状晶的倾向，则气体就不断地在晶体表面析出，气泡在柱状晶间长大时必然向阻力最小的方向前进，即朝铸件中残存有液体的方向进行膨胀，因此便形成了与钢水凝固方向相同的、垂直于铸件表面的长条形气孔或针孔。如果金属液中含气量高，气泡中分压力相当大，则还可能穿透凝固薄层与大气连通，形成露头的针孔。如果金属不形成柱状晶，则气孔可能呈圆珠形。

球铁件的反应性皮下气孔主要是由于铁水中逸出的镁和铁水表面的硫化镁与来自型砂

中的水蒸气发生如下反应：
$$Mg + H_2O \longrightarrow MgO + H_2 \uparrow \quad (4-25)$$
$$MgS + H_2O \longrightarrow MgO + H_2S \quad (4-26)$$

生成的氢、氧化镁及硫化氢等气体，在铁水与铸型的界面上产生较大的压力，而由于球铁的糊状凝固特征，其表层往往在较长时间内不能完全凝固，所以当砂型的透气性不足时，气体便会穿进铁水表层而侵入铸件。侵入的气体若不能尽快逸出，当铸件表层凝固后，气体便留于铸件表皮下面，形成皮下气孔。

为了预防反应性气孔，在金属熔炼和处理过程中要采取措施，如钢水熔炼时必须保证充分去气和脱氧，球铁处理中要限制残留镁量，而在型砂和工艺方面可采取下列措施：①尽量减少型砂中的水分，必要时可采用表干型或干型；②提高型砂的透气性，以利于反应生成的气体外逸；③对于球铁，可加入煤粉、渣油或沥青类附加物。由于这类附加物能产生还原性气体，防止铁水氧化，并在铸型与金属接触的界面生成薄层碳膜，使铸型与金属之间的化学反应难以进行；④球铁浇注温度应适当提高，以延长铁水的凝固时间，这样在表层反应生成的气体就有可能向铸件内部扩散，从而使表层处因局部含气量过高而导致的皮下气孔减少；⑤球铁的浇注系统要保证铁水迅速而平稳地充填铸型，一般宜采用开放式浇注系统。铁水平稳充型可保持铁水表面氧化膜的完整性，阻碍反应生成的气体侵入铸件。

3）侵入性气孔的成因和预防措施

在金属液的热作用下，型砂中生成的气体是侵入性气孔的主要来源。实验表明，当金属液接触铸型后，短时间内铸型中气体陡增，然后又迅速减少，好似一个气浪。随着温度的升高，气浪也增大，随后又出现第二个较弱的气浪，如图4.44所示。在出现第一个气浪时形成气孔的危险性最大，因为此时金属表面尚未形成硬壳。

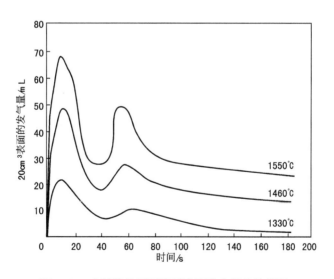

图4.44 金属热作用下铸型表面发生气体的情况

砂型内产生的气体因剧烈膨胀向四周扩散，气体的流向取决于多方面的因素。根据温差的作用，产生的气体从高温处向低温处流动，即背着热源通过砂粒间隙向砂型外部逸出，但在气体通过砂型的过程中遇到一定的阻力，从而使砂型表面保持一定的气体剩余压力。如果气体的剩余压力超过来自金属方面的阻力,满足下列条件时,则气体便有可能侵入金属液中。

$$P_余 > P_静 + P_阻 + P_腔 = \rho \cdot g \cdot h + \frac{2\sigma\cos\theta}{r} + P_腔 \quad (4-27)$$

式中,$P_余$——在砂型表面的气体剩余压力,Pa;

$P_静$——金属液的静压力,Pa;

$P_阻$——形成气泡时需克服的阻力,Pa,取决于金属液的表面张力;

$P_腔$——型腔中金属液面的气体压力,Pa;

ρ——金属液的密度,kg/m³;

h——金属液的高度,m;

σ——金属液的表面张力,N/m;

r——气泡半径,m。

$P_静$随着金属液浇入量的增加而增大,到浇满时最大;$P_余$虽然也随着浇注时间增长和气量增多而增大,但$P_余$值不仅与型砂发气物质的总发气量有关,更重要的是还与发气温度和发气速度有关。因此,$P_余$最大值的出现时间不同,数值不同,后果也就相应不同。图 4.45 是型砂发气量和发气速度对侵入气孔形成影响的示意图,图 4.45(a)表示发气速度较快时的情况,如水分含量较多的煤粉砂;图 4.45(b)表示发气速度较慢时的情况,如水分含量正常的煤粉砂。由图 4.45(a)可见,水分稍多时就出现形成侵入气孔的危险区,此时 $P_余 > P_静 + P_阻 + P_腔$;在图 4.45(b)中由于水分正常,煤粉发气较慢,发气量较少,从浇注开始到铸件表面凝固结壳的整个过程中,$P_余 < P_静 + P_阻 + P_腔$,所以不形成侵入气孔。

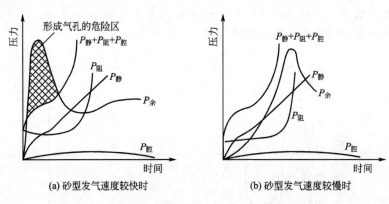

图 4.45 型砂发气量和发气速度对形成侵入气孔的影响

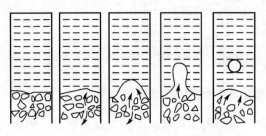

图 4.46 侵入金属液的气泡形成过程示意图

侵入金属液的气泡形成过程如图 4.46 所示。在金属液浇注温度高、粘度小的条件下侵入的气泡能上浮。若金属液面已凝固,气泡不能浮出而留在铸件内,即形成圆形或扁圆形的气孔。若气泡侵入金属液后没有上浮,则在侵入时便形成梨形气孔。若铸件表面已凝固,则气泡不能侵入,但因刚开始凝固成的硬皮强度很低,气泡有可能使硬皮发生局部变形而留下凹坑，在铸件表面出现气孔。

为了防止气孔，应满足 $P_{余} < P_{静} + P_{阻} + P_{腔}$ 的条件。由此，可以增大 $P_{静}$、$P_{阻}$、$P_{腔}$ 或减小 $P_{余}$。要增大 $P_{静}$，可以采用快速浇注的方法，或者增加上砂箱的高度。但增加浇注速度和上箱高度往往会带来一些其他问题，受到其他工艺条件的限制。而 $P_{阻}$ 和 $P_{腔}$ 更不可能用来防止气体侵入金属。实际上可以用来防止气体侵入金属的决定性条件是减小气体的剩余压力 $P_{余}$，其主要措施是提高型砂的透气性和减小型砂的发气性。具体措施如下：

（1）提高型砂的透气性。关于控制型砂透气性的方法已介绍过，需要注意的是，温度升高时型砂的透气性下降，这也许是加热过程中型砂膨胀的缘故，因此，对常温下的型砂透气性应当规定得高些，以适应高温条件下的要求。在小件生产中扎气眼，在大的型芯中部放炉渣或焦炭等操作方法都有助于提高透气性。

（2）减少型砂的发气性。对于减少型砂的发气量，砂型烘干有明显的作用；砂型烘干不仅可减少砂的发气量，而且可提高透气性。采用湿型砂生产时，须避免型砂中含水量过高，为此，不仅在配砂时要严格控制型砂的水分，在造型操作中也要避免在起模和修型时刷水过多。

（3）合理安排出气冒口。这样可有利于漂浮在金属液面上的气体通过出气冒口向外逸出。

（4）适当提高浇注温度。在实际生产中，为了获得表面光洁的铸件，往往不能过分提高型砂的透气性，因而难以满足上述防止气体侵入金属的条件，还有部分气体侵入金属。此时，如果浇注温度足够高，则由于金属液的粘度低，侵入金属液的气体便容易上浮，因此，提高金属液浇注温度固然会增加型砂中的发气量，并会使金属在冷却过程中析出的气体量有所增加，但有利于已侵入金属的气体外逸。

本 章 小 结

粘土砂是铸造生产中应用最广的型砂。按是否烘烤铸型可分为湿型砂、表面干型砂和干型砂；按合金种类可分为铸铁用型砂、铸钢用型砂和有色合金用型砂。

粘土砂中的水分对型砂性能和铸件质量影响较大，生产中可以直接测量，也可通过仪器来测定型砂的紧实率和过筛性，间接表征水分的多少。

粘土砂必须具有一定的强度，才能耐住金属液的冲刷和冲击。粘土砂的强度一般包括湿强度、干强度、热强度和保留强度以及表面强度等。此外，粘土砂还必须具有合适的透气性、流动性、韧性和出砂性。

粘土砂的流动性可采用阶梯硬度法、侧孔质量法、环形空腔法来测量。

因铸件种类的不同，粘土砂的配比可能有差异。如铸铁件用的粘土砂，一般旧砂为 50%～80%，新砂为 5%～20%，活性膨润土为 6%～10%，有效煤粉为 2%～7%。而铸钢件用的粘土砂中，新砂所占比例则较大，膨润土加入量也相应增多。

粘土砂在混制过程中，在保证足够混碾时间的前提下，要注意加料顺序不同带来的差异。当使用大量的返回旧砂时，应该先对旧砂预加水湿混一段时间后，再加入其他附加物，并使其充分混碾；也可采用在旧砂皮带上喷水的方法，使旧砂的干粘土膜预先吸水。后者是自动化生产线上常采用的方法。

旧砂在循环使用过程中，砂温升高、水分蒸发、粉尘积累、芯砂混入，从而使得粘土砂的组成发生改变，因此，必须设置增湿降温系统，同时，适时的追加新的粘结剂和新砂，将粘土砂的成分控制在要求范围内。

当液态金属浇入铸型时，一方面，液态金属将对铸型产生机械作用和热作用；另一方面，铸型和液态金属间存在相互的物理化学作用。机械作用包括对铸型的冲刷和冲击作用、对型壁的压力作用和对上型的抬箱作用。热作用包括对铸型的加热，进而导致铸型内的水分迁移和铸型受热时膨胀。物理化学作用包括砂型内壳的熔化、发气、溶解及对铸件表面的合金化。这些作用为分析粘土砂中常见铸造缺陷产生的原因和采取相应的预防措施提供了理论基础。

粘土砂中常见的铸造缺陷有胀砂、粘砂、夹砂、砂眼和气孔等。

【关键术语】

粘土砂的分类　粘土砂的性能　粘土砂的配制　粘土砂的循环使用　粘土砂的铸造缺陷　金属与铸型的相互作用

综合习题

一、选择题

1. 铸造用湿型砂中加入煤粉的主要作用是_____。
   A. 增加型砂透气性　　　　　　B. 防止铸件粘砂
   C. 提高型砂强度　　　　　　　D. 防止型砂粘模
2. 粘土湿型砂的砂型表面强度不高，可能会使铸件产生_____。
   A. 气孔　　　　B. 砂眼　　　　C. 开裂　　　　D. 缩孔
3. 湿型砂的紧实率指数主要表示_____的指标。
   A. 型砂强度高低　　　　　　　B. 透气性大小
   C. 发气量大小　　　　　　　　D. 砂中粘土与水的比例是否适宜于造型
4. 防止侵入性气孔的主要方法有_____。
   A. 降低砂型界面气压　　　　　B. 降低浇注温度
   C. 降低有效压头　　　　　　　D. 减慢浇注速度
5. 造成机械粘砂的原因有_____。
   A. 浇注温度高　　　　　　　　B. 静压力低
   C. 液态时间短　　　　　　　　D. 采用旧砂
6. 防止机械粘砂的措施有_____。
   A. 采用粗砂　　　　　　　　　B. 提高紧实度
   C. 减少煤粉　　　　　　　　　D. 提高浇注温度
7. 防止夹砂结疤的措施有_____。
   A. 用钙基膨润土　　　　　　　B. 使用煤粉
   C. 提高型砂水分　　　　　　　D. 降低浇注速度
   E. 提高原砂中二氧化硅的含量

二、判断题

1. 铸造用膨润土，因吸水能力强、强度高，加热时体积变化大，故常用来作湿型砂粘结剂，而耐火粘土常作干型砂粘结剂。（ ）
2. 对粘土湿型砂而言，水分适当时，粘土含量越高，强度也越高。（ ）
3. 在铸铁用粘土湿型砂中，必须全部采用新砂混制型砂。（ ）
4. 型腔内只要有气体，就会在铁液中形成侵入性气孔。（ ）
5. 与普通机器造型相比较，高密度造型用湿型砂的主要特点是水分高、强度低、流动性好。（ ）
6. 表面干型砂只是将铸型表面 10～30mm 的砂层烘干，它兼有湿型和干型的优点。（ ）
7. 采用压实造型时，其压实比压大于 0.7MPa 的称为高压造型。（ ）
8. 采用高压造型时，为了保证砂型的紧实度，其压实比压越高越好。（ ）
9. 化学粘砂是铸件表面粘附一层由金属氧化物、砂子、粘土相互作用而生成的低熔点化合物。（ ）
10. 化学粘砂层中的金属氧化物越厚，越难清理。（ ）

三、简答题

1. 粘土砂按是否烘烤铸型是如何分类的？它们各有何特点？
2. 铸钢用湿型粘土砂的组成有何特点？
3. 型砂的紧实率对控制型砂的质量有什么作用？
4. 影响粘土砂强度和透气性的因素有哪些？它们都有怎样的影响？
5. 湿型粘土砂普通造型时型砂的组成配比如何确定？
6. 旧砂温度过高有何弊端？如何控制旧砂温度？
7. 铸型内的水分迁移会形成哪几个不同的区域？
8. 铸件产生化学粘砂的原因有哪些？
9. 粘土湿型砂铸造时产生夹砂的原因是什么？
10. 简述什么是析出性气孔，有何特征。
11. 粘土砂循环使用中应注意的问题有哪些？

四、思考题

液态金属与铸型间的相互作用在不利的情况下往往造成各种各样的铸造缺陷，有利的情况下可以改善铸件的质量，因此掌握液态金属与铸型间的相互作用是很重要的。试简述液态金属与铸型间是如何相互作用的。

【实际操作训练】

实训项目：粘土湿型砂综合性能的测试

实训目的：掌握湿型砂水分、透气性、湿压强度、湿拉强度和紧实率的测定方法；了解不同含水量对湿型砂紧实率、透气性和湿压强度的影响；了解含水量与紧实率及其他性能参数的关系。

实训内容：①用筛砂机获得固定粒度的原砂；②将原砂、膨润土和水等原料在混砂机内混碾获得湿型砂；③使用天平和烘干灯测量湿型砂的水分；④测量紧实率；⑤用三锤制样机制取透气性和湿压强度标准试样；⑥用透气性测定仪测量湿型砂的透气性；⑦用万能强度试验仪测量湿压强度；⑧制取湿拉强度试样，并测量其值的大小。

实训材料和仪器：石英砂、钠基膨润土、筛砂机、混砂机、三锤制样机、透气性测定仪、电子天平、烘干灯、万能强度试验仪、刻度尺、量筒等。

实训要求：①有较强的动手能力，思路清晰，耐心、细心，有分析问题、解决问题的能力和团队配合精神；②学会三锤制样机的使用、标准试样的制作及紧实率的计算；③学会测定标准试样的透气性和湿压强度；④得出含水量与透气率、紧实率、湿压强度和湿拉强度的关系曲线，分析含水量与紧实率、透气率、湿压强度和湿拉强度的关系；⑤学会使用混砂机、筛砂机、电子天平、烘干灯等仪器。

【案例分析】

根据以下案例所提供的资料，试分析：

(1) 材料一中生产的铸件出现粘砂的可能原因是什么？

(2) 材料二说明，由于使用原材料不当或工艺不合理铸件中产生了砂孔或砂眼缺陷，那么如何改进才能防止该缺陷的产生？

(3) 材料三说明了什么？

(4) 分析材料四中的气孔属于哪种类型。根据材料，气孔产生的原因是什么？

  分析案例

材料一

北京某铸造厂采用粘土湿型砂生产高速列车制动盘，不管铸件材质还是铸件表面都一直符合要求。从2008年9月份开始，为了降低生产成本，原材料中的煤粉开始由郊区一家关系密切的私营小供应商供应，在其他原材料没有改变的情况下，所生产的铸件经常出现粘砂现象，有的甚至非常严重，必须整体打磨后才能交货。

安徽某阀门总厂使用的"煤粉"是生产焦炭洗选下来的废料，使用后整个型砂性能遭破坏，铸件废品近一半。后经化验，该煤粉的灰分高达76%，这远远偏离优质煤粉所要求的灰分≤10%的标准。

江苏某外资工厂一直使用40/70目的原砂生产铸铁件，在铸铁件的生产过程中，由于旧砂中不断混入大量30/50目的芯砂，以致型砂透气性达到220以上，致使所生产的铸件表面极为粗糙，甚至出现粘砂。

材料二

四川某汽车件铸造厂使用静压造型机流水线生产气缸体和气缸盖，铸件表面都多少有不等的砂孔或砂眼等缺陷。该厂型砂采用本省品质不高的膨润土和煤粉，未对旧砂进行经常性除尘处理，致使旧砂中含泥量有时升高到24%。为了保持型砂含水量4.0%左右以防止产生气孔缺陷，该厂不得不将型砂紧实率压低在27%~32%范围内。检测结果表明，型砂的湿压强度并不低，在170~210kPa；但是该型砂的韧性不足，破碎指数只有65%~75%。

该厂应当改用优质膨润土和煤粉；还应使用旧砂除尘设备，将旧砂含泥量控制在12%以下，型砂含泥量不超过13%；将型砂破碎指数控制在80%~85%。在造型处的型砂紧实率提高为35%~38%，含水量为3.2%~3.6%，使(紧实率)/(含水量)的比例在10~12范围内。这样就能提高型砂韧性和减少砂孔缺陷。

材料三

江西一家小型汽车修配厂希望用湿型砂生产摩托车发动机铝铸件。开始时曾借来两袋牛皮纸袋包装的仇山"陶土"供混砂使用，后来又到物资部门购买了两袋麻袋包装的陶土。但是发现新购来陶土的型砂粘结力很低，砂型在火炉旁烘烤后开裂起皮，浇注铸件出现严重夹砂缺陷。当时用极为简陋的条件检查两种粘土的泥浆是否能用碱活化变稠证明了麻袋中装的不是膨润土而是真正陶土，不可用于湿型铸造。出现问题的原因是当初地质部门将呈微弱酸性的钙基膨润土称为"酸性陶土"。而很多铸造工厂又将"酸性陶土"简称为"陶土"。结果把以蒙脱石为主要矿物成分的膨润土与以高岭石为主要矿物成分的真正陶土（即耐火粘土）混淆在一起。

  天津的一家台资铸造工厂，使用挤压造型机生产出口铸铁煎锅。用优质活化膨润土混砂，型砂的湿压强度为200~250kPa，紧实率为35%~38%，含水量为3%左右。但是后来铸件靠近内浇道处产生夹砂缺陷。分析原因，原来是该厂混砂用深井水的井管被堵塞，老板为了节约，打了一口20m深的浅井供混砂加水之用。工人发现这口井的水咸不能喝，洗手搓肥皂也不起泡沫。经化验，这口浅井中的水含有大量钠、镁、氯离子，对活化膨润土有强烈的反活化作用。从邻近工厂引来饮用水混砂后，即能消除夹砂缺陷。

  材料四

  山东某厂生产中等大小出口阀门铸铁件，用震击造型机造型，冷芯盒制砂芯。该厂采取两天连续造型和下芯、合型，每隔一天冲天炉开炉浇注一次，所生产铸件气孔废品率极高。后来该厂将隔日开炉改为每日开炉，或者造型后先合空型，待开炉日再开箱下芯、合箱浇注，结果所生产的铸件气孔废品率大大降低。

  山西某厂使用挤压造型机生产灰铸铁曲轴，在铸件表面和皮下形成密集的小气孔，一般为直径1~3mm的小孔，大多存在于表皮下1~3mm处，抛丸清理或粗加工时露出。此工厂不用树脂砂芯，不会产生氮气孔。而当金属液浇入铸型后，将与铸型在界面处发生相互的物理化学作用，产生的气体溶解在金属液中。冷却时溶解度降低析出成气泡。铸件材质为灰铁，也排除掉铁液中镁或稀土与砂型中水分引起反应，后怀疑是炉料和孕育剂有可能将铝、钛等带入铁液中的。分析证明含铝量达到1.86%。

第 5 章 水玻璃砂

本章知识构架

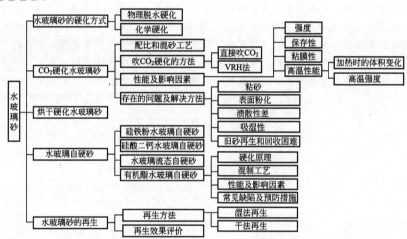

本章教学目标与要求

- 掌握 CO_2 硬化水玻璃砂的性能及影响因素；
- 熟悉 CO_2 硬化水玻璃砂存在的问题及解决的方法；
- 熟悉有机酯水玻璃自硬砂的硬化机理、混制工艺、性能及影响因素、常见的缺陷及预防措施；
- 了解水玻璃砂的优缺点及发展过程，熟悉水玻璃砂的硬化方式；
- 了解 CO_2 硬化水玻璃砂的配比和混砂工艺，熟悉水玻璃砂吹 CO_2 硬化的方法——直接吹 CO_2 法和 VRH 法；
- 了解烘干硬化水玻璃砂；
- 了解硅铁粉水玻璃自硬砂和硅酸二钙水玻璃自硬砂的硬化机理、性能及影响因素和优缺点，了解水玻璃流态自硬砂；
- 了解常用的有机酯；
- 了解水玻璃砂的再生方法和再生效果的评价。

导入案例

船用铜质螺旋桨铸件的生产

珠海采埃孚推进系统公司是一个船用铜质螺旋桨专业制造厂,原来用一条台湾产2.5t/h呋喃树脂生产线,从事小型高速桨的铸造。为适应市场的需要,2006年开始产品结构的全面调整,改为系列化大直径可调桨的制造。原有生产线出砂能力过低,完全不敷需要,改为国内比较普遍使用的CO_2固化水玻璃砂;但水玻璃砂只能使用一次,每天产生的大量废砂无处倾倒,环保问题非常突出,必须寻找新的出路。

有机酯固化水玻璃砂于20世纪80年代末在我国就已开始应用于铸钢生产,代替CO_2固化水玻璃砂。由于它既保持了原来水玻璃砂的成型准确、强度高的特点,又大幅度减少了水玻璃的用量,溃散性也得到了根本改善,从而被铸造界看好。但由于当时还没有找到可靠的旧砂再生方法,再生砂达不到面砂的要求,只能用作背砂,限制了它的推广应用。

由于有机酯固化水玻璃砂的突出优点,近年来铸造界对其旧砂再生的研究也有了突破性进展。研究发现,有机酯固化水玻璃砂经300~350℃焙烧,即可去除结晶水和部分有机酯,使水玻璃膜脆化,此时再及时给予相应的机械搓擦和分离,就完全达到了再生的目的。

基于此,公司根据自身产品的特点决定在新厂房的设计中采用有机酯固化水玻璃砂生产可调桨叶片、桨帽、油缸及其他相关铸件。在2007年的工厂技术改造中大胆选用了无锡锡南铸造机械厂的有机酯固化水玻璃砂再生铸造生产线,初步取得了成功。

技术改造前,采用CO_2水玻璃砂时,由于水玻璃质量不稳定,加入量一直在9%~11%,造型后铸型必须使用大型箱式烘炉烘烤脱水。吃砂量较大的铸型(芯)虽经烘烤,水分残留量还是很大,铸件容易产生气源性气孔、渣孔等铸造缺陷。加上进炉烘烤铸型所需时间较长,一般都需要16h以上,能源的消耗和生产效率自然都成了问题。技改后,逐步调整了原砂技术指标、液料配比,完善了春砂成型、起模修型、涂料涂刷、合型烘烤等操作工艺,成功地将有机酯固化水玻璃砂应用到铸造铜合金的生产之中,对公司稳定产品质量、节约能源、降低生产成本、提高生产效率、改善劳动条件等发挥了很大作用。叶片铸件表层旧砂自动剥离,毛坯表面光洁。

问题:

1. CO_2固化水玻璃砂和有机酯固化水玻璃砂同属于水玻璃砂的范畴,它们各有什么特点?其固化原理是什么?水玻璃砂又是如何分类的?

2. 水玻璃砂的再生方法有哪些?

3. 你认为该船用铜质螺旋桨可以采用粘土砂生产吗?

资料来源:刘则杰,程学东. 有机酯固化水玻璃砂在船用铜质螺旋桨铸件生产中的应用. 铸造装备与技术,2008(5).

5.1 水玻璃砂硬化工艺发展简史

除了粘土砂外,水玻璃砂是应用较早的一种自硬砂。水玻璃砂的应用动摇了使用几千年的粘土砂铸造工艺的地位,使铸造生产进入了采用化学粘结剂砂的新时代。我国自20世纪50年代开始在铸造上应用水玻璃砂,主要用在铸钢件和大型铸铁件上,而在有色合金铸件上应用得较少。

水玻璃砂的混制工艺非常方便,与粘土砂相比有如下优点:①水玻璃砂流动性好,易于紧实;②硬化快,简化造型和制芯工艺,缩短生产周期,提高劳动生产率;③铸造缺陷少,提高了铸件质量;④可以硬化后再起模,型芯尺寸较准确,提高铸件的尺寸精度;⑤可不用干燥炉,节约能源,改善车间劳动条件。

正因为水玻璃砂具有这些优点,因此它在铸造生产中得到了广泛应用,并一度被认为可以全面解决制芯和造型中的问题。目前,水玻璃砂的硬化方法有 CO_2 硬化法、固体硬化剂自硬法、液态硬化剂自硬法等,当然也可以自然硬化或烘干。

19世纪中叶,人们就开始使用烘干硬化的水玻璃砂,但是由于热烘法速度慢、型芯表层结成硬壳,中大型型砂内部烘不透,表层易过热,并且,烘硬型砂具有太强的吸湿性,吸湿后易于膨胀变形,甚至崩塌下来,给生产管理和浇注过程带来很多麻烦。因此,它未能得到广泛的应用。

19世纪末,Hargreaues 和 Paulson 就发现吹 CO_2 硬化是水玻璃硬化的方法,并于1898年获得英国专利。但是,他们的注意力很快转移到注入土壤固化等其他方面的应用,这项工艺未能在铸造生产中应用。

50年后,捷克的 L. Petrzela 博士又重新研究了水玻璃吹 CO_2 的工艺,并在1948年重新获得英国专利。此专利的发布,在英国受到极大的关注,很快得到推广应用。当即在东欧和苏联得到广泛的应用。由于水玻璃 CO_2 硬化法具有容易舂实、吹 CO_2 硬化可省去烘干工序、硬化后起模可简化芯骨、不用插钉、铸件尺寸精度高、劳动生产率高、生产周期短、劳动条件改善等优点,故20世纪50年代中后期即在我国得到迅速推广,在铸钢生产中一度成为取代粘土干型砂的主体型砂。直到今日,我国铸钢和大型铸铁70%以上仍然采用水玻璃砂。

20世纪50年代初,水玻璃砂 CO_2 硬化工艺在铸造行业得到了广泛的应用。但是,由于人们对水玻璃砂的硬化机理未做深入的研究,该工艺在应用过程中暴露出很多缺点。其一,水玻璃加入量为5%~6%,但在很多工厂甚至加入8%或更多。这必然导致浇注后的试样(型)溃散性很差,清砂极其困难。其二,浇注后的旧砂,再生非常困难,回用率很低。其三,硬化的水玻璃砂在储存过程中容易吸湿,表面产生白霜和粉化,储存稳定性有待于进一步改进。

采用 CO_2 法硬化水玻璃砂存在着两个主要问题——溃散性差和旧砂回用困难。这促使新的硬化工艺来改善该工艺的缺陷,而水玻璃自硬法就是在这种情况下得到了发展。1972年,美国首先将有机酯应用在水玻璃砂的硬化工艺方面,试图克服 CO_2 硬化工艺的缺陷。采用水玻璃自硬法,水玻璃加入量可降到3.0%以下,由于水玻璃的加入量降低,所以有机酯水玻璃自硬砂的溃散性得到显著的改善。但是,有机酯自硬法存在着可使用时间短与可脱模时间长的矛盾。

自从真空置换硬化法和微波硬化法问世以来,水玻璃的应用步入良性循环的轨道。真空置换硬化法是日本铸物技术协会理事长小林一典于1982年发明的新工艺。此法与传统的CO_2法相比,水玻璃加入量减少1/2～2/3,CO_2消耗量减少1/10～1/3。由于此法符合"强脱水,少反应"的原则,所以水玻璃的粘结潜力得到充分发挥,这使得水玻璃砂的溃散性和旧砂回用得到很大改善。整个硬化过程在数分钟内完成,具有模样周转快、功效高的突出优点。但是由于设备投资大,操作和维修要求严格,固定的真空室尺寸对于不同大小和不同形状的铸件的适应能力差,因而制约了此工艺的广泛采用。

1987年起微波硬化技术开始应用于水玻璃砂,由于硅酸盐是微波的透明体,所以微波能穿透试样,渗入试样的各个部位,固化均匀,而且越是在有耗介质集中的地方(如试样中心部位)能量越集中,温度越高,越有利于水分的排除。因此采用微波硬化法,水玻璃的粘结潜力能得到最充分发挥,而水玻璃的加入量一般仅2.0%～2.5%。这使得水玻璃砂的溃散性和旧砂回用性得到了明显改善。而水玻璃砂基础理论研究的进展,又为解决吸湿性太强的问题提供了可能性。

5.2 水玻璃砂的硬化方式

型砂中的水玻璃可以通过以下几种方式得到硬化:①采用能去除水玻璃中水分的方法,常称之为物理脱水硬化,如烘干硬化、微波硬化等;②加入气体、液体、固体硬化剂,它们与水玻璃起化学反应,生成具有粘结性能的新产物,常称之为化学硬化,如吹CO_2硬化法、真空置换硬化法(VRH法)、有机酯自硬砂工艺、赤泥自硬砂工艺等;③加入可溶性硅酸盐使钠水玻璃饱和;④降低水玻璃的温度,如冷冻法等。

铸造生产中,主要通过前两个途径使砂型或砂芯得到硬化,它可以是单独的化学或物理脱水硬化,也可以是化学硬化和物理脱水硬化同时进行。

1. 物理脱水硬化

凡是能去除水玻璃中水分的方法,如加热烘干、吹干燥的压缩空气、真空脱水等都可使水玻璃硬化,这主要是破坏了溶胶中的水化薄膜。从图5.1所示的$Na_2O-SiO_2-H_2O$三元状态图上可以看到,失水后水玻璃变成粘稠液体→半固体→水合玻璃→玻璃体。这时玻璃体较化学硬化形成的网状结构具有更大的机械强度。从图5.1中可以看出,加热失水硬化与化学硬化最后的产物是不一样的。加热硬化无须形成玻璃体,强度已足够大,可满足铸造生产要求。在实际生产中,物理脱水和化学硬化两者往往是伴生的,不过以一个过程为主。

2. 化学硬化

胶体凝聚的主要方法是在溶胶中加入少量电解质,如加少量的酸,溶胶中H^+的浓度增加。对于水玻璃来

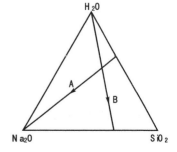

图 5.1 $Na_2O-SiO_2-H_2O$ 三元状态图

A—CO_2 硬化;B—加热硬化

说，H^+ 浓度的增加，它的交换能力增大，更易与吸附层中的 Na^+ 进行交换，使胶粒大量吸附 H^+，导致胶粒负电荷降低，甚至全部中和。胶粒的稳定因素被破坏，胶粒便可凝聚，使溶胶变成凝胶。

加入酸，使 H^+ 浓度增加，还可促使更多的硅酸钠水解，生成更多的硅酸。

硅酸凝胶是硅酸溶胶聚合而成的，呈网状结构，在网格中包住了大部分水分子，使溶胶失去了流动性。

铸造用水玻璃硬化常用的是 CO_2 法。CO_2 是酸性氧化物，它可与水玻璃中水解产物 NaOH 发生如下反应：

$$2NaOH + CO_2 \longrightarrow Na_2CO_3 + H_2O \tag{5-1}$$

这样降低了 OH^- 的浓度，促进硅酸钠不断水解，使 SiO_2 分子浓度不断增加，即：

$$Na_2O \cdot mSiO_2 \cdot nH_2O + CO_2 \rightleftharpoons Na_2CO_3 + mSiO_2 \cdot pH_2O + (n-p)H_2O + Q \tag{5-2}$$

继续吹 CO_2，硅酸分子脱水聚合，同时硅酸胶粒碱度降低，稳定性下降，并且继续失水而成为网状凝胶。这种凝胶有一定弹性和强度，包在砂粒表面，使型砂具有强度。

试验证明，硅氧键构成的网状骨架中，每个 SiO_2 分子可含 330 个水分子。在由溶胶变成凝胶过程中，失去的水分子越多，则型砂强度越大。

除了 CO_2 法之外，其他任何酸或酸性盐都可作为水玻璃砂的硬化剂，如 NH_4Cl、聚氯化铝、HCl 等。

根据试验，不同硬化方法所得到的硬化效果是不一样的，见表 5-1。从表 5-1 可以看出，采用不同的硬化方法，水玻璃砂的抗压强度不同，硬化时间也相差很多。

表 5-1 采用不同硬化方法时水玻璃砂的硬化效果比较

硬化方法	抗压强度($\times 10^5$)/Pa	达到最大抗压强度所需时间/min	达到 $16\times 10^5 \sim 18\times 10^5$ Pa 强度所需的时间/min
CO_2 硬化法	16～18	1	1
200℃烘干	>100	10～15	5～7
吹压缩空气	70～80	10～15	5～7
真空处理	70～80	90～120	30～40
空气中自然硬化	70～80	3～4 天	7～9h

5.3　CO_2 硬化水玻璃砂

5.3.1　CO_2 硬化水玻璃砂的配比及混砂工艺

CO_2 硬化水玻璃砂对原材料的要求如下：对原砂要求低于树脂砂，硅砂中的 SiO_2 含量要根据合金种类及铸件尺寸而定；由于水玻璃中已含有大量水分，故对原砂水分要严格控制，一般采用烘干的原砂；粘土对强度影响很大，故原砂中的含泥量要较低，均在 1% 以下；原砂粒度也因铸件的合金材料及尺寸而异，粗砂可用 28/55、45/75 等，较细的可用 50/100 或 75/150；水玻璃模数一般为 2.2~2.6，密度约为 1.5g/cm³。

混砂工艺通常是干料先干混 2~3min，再加液态原材料湿混，湿混时间不宜过长。混砂时间对强度的影响如图 5.2 所示，混砂时间过长，砂子因摩擦发热，使水玻璃脱水硬化，导致干强度下降，湿混时间一般为 3~5min。

目前，我国 CO_2 硬化水玻璃砂的配比和配制正处于不断改进中。一方面，传统的水玻璃加入量很高的落后工艺仍在许多工厂应用；另一方面，优质改性水玻璃和新的吹 CO_2 工艺方法也在一部分工厂成功应用。

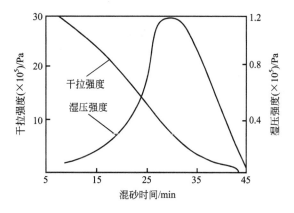

图 5.2 混砂时间对 CO_2 硬化水玻璃砂强度的影响

传统的 CO_2 硬化水玻璃砂大多数都要求造型后型砂具有一定的湿压强度，采用的是先起模后硬化的工艺，因而不得不加一定量的粉状材料(如粘土)以增加型砂的湿强度，这导致水玻璃加入量增加，型砂易烧结，溃散性差，旧砂再生困难。表 5-2 是一些传统 CO_2 硬化水玻璃砂的配比。

新型 CO_2 硬化水玻璃砂工艺的主要特点是采用高性能水玻璃，以及先硬化再起模的生产工艺，使得水玻璃的加入量比传统工艺大大减少，从而降低了型砂浇注后的残留强度，使铸件的落砂和清理更加容易，也有利于旧砂的再生。如新型 RC 系列改性水玻璃砂采用 RC 系列双组分硅铝复合水玻璃，使用时，只要按水玻璃：RC 复合物：水 = 4:1:1 的比例搅拌均匀后，将此混合液按常规水玻璃加入砂中即可。当型砂中该混合液的加入量为砂重的 3.5% 时，吹 CO_2 硬化后 24h 抗压强度可达到 2.5MPa。RC 为高熔点材料，对石英砂的侵蚀性弱，残留强度第二峰值被降低和推迟，浇注后具有较好的溃散性。

5.3.2 水玻璃砂吹 CO_2 硬化的方法

目前，水玻璃砂的 CO_2 硬化主要采用直接吹 CO_2 法和真空置换硬化法(VRH 法)。

1. 直接吹 CO_2 法

直接吹 CO_2 的方法主要有以下几种：①在砂型或砂芯上扎一些直径 6~10mm 的吹气孔，将吹气管插入并吹 CO_2，硬化后起模，如图 5.3 所示；②在砂型上盖罩吹 CO_2，如图 5.4 所示；③通过模样上的吹气孔吹 CO_2，如图 5.5 所示。在吹入 CO_2 前，可将 CO_2 预热或用空气、氮气稀释，以改善硬化效果。

不管哪种方法，都要考虑以下几种因素的影响。

(1) CO_2 的压力。CO_2 压力一般用 1.5~2.0 个大气压，压力的选取应视铸型和砂芯尺寸而定。CO_2 压力大，硬化深度大，但是过大的压力也不能使厚大型(芯)硬透，且 CO_2 气体容易泄漏。直接吹 CO_2 法对于大型铸型硬不透是一个缺点，而用液体或固体硬化剂可消除大型铸型硬不透的缺点。通常 CO_2 的压力很少超过两个大气压。

表 5-2 传统 CO_2 硬化水玻璃砂的配比及性能

序号	砂子 粒度	砂子 加入量	水玻璃	15%~20% NaOH溶液	重油	膨润土	水	透气性	湿压强度/Pa	硬化后抗压强度/MPa	应用
1	—	100	8~9	0.7	—	4~5	4~5	>100	25~30	>1.5	大型铸钢件型砂、芯砂
2	40/70	100	6.5~7.5	—	—	—	4.5~5.5	>300	5~15	—	
3	—	100	7	0.75~1.0	—	—	4.5~5.5	>200	17~23	>1.0	铸钢件型砂、芯砂
4	50/100	100	4~4.5	LK-2 溃散剂 3.0	0.5~1.0	3	≤3.5	>150	—	>1.0	
5	40/70	100	ZNM-2改性水玻璃 7	—	溃散剂 1.0	—	3.5~4.2	>200	7	>1.3	铸钢件型砂
6	新砂 40/70	30	8	—	—	1~2	3.8~4.4	>100	8~12	—	
7	旧砂	70	4.5~5.5	—	—	1~2	4~6	>80	25~40	—	<1t铸铁件型砂
8	新砂 50/100	50	5.5~6.5	—	煤粉 2~4	1~2	4~6	>80	25~40	—	
8	旧砂	50									
9	新砂 40/70	60	5~6	—	—	2~4	4~6	>100	30~50	—	1~5t铸铁件型砂
9	旧砂	40									
10	新砂 40/70	40	5.5~6.5	—	木屑 1.0~1.5	2~3	4~6	>100	30~50	—	1~5t铸铁件芯砂
10	旧砂	60									

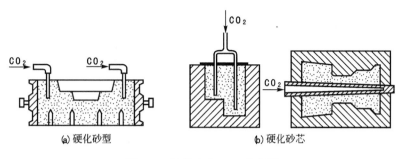

图 5.3 插管法吹 CO_2 示意图

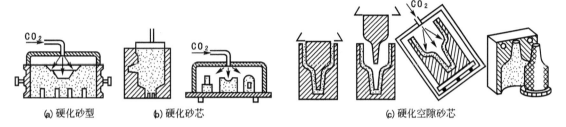

图 5.4 盖罩法吹 CO_2 示意图

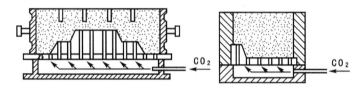

图 5.5 通过模样吹 CO_2 示意图

(2) CO_2 的吹气时间。CO_2 压力一定时,吹气时间与型砂强度的关系如图 5.6 所示。吹气时间超过一定值,型砂强度会下降,这是由硅胶脱水收缩产生应力所致。另外,过度吹 CO_2 会使型(芯)表面粉化,产生一层像霜似的白色物质,称为白霜。

(3) 残留水分。CO_2 法硬化砂的强度与型砂硬化后水分残留量有很大关系,如图 5.7 所示。水分若超过 2%,则难以达到很好的效果。残留水分与原砂中含水量及水玻璃的密度有关,原砂含水量大或水玻璃过稀,直接吹 CO_2 后往往强度低,甚至吹不硬,一般情况下,残留水分控制在 1.5% 以下。

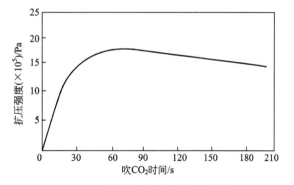

图 5.6 CO_2 的吹气时间与型砂强度的关系

有的工厂为了提高 CO_2 硬化砂的强度并去除残留水分,在直接吹 CO_2 后再将型(芯)烘干,这时应注意直接吹 CO_2 法的时间不应过长。根据试验,直接吹 CO_2 时间不同,待烘干后型砂强度变化如图 5.8 所示。从图 5.8 可以看出，直接吹 CO_2 时间过长，再烘干后型砂强度下降，这是因为烘干时硅酸凝胶脱水收缩，产生了应力。

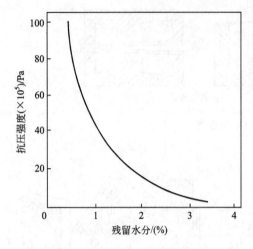

图 5.7 残留水分对强度的影响

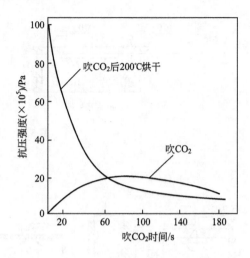

图 5.8 硬化强度随吹气时间的变化

2. VRH 法

VRH 法是使砂型先在真空室内经真空脱水后，再吹 CO_2 硬化。1985 年日本铸物技术协会开始研究，1991 年开始在生产中应用。

1) VRH 法的主要特点

（1）水玻璃加入量少。当型砂中水玻璃质量分数为 2.5%～3.5% 时，抽真空后吹 CO_2，2min 后的砂型强度可达 1～2MPa，可以立即进行浇注。

（2）显著改善砂型的溃散性。尽管 VRH 法型砂比树脂砂的溃散性差些，但溃散性及旧砂再生性能比直接吹 CO_2 法水玻璃砂均有明显改善，干法再生也比较容易，再生回收率甚至可达 80% 左右。

（3）铸件质量高。VRH 法实行先硬化后起模的工序，而且由于水玻璃加入量减少，砂型（芯）在高温下变形减少，有利于提高铸件尺寸精度，同时硬化后的砂型（芯）水分含量降低，铸件的气孔、针孔等缺陷相应减少。

（4）降低造型材料的费用，提高经济效益。

（5）缺点是设备投资大，固定尺寸的真空室不能适应过大或过小的砂箱或芯盒。

由于水玻璃加入量减少，CO_2 消耗量降低，旧砂回用率高，新砂耗量低等因素，VRH 法与直接吹 CO_2 法相比，每吨铸件可节约费用 15%～20%。

2) VRH 法的主要工序

图 5.9 是 VRH 法所用设备系统组成示意图，它主要由 CO_2 储气罐、CO_2 管路、硬化室、真空管路、空气过滤器和真空泵等组成。

VRH 法的主要工艺过程简述如下。

（1）抽真空。将紧实后的砂箱或芯盒置于真空室内抽真空，要求真空度在 5kPa 以下，最好在 2.6kPa 以下，但低于 1.0kPa 时型砂强度反而下降。每个真空室必须配置一台真空泵，真空泵的排气量必须与真空室的容量相匹配。抽真空设备系统应使真空室能在数分钟

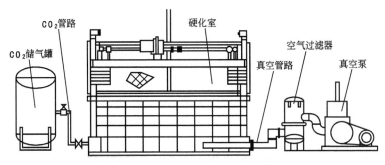

图 5.9　VRH 法设备系统组成示意图

内达到所需的真空度,若抽真空的速度不够快,水分缓慢释出,水的蒸气压抵消部分真空度,使真空度难以达到所规定的要求。

(2) 往真空室导入 CO_2。VRH 法水玻璃砂型(芯)吹 CO_2 是在真空室内进行的,因为 CO_2 在抽真空后的型(芯)里运动没有障碍,扩展迅速,与水玻璃反应快而均匀。CO_2 通气压力视真空室剩余空间的大小决定,一般在 40kPa 左右。

(3) 打开真空室。导入 CO_2 一段时间(夏季 1～2min,冬季 2～3min)后,即可打开真空室导入空气,然后砂型(芯)即可浇注。

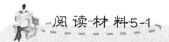

吹气工艺参数对 CO_2 硬化水玻璃砂性能的影响

华中科技大学的黄乃瑜等人研究了 CO_2 吹气方式、吹气时间、吹气流量和吹气温度对 CO_2 硬化水玻璃砂性能的影响。

所用试验材料为:原砂为江西都昌砂,规格 50～100 目;水玻璃的模数 $M=2.2～2.4$,波美度 50°Be,密度为 $1.55g/cm^3$;硬化剂为工业纯 CO_2。试验在自行研制的多功能吹气装置中进行,试样为直径 20mm,高 25mm 的圆柱体。试验中考察 CO_2 吹气硬化后立即测定的试样即时强度(10min 强度)和 1h 后的试样强度以及试样终强度(24h 强度)。

试验共分为 3 组,每组试验都为连续和脉冲两种吹气方式。

第一组选定 CO_2 气体的吹气时间为 15s,气体压力为 0.25MPa,在室温 15℃时,变换不同的气体流量,考察流量对水玻璃砂强度的影响,结果见表 5-3。

表 5-3　不同吹气流量对水玻璃砂抗压强度的影响

吹气流量 /(m³·h⁻¹)	连续吹气时抗压强度/MPa			脉冲吹气时抗压强度/MPa		
	10min	1h	24h	10min	1h	24h
1.0	0.965	4.568	15.478	0.654	3.547	14.254
1.5	3.002	8.437	19.314	2.120	7.930	20.642
2.0	4.125	6.214	14.254	3.245	8.547	15.246

第二组选定气体流量为 $1.5m^3/h$,压力为 0.25MPa,室温 15℃时,变换不同吹气时间,考察吹气时间对水玻璃砂强度的影响,结果见表 5-4。

表 5-4　不同吹气时间对水玻璃砂抗压强度的影响

吹气时间/s	连续吹气时抗压强度/MPa			脉冲吹气时抗压强度/MPa		
	10min	1h	24h	10min	1h	24h
10	1.537	6.900	19.215	1.529	6.850	17.181
15	3.002	8.437	19.314	2.120	7.930	20.642
20	6.419	11.130	9.653	3.641	9.541	21.011

第三组试验是在前面两组试验的基础上进行的，气体流量固定在 $1.5m^3/h$，压力为 $0.25MPa$，改变 CO_2 气体的温度，考察温度对水玻璃砂强度的影响，结果见表 5-5。

表 5-5　不同吹气温度对水玻璃砂抗压强度的影响

吹气温度/℃		连续吹气时抗压强度/MPa			脉冲吹气时抗压强度/MPa		
		10min	1h	24h	10min	1h	24h
15		3.002	8.437	19.314	2.120	7.930	20.642
加热炉温	80	5.478	9.587	20.569	4.268	8.254	25.426
	150	2.453	5.468	10.254	1.965	5.236	9.568

从以上 3 组试验结果看，同种情况下脉冲吹气的效果比连续吹气效果好。脉冲吹气有助于 CO_2 气体的弥散，可以提高 CO_2 气体的有效使用率。脉冲吹气时因为有效的吹气时间只有连续吹气时的一半，所以砂型的初始强度较连续吹气时低，但是脉冲吹气能有效避免连续吹气时容易出现的过吹气现象。

CO_2 气体加热对结果也有明显影响，适当加热有利于加快化学反应速度，有助于脱水，可以明显地提高试样的强度，但是过高的温度反而对结果不利。从表 5-5 可以发现，当炉温为 80℃时试样的强度较室温有很大的提高；当炉温达到 150℃时，试样的强度不但没有提高反而降低不少。

试验同时印证了 CO_2 气体的流量和吹气时间对试样的强度也有很大的影响，过大和过小的流量都得不到最好的强度。从表 5-3 可以明显地看出，CO_2 气体流量在 $1.5m^3/h$ 时试样强度最佳。从吹气时间看，10s 时试样没有达到最高强度，说明此时吹气不足，当吹气时间为 20s 时试样的强度较 15s 时低，说明 20s 时已经过吹，试样出现粉化且强度大大降低。从表 5-4 可以看出 15s 时试样强度最佳。

▶ 资料来源：魏青松，黄乃瑜，董选普. CO_2 水玻璃砂硬化工艺参数优化的研究.
铸造工程·造型材料，2002(2).

5.3.3　CO_2 硬化水玻璃砂的性能及影响因素

CO_2 硬化水玻璃砂的性能主要包括强度、保存性和粘膜性，影响这些性能的因素有很多，下面分别阐述。

1. 强度

CO_2 硬化水玻璃砂的强度除了受硬化工艺的影响之外，主要受以下因素的影响。

（1）水玻璃的密度。密度反应水玻璃中的水分含量。密度大，水玻璃粘度大，固体物含量较多，硬化后强度较大，但密度过大时，型砂不易混匀；相反，密度小，则型砂水分含量多，不易硬透，会导致某些缺陷，密度过小时，固体物太少，则型砂强度也低。常用的水玻璃密度约为 $1.5g/cm^3$。

(2) 水玻璃的模数。水玻璃的模数对强度的影响如图 5.10 所示。高模数水玻璃砂的湿强度较高，而硬化后干强度较低。因为高模数的水玻璃中游离的 SiO_2 多，在混砂时易形成硅酸胶体，使型砂有较大的粘结力，而在造型时，受到紧实力的破坏，不再起粘结作用。高模数水玻璃的型砂硬化快，保存性差。但是模数过低，型砂硬化慢，SiO_2 含量也低，硬化后强度也不高。所以，一般在砂型铸造中使用的水玻璃模数多在 2.2～2.6。

(3) 水玻璃的加入量。水玻璃加入量多，强度提高，但也增加型（芯）浇注后的残留强度，使清理困难。目前，国内水玻璃砂中水玻璃加入量一般在 6%～9%，而国外先进水平一般为 3%～5%，甚至更低，水玻璃加入量对强度的影响如图 5.11 所示。

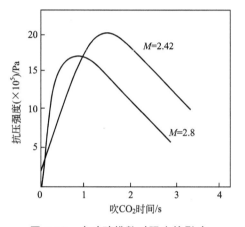

图 5.10　水玻璃模数对强度的影响

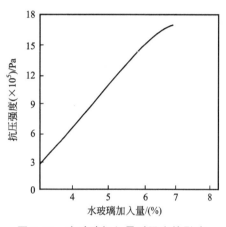

图 5.11　水玻璃加入量对强度的影响

(4) NaOH 的影响。NaOH 可以与水玻璃中游离的 SiO_2 生成硅酸钠，降低其模数，但也会降低型砂湿强度，增加含水量（NaOH 是以水溶液的形式加入型砂中的）。NaOH 的浓度和加入量对水玻璃砂强度的影响如图 5.12 所示，一般生产中加入浓度为 15%～20% 的 NaOH 溶液的量为 1.0% 左右。

(5) 粘土的影响。粘土加入水玻璃砂中，增加湿强度，降低干强度，如图 5.13 所示。

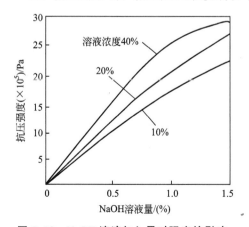

图 5.12　NaOH 溶液加入量对强度的影响

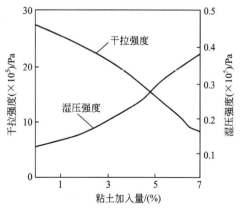

图 5.13　粘土加入量对强度的影响

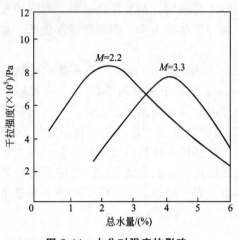

图 5.14 水分对强度的影响

只有当对型砂湿强度要求较高时，才加入粘土。CO_2 法硬化多数是在硬化后再起模，故一般不加粘土。

(6) 水分的影响。水玻璃砂中总的含水量要适当，水分过多，硬化后残留水分多，强度低，但水分过低，水玻璃不能充分水解，型砂的保存性差，使强度下降。水玻璃砂中总的含水量还与水玻璃的模数有关，强度与模数、水分的关系如图 5.14 所示。

2. 保存性

水玻璃砂的保存性较差，而且与水玻璃的模数、含水量及气温、大气湿度等相关，水玻璃砂最好储存在料斗中，表面覆以湿麻袋以防止硬化。

3. 粘模性

水玻璃砂易粘模，故使用的模型、芯盒表面要光滑，木质模具要涂以硝基清漆，造型和制芯时，在模具表面喷煤油或在型砂中加 0.5%～1.0% 的重油可减轻粘模。

5.3.4 CO_2 硬化水玻璃砂的高温性能

1. 加热时的体积变化

水玻璃砂加热后，开始时膨胀，但是随后就收缩，曲线接近木屑粘土砂，故不易产生夹砂。采用不同粘结剂时，型砂的加热膨胀曲线如图 5.15 所示。

2. 高温强度

图 5.16 是不同温度下水玻璃砂的热强度，从图中可以看出：①在 200～300℃ 有个峰值，这是由于硅酸凝胶脱水进一步硬化的结果；②热强度随温度升高而下降，这是由于凝胶进一步脱水收缩产生了应力；石英砂在 573℃ 由 β 石英变为 α 石英，也产生相变应力；③700℃

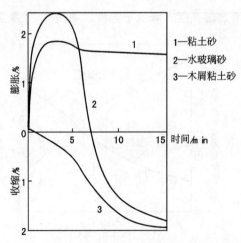

图 5.15 不同粘结剂型砂在加热时的体积变化

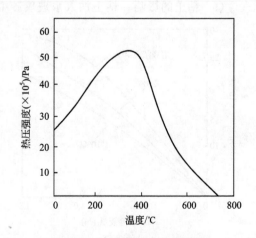

图 5.16 水玻璃砂的高温强度

之后，强度很小，到800℃几乎无任何强度，这时水玻璃已经熔化，出现了液相。由于极小的热强度，水玻璃砂退让性好，大大减少热裂缺陷。

5.3.5 CO_2硬化水玻璃砂存在的问题及解决方法

1. 粘砂

以水玻璃为粘结剂砂型浇注铸铁件，粘砂十分严重，这限制了水玻璃砂在铸铁件上的应用。用于中小铸钢件粘砂不严重，用于厚大铸钢件粘砂较严重。

水玻璃砂的粘砂往往是机械粘砂和化学粘砂并存。型砂中的Na_2O、SiO_2等与液态金属在浇注时产生铁的氧化物，形成低熔点的硅酸盐。如果这种化合物在铸件凝固后在铸件表面形成非晶态的玻璃体，那么这层玻璃体与铸件表面结合力很小，而且收缩系数与金属也不相同，它们之间就会有较大应力，易于从铸件表面清除，不产生粘砂。如果在铸件表面形成的化合物中SiO_2含量高，FeO、MnO等含量少，它们的凝固组织基本上具有晶体结构，就会在铸件表面上结晶，与铸件牢固地结合在一起，产生粘砂。

表5-6为对铸钢件和铸铁件表面粘砂层的化学成分分析结果。铸钢件由于浇注温度高，钢水表面易氧化，粘砂层中氧化铁、氧化锰等含量高，粘砂层易于清除；而铸铁件浇注温度低，铁、锰等不易氧化，粘砂层是晶体结构，就不易清除。

表5-6 铸钢件和铸铁件粘砂层的成分分析

合金类型	含量(质量分数)/(%)				粘砂层特点
	$w(SiO_2)$	$w(Fe_2O_3)$	$w(FeO)$	$w(MnO)$	
HT150	89.56	3.45	2.27	1.34	不易清除
ZG30	80.6	5.91	4.63	3.22	易清除

为了防止粘砂，可在铸型表面刷涂料，而且最好刷醇基快干涂料，如在铸铁件的铸型壁上刷石墨基涂料，而对铸钢件则可根据铸件情况，刷石英粉、锆石粉以及铬铁矿粉涂料。此外，一般铸铁件也可在钠水玻璃砂中加入适量的煤粉或焦炭粉。

2. 表面粉化

CO_2水玻璃砂硬化后放置一段时间，在型(芯)表面会出现一种粉末状的物质，称之为"白霜"。"白霜"严重降低该处的表面强度，用手轻轻一擦就会有砂粒落下，浇注时易产生冲砂缺陷。在过吹和型砂水分偏高时出现这种现象，经分析这种白色物质是$NaHCO_3$，它产生的原因是发生了下列反应：

$$Na_2CO_3 + H_2O \longrightarrow NaOH + NaHCO_3 \tag{5-3}$$

$$Na_2O + 2CO_2 + H_2O \longrightarrow 2NaHCO_3 \tag{5-4}$$

$NaHCO_3$易随水分向外迁移，使其在表面形成。

解决的方法是控制型砂水分不要偏高，吹CO_2时间不宜过长，型芯不要久放。另据有的工厂经验，在钠水玻璃砂中加入1%左右密度为1.3g/cm³的糖浆可有效防止表面粉化。

3. 溃散性差

在浇注后CO_2水玻璃砂具有较大的残留强度。型砂被加热到一定温度后，再冷至室温,这时型砂的强度称为型砂在该温度下的残留强度。残留强度可在一定程度上反映型(芯)砂的溃散性。

CO_2水玻璃砂在不同温度下的残留强度如图5.17所示。

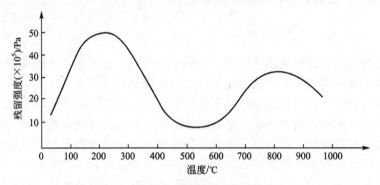

图 5.17　水玻璃砂的残留强度

从图5.17可以看出,它具有两个峰值。第一个峰值约在200℃,这是硅酸胶体脱水强化的结果。温度升高,结构水逸出,凝胶进一步收缩,在573℃还有一个石英的相变,这些都使硅酸凝胶产生应力;同时,Na_2CO_3的分解也破坏水玻璃薄膜的连续性,从而使型砂在500~600℃之间有一个残留强度的谷值。温度再升高,模数大于2的水玻璃砂在793℃出现液相。当水玻璃砂被加热到这个温度之上,石英砂粒可溶解到这个液相中,使固—液相明显的界面消失;冷却后石英砂粒被冷凝的玻璃体包住成为坚硬的像石块一样的固体,强度很大,故800℃之上水玻璃砂有一个残留强度的峰值。在800℃之后,石英砂更多地溶于液相水玻璃中,成为SiO_2的过饱和溶液。当冷却时,过饱和的SiO_2先以鳞石英相析出来,870℃时鳞石英转变为石英,这些石英在凝固后的水玻璃砂中起着切口的作用,故1000℃左右水玻璃砂的残留强度又下降。1200℃之后,水玻璃砂主要是被烧结,这时残留强度又上升。

残留强度与水玻璃的加入量及模数有关,分别如图5.18和图5.19所示。加入量少,残留强度小;高模数水玻璃可以降低型砂残留强度。

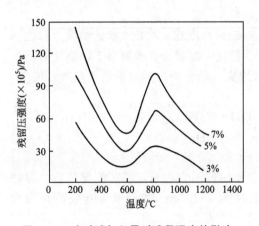

图 5.18　水玻璃加入量对残留强度的影响

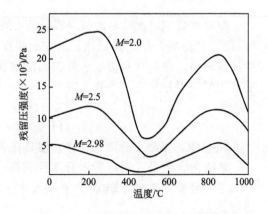

图 5.19　水玻璃模数对残留强度的影响

从水玻璃砂的残留强度可以看出,它的溃散性差,难以落砂和清理。落砂后结块的砂子,也给旧砂的回用带来困难。国内对铸钢件目前多采用水爆清砂,这虽然减少了清理工作量，但使铸件产生较大的应力。

铸件在浇注后对型（芯）加热所达到的温度，因铸造合金的种类、铸件的重量和结构不同而异。一个铸型，从铸件表面到砂箱壁型砂层所达到的最高温度是不同的，达到最高温度的时间也不相同。根据实测温度的数据，靠近铸件表面砂层的温度很高，而大部分型砂温度都低于1200℃，所以降低800～1100℃范围内的型砂残留强度对改善溃散性意义很大。目前降低800～1100℃水玻璃砂残留强度主要有以下措施。

（1）在水玻璃砂中加入附加物。有机附加物如糖浆、重油、树脂等在高温下烧毁能在一定程度上破坏水玻璃薄膜的完整性，但在800℃之上，水玻璃熔化后，液相会弥合有机物烧毁所形成的孔隙，故效果并不明显。无机附加物常用的有 Fe_2O_3、MgO、Al_2O_3、$CaCO_3$、$ZnCO_3$ 等，加入无机物可以使水玻璃砂的残留强度在800℃的峰值后移，甚至使水玻璃粘结剂在砂粒表面的薄膜在冷却时由于砂粒收缩系数不同而造成裂纹，使残留强度下降。但是这些附加物在1200℃之上，对降低残留强度效果也不大。将无机附加物和有机附加物同时加入，在中小型铸件的落砂和清理方面可取得一定效果。

（2）减少水玻璃加入量。水玻璃加入量对残留强度影响很大，减少水玻璃加入量可以降低型砂残留强度，但这应该以不降低水玻璃砂的常温强度为前提，这点普通水玻璃是达不到的。

4. 吸湿性

CO_2 水玻璃砂的吸湿性是一个长期以来难以解决的问题，尤其在我国南方的梅雨季节。型砂的吸湿性给生产带来了很大的麻烦。为了解决吸湿性的问题，人们一般采取的方法就是寻找抗吸湿剂，但是很难有那么理想的物质，既不破坏强度又能提高抗吸湿性。

在湿度较低的情况下，应以短时间吹气为好；在湿度较高的情况下，尤其注意避免使用低模数水玻璃粘结剂，并且延长吹气时间，以获得较好的砂型强度。

在实际生产中，人们为了提高水玻璃砂的抗吸湿性，往往采用涂料，尤其是刷醇基快干涂料可以避免水分进入砂型中。此外，还可以采取以下措施提高抗吸湿性：①在钠水玻璃中加入锂水玻璃或在钠水玻璃中加入 $LiOH$、$CaCO_3$、$ZnCO_3$ 等无机附加物，由于能形成相互不溶的碳酸盐和硅酸盐，并可减少游离的钠离子，因而可改善钠水玻璃粘结剂的抗吸湿性；②在钠水玻璃中加入少量有机材料或具有表面活性剂作用的有机物，粘结剂硬化时，钠水玻璃凝胶内亲水的 Na^+ 和 OH^- 或被有机憎水基取代，或相互结合，从而改善吸湿性。

5. 旧砂再生和回用困难

到目前为止，钠水玻璃砂的残留强度高、溃散性差使得旧砂的再生问题还没有完全解决。旧砂再生的困难在于砂粒表面覆盖的水玻璃薄膜难以去除，这就增加了回用砂中 Na_2O 的含量，从而使砂中的含碱量增加，其耐火度降低，同时引起残留强度升高，溃散性恶化。此外，水玻璃砂烧结成块也给再生带来一定的困难。

旧砂再生的方法主要有两种：干法和湿法。干法再生装置可以去除部分碱分，湿法再生效果较好，但是增加砂子的烘干工序、废水处理等设备导致投资大，而且废水的循环使用也存在问题。目前国内利用水爆清砂可使旧砂湿法再生，但水爆后砂子成块仍然严重。水玻璃砂的再生除了要进一步改善再生装置和工艺之外，减少水玻璃的用量也是一个途径，这样可使砂子不烧结，带入的 Na_2O 也可减少。

阅读材料 5-2

CO_2 水玻璃砂硬化机理的认识过程

半个世纪以来，人们对 CO_2 水玻璃砂硬化机理的认识逐步深入，大致经历了化学硬化、化学硬化和物理硬化的结合、本质上是物理硬化、硬化水玻璃是脱水的高模数水玻璃 4 个阶段。

第一阶段：CO_2 硬化是化学硬化。

典型代表是苏联专家的学说。

苏联专家把硬化过程分为 3 步：①硅酸盐的分解，在 CO_2 作用下，硅酸钠发生快速的分解反应，并释放出热量；②硅凝胶生成时析出的 SiO_2 与水结合，生成硅酸，硅酸又凝聚成硅凝胶；③硅凝胶部分失去结合水，这是一个吸热过程。

苏联专家认为：①硅酸的析出和硅凝胶的生成是 CO_2 硬化水玻璃砂强度的唯一来源，所以称作"化学硬化"；②硅凝胶含水越少，就越坚强，型砂的强度也越高。化合物 $2SiO_2·H_2O$ 的含水率约 13%，可得出最坚强的凝胶膜。为了使凝胶的脱水反应得以进行，靠反应释放出的热量显然不够。因此，吹冷的 CO_2 虽然可以使水玻璃快速硬化，但缺乏使硅凝胶脱水所必需的热量，所以型砂的强度不高。

第二阶段：CO_2 硬化是化学硬化和物理硬化的结合。

典型代表是 Worthington R 的学说。

Worthington R 将酚酞指示剂滴入水玻璃内，混砂和造型后吹入 CO_2，吸收 CO_2 的水玻璃层红色褪去。他发现不管怎样改变通 CO_2 的速度和时间，吸收层的相对厚度不会超过 62%，换言之，在水玻璃膜的深层还有 38% 以上的水玻璃未与 CO_2 发生反应。

Worthington R 认为：CO_2 吸收层内硅酸钠，在 CO_2 作用下析出游离硅酸，进而凝聚成硅凝胶；硅凝胶的脱水将导致"硅凝胶式粘结"，这是"化学硬化"；未反应水玻璃的脱水，将导致"玻璃质粘结"，这是"物理硬化"。

Worthington R 的贡献是首次提出了"物理硬化"的新概念，但他的学说也有很大的缺点。

(1) Worthington R 虽然认识到化学硬化和物理硬化同时为硬化水玻璃砂的强度做出贡献，但他过分重视了动力学的影响，做出了错误的结论。Worthington R 认为化学硬化是高效快速的硬化措施，物理硬化是缓慢低效和经济上不合算的硬化措施。水玻璃砂吹 CO_2 硬化时，有 38% 以上的水玻璃未起化学反应，它们的粘结潜力还未能发挥出来，所以 CO_2 硬化的水玻璃砂的强度比较低。因此水玻璃吹 CO_2 硬化的首要措施是调节吹气的规范，尽可能增大化学反应率，减少未反应水玻璃的比例。而实际上，Worthington R 的结论是错误的。水玻璃经物理硬化而得出的比粘结强度比经化学硬化而得出的比强度大 10~12 倍。水玻璃砂硬化后的机械强度主要来源于未反应水玻璃的脱水，硅凝胶的生成仅为初强度的形成做出贡献。所以，一个成功的 CO_2 硬化方法应在保证水玻璃砂迅速固化和必要初强度前提下，保留尽可能多的水玻璃不与 CO_2 发生反应。VRH 法能满足上述要求，所以它的硬化强度比传统 CO_2 硬化法高 3 倍左右。

(2) 酚酞变色的 pH 为 9~10，相当于模数 $M=2.8$。所以用酚酞并不能判断出水玻璃是否发生反应。实际上，CO_2 的吸收，自水玻璃膜的表层往深层逐步降低。

第三阶段：CO_2 硬化本质上是物理硬化。

典型代表是朱纯熙、卢晨等的学说。

(1) 将水玻璃盛于培养皿中，厚若干毫米，往水玻璃表面吹 CO_2，历时数分钟，也不能使水玻璃全部硬化；将水玻璃盛于试管中，将 CO_2 导管伸入液面下，吹气数分钟，水玻璃层转变成乳白色，悬浮着硅凝胶的颗粒，但仍不固化。由此可见，水玻璃砂吹 CO_2 硬化，必须处于一种非常特殊的条件下，即水玻璃涂敷在砂粒表面上，形成厚仅若干微米的薄膜。只有创造良好的脱水条件，才能促使水玻璃迅速固化，所以说"水玻璃的硬化本质上是物理硬化"。

(2) 水玻璃膜表层一接触 CO_2，即与之发生反应，生成硅凝胶。硅凝胶的脱水速度很快，在粘结膜内形成很强内应力，促使水玻璃砂迅速固化，产生初强度。在储放过程中，未反应的水玻璃不断脱水，强度不断提高。由此可见，初强度和终强度(24h)的形成分别来源于硅凝胶和水玻璃的脱水，所以说"水玻璃的硬化本质上是物理硬化"。

(3) 水玻璃砂吹 CO_2 时间长，则初强度高而终强度低；时间短则初强度低而储放强度高。所以，初强度达到可脱模强度 0.5MPa 时，便应立即停止吹 CO_2，以便保留更多水玻璃未参与反应，使硬化水玻璃砂的储放强度和储放稳定性有所提高。水玻璃的反应率宜低而不宜高，所以说"水玻璃的硬化本质上是物理硬化"。

这一概念的缺点是并没有完全摆脱苏联学说的影响，仍然沿袭了硅酸钠与 CO_2 反应时有游离硅酸析出的错误观点。

第四阶段：硬化水玻璃是脱水的高模数水玻璃。

水玻璃砂用有机酯硬化时，一般仅加入 1/10 重量的有机酯。1kg 模数 2.3、含固量 42% 的水玻璃，按化学计算量需要 0.3kg 乙二醇二醋酸酯才能反应完全，但加入量仅 0.1kg，反应率 1/3，所以水玻璃固化后模数最多能升高到 $2.3/(1-1/3)=3.45$。

对一个模数 2.5、含固量 43.6% 水玻璃的标准试样，以 42mL/s 的流量吹入 CO_2，其初强度达到 0.5MPa 时，CO_2 吸收率约 3%。按化学计算量须要吸收 CO_2 8.87%，实际反应率仅 34%。达到可脱模强度时，水玻璃的平均模数最高可升到平均值 $2.5/(1-0.34)\approx 3.79$。

所以二者的反应率都在 1/3 左右，但有机酯硬化的水玻璃砂的强度比 CO_2 硬化的水玻璃砂高 2~3 倍，原因何在呢？

用有机酯硬化时，水玻璃膜从表层到深层，反应率是均一的，由表及里都是模数接近 3.45 的失水水玻璃；用 CO_2 硬化时，在第二阶段叙述中已经阐明，CO_2 的吸收由表层往深层逐渐减少。所以硬化的水玻璃膜，表层是失水的 $m>4$ 的硅凝胶层，深层是失水的高模数水玻璃，再往里，则是失水的未反应水玻璃层。当两个砂粒粘合在一起时，粘结颈的凹处恰巧是低强度硅凝胶层交汇点，此处最容易断裂，所以 CO_2 硬化的水玻璃砂，强度仅是有机酯硬化的 1/3~1/2。

在这两种情况下，反应生成的硅酸均不可能以游离状态析出，而是重新溶解在未反应的水玻璃中，使后者的模数升高。用有机酯硬化时，得出由表及里模数均一，接近

$M=3.45$ 的硬化水玻璃膜；用 CO_2 硬化时，得出由表及里模数逐渐降低，平均模数接近 3.79 的硬化水玻璃膜。

資料来源：朱纯熙，卢晨. CO_2 水玻璃砂硬化机理的认识过程. 热加工工艺，1998(6).

5.4 烘干硬化水玻璃砂

烘干硬化水玻璃砂的硬化原理是通过加热去除水玻璃中的水分，使水玻璃中硅酸钠聚合成由胶粒构成的立体网状骨架的含 Na^+ 硅凝胶。当加热到 180～200℃ 以上时脱水得到水玻璃凝胶比由硅溶胶生成的硅酸凝胶更致密，具有较高的强度，其强度比 CO_2 硬化水玻璃砂高 10 倍左右。烘干硬化水玻璃砂的水玻璃加入量可降到 2%～3%，因而溃散性有显著改善。烘干硬化水玻璃除传统的远红外炉烘干外，现已发展了在芯盒内吹热风硬化、热芯盒内电加热硬化、微波烘干硬化等新的制芯工艺，这些新的制芯工艺主要适用于制中小砂芯。

烘干硬化的水玻璃砂最大的缺点是吸湿性太强，可能因吸湿而完全失去强度。但这一缺点也具有两重性，如果对于某些特定的产品，砂型(芯)烘干后在可控条件下浇注，浇注后在潮湿环境里能自溃，旧砂再次加水后加以利用，可实现良性循环。水玻璃的烘干硬化方法如下。

(1) 过热蒸汽硬化法。过热蒸汽硬化法是将粉末状泡花碱混合在砂中，吹入芯盒，然后导入过热蒸汽，短时间内即可硬化。

(2) 微波烘干法。微波烘干法是一项正在开发的新工艺。微波加热的原理是具有极性分子的物质在交变的微波电场作用下，分子产生高频振荡而形成分子间强烈的内摩擦，系统内能增加，温度升高。这种加热方式与普通辐射、传导、对流换热方式有本质区别。微波加热不同于一般的由外部热源通过辐射由表及里的传导式加热，它是材料在电磁场中由于介质损耗而引起的体积加热。作为一种节能、高效、清洁、便捷的加热方式，微波加热已在民用和一些工业领域中得到应用。这种加热方式具有一系列显著优点：加热效率高，节约能源；加热速度快，能适应现代化大生产需要；体积加热和湿度拉平效应使得型芯内外受热均匀；能量在清洁的环境和状态下转化，对环境无污染；加烘设备简单，易于操作和维护。

微波硬化水玻璃砂几乎全是物理过程，水玻璃吸收微波能后，硅酸分子和水分子高速振荡，温度迅速上升；同时胶粒热运动也加剧，发生凝聚，进而产生凝胶颗粒，使硅酸缩合，形成链状结构；然后链状结构继续脱水缩合，最后硬化形成高强度的网状结构。由于微波以体积方式加热，水玻璃各部分同时均匀升温，水分由里向外充分迁移，水玻璃凝聚快且各处速度一致，因此，微波硬化水玻璃砂表面平整，胶粒紧密细小，大小均匀。它与普通炉窑式烘干相似，有较高的抗拉强度，但其固化速度却远远快于炉窑式烘干，经测试微波加热固化比炉窑式烘干快 10～15 倍。固化速度加快可大幅度提高生产率并降低能耗，不需大量模具(芯盒)即可实现，加热固化后脱模可获得高精度型芯，可按型芯随制随用，组织生产，有效避免型芯受潮。

图 5.20 为微波硬化水玻璃砂和 CO_2 硬化水玻璃砂的强度性能比较。从图中可以看出,微波硬化水玻璃砂常温强度比 CO_2 水玻璃砂要高,残留强度很低,有利于型砂的溃散。微波硬化水玻璃砂由于是物理加热硬化,因此型砂有较大的吸潮性,一般在硬化后要很快浇注,以保证铸件的质量。

目前,微波硬化水玻璃砂在国内实际使用的不多。某车辆厂铸钢分厂采用微波硬化水玻璃砂生产线,取得了较好的效果。图 5.21 是该生产线的布置图,其主要生产设备是工业微波炉,功率根据生产能力可调(20~40kW),砂箱可以在轨道或皮带输送下通过微波干燥区。

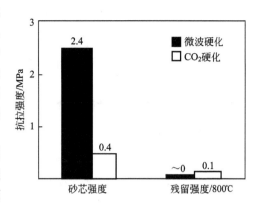

图 5.20 微波硬化与吹 CO_2 硬化水玻璃砂强度性能比较

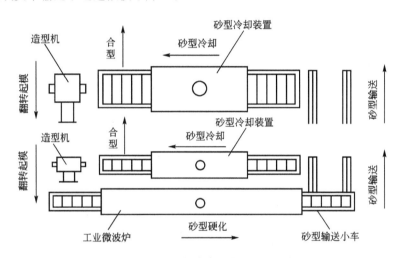

图 5.21 微波硬化水玻璃砂造型流水线布置图

微波硬化不能用于金属模,因为金属能反射微波,也不能使用木模,因为木模在微波下会脱水变形。目前使用较多的是环氧强化橡胶模和合成高分子材料模。

5.5 水玻璃自硬砂

水玻璃砂在混砂时加入液态或固态硬化剂,不必吹 CO_2 或加热,在室温下能够自硬,砂型(芯)在硬化后起模,称之为水玻璃自硬砂。目前国内常用的水玻璃自硬砂有:硅铁粉水玻璃自硬砂、硅酸二钙水玻璃自硬砂、水玻璃流态自硬砂和有机酯水玻璃自硬砂。

5.5.1 硅铁粉水玻璃自硬砂

硅铁粉水玻璃自硬砂是以硅铁粉作硬化剂的水玻璃自硬砂。这种工艺方法是日本的西山太喜夫在 20 世纪 60 年代初研究出来的,所以也称为西山法。按日文的罗马字拼写法,西山这个姓的第一个字母是"N",文献中也常常简称为N—法。

1. 硅铁粉水玻璃自硬砂硬化机理

用作硬化剂的硅铁粉,一般都由含硅75%的硅铁磨细而成。含硅95%的硅铁太贵,含硅45%的硅铁则反应能力太差,都不适宜作硬化剂。

在水玻璃砂中加入少量硅铁粉后,型砂可自硬,其反应为水玻璃发生如下水解:

$$Na_2O \cdot mSiO_2 + (n+1)H_2O \rightleftharpoons 2NaOH + mSiO_2 \cdot nH_2O \quad (5-5)$$

硅与NaOH和水反应生成硅胶:

$$mSi + 2NaOH + (2m-1)H_2O \longrightarrow Na_2O \cdot mSiO_2 + 2mH_2\uparrow + Q \quad (5-6)$$

Si除了促进水玻璃水解,还增加水玻璃的浓度,促进形成硅胶,并产生热量,故使水玻璃硬化。这种工艺,在硬化过程中放出氢气,要小心避免氢的爆炸。同时,这一反应又是放热反应。因此,综合起来,就有以下效果。

(1) 既然加入的硅铁粉要和Na_2O反应,生成新的硅酸钠,反应的结果当然会使水玻璃中游离的Na_2O减少,SiO_2增多。因此,提高了水玻璃的模数(或硅碱比),导致水玻璃的粘度增高,促使其胶凝。这就是水玻璃以化学方式硬化。

(2) 由于反应是要消耗水分的,所以在反应过程中,水玻璃将不断地脱水。也就是说,水玻璃在以化学方式硬化的同时,也会以物理脱水方式硬化。

(3) 因为反应是放热的,型砂的温度将逐渐升高,会使水玻璃中的水分蒸发,这又加强了水玻璃的物理脱水硬化。

因此,硅铁粉水玻璃自硬砂的硬化既有化学硬化,又有物理脱水硬化。而且,从反应的脱水和放热看来,物理脱水硬化所占的比重显然大于吹CO_2硬化。所以,在水玻璃加入量相同的情况下,硅铁粉水玻璃自硬砂的强度将比吹CO_2硬化的高。

2. 影响硅铁粉水玻璃自硬砂的因素

硅铁粉和水玻璃的反应相当快,这种自硬砂混好后,一般应在30min之内用完,否则,就会因水玻璃过分硬化而使型砂无法使用。铸型(芯)舂实以后,经10~20min就可以脱模。脱模以后,硬化反应继续进行,3~4h以后就可以合箱浇注。硅铁粉水玻璃自硬砂主要受以下因素的影响。

(1) 水玻璃加入量。自硬砂脱模强度的建立,是靠型砂自身的硬化反应,不必靠加膨润土来使型砂具有初强度。同时,此种硬化砂以脱水硬化为主,得到的硅酸凝胶的强度较高。因此,在得到相同强度的情况下,型砂中的水玻璃加入量可比加膨润土的脱水硬化或吹CO_2硬化的型砂低一些。一般来说,水玻璃的加入量在5%左右。若原砂质量好,可低到4%。

(2) 硅铁粉的加入量。硅铁粉是水玻璃的硬化剂,它的加入量不仅与水玻璃的加入量有关,而且还取决于水玻璃的模数和水分。水玻璃的模数低时,在固体含量相同的条件下,其中含有的游离Na_2O就多,由于硅铁粉要和Na_2O起反应,故所需的硅铁粉加入量较高模数的水玻璃多;同时,高模数水玻璃的粘度大,所含的水分多,所以在水玻璃加入量相同的情况下,低模数水玻璃的固体含量较高,实际含有的Na_2O也就较多,这一因素也使得低模数水玻璃需用较多的硅铁粉。反之,水玻璃的模数高,则所需的硅铁粉较少。一般而言,硅铁粉的加入量理论上应是水玻璃的12%~21%,水玻璃模数低时,就取较高的数值。

由于硅铁粉是固体颗粒状物料,与在型砂中高度弥散而又十分粘稠的水玻璃很难反应完全。硅铁粉越细,从反应上看,当然越理想;但是,硅铁粉要磨得很细,加工费用就很高,而且太细的硅铁粉也容易氧化失效,难以保存。铸造生产中,一般用通过140号标准筛的粗硅铁粉,即作为水玻璃砂硬化剂的硅铁粉颗粒都小于0.10mm,而大于0.071mm。这么粗的粒子和0.002~0.01mm厚的水玻璃膜接触,反应只能在表面进行,很难达到内部。因此,实际上需用的硅铁粉要比理论值多一些。一般来说,自硬砂中的硅铁粉加入量应该是水玻璃加入量的20%~30%。

3. 硅铁粉水玻璃自硬砂的优缺点

1) 优点

硅铁粉水玻璃自硬砂的优点如下。

(1) 用自硬砂造型制芯,不需烘干脱水,也不要吹CO_2,这对于无法进炉烘烤又不便安排吹CO_2的特大铸型尤为重要。

(2) 型砂硬化后的强度较高。利用这一特点可将水玻璃加入量降到最低限度,使落砂性较好,同时也能节省水玻璃。

(3) 铸型硬化以后,残留的水分很少,浇注时发气较少,这对于对气体敏感的特殊铸钢件非常合适。

2) 缺点

硅铁粉水玻璃自硬砂虽然有很多优点,但也确实存在不少问题,所以未能得到广泛的采用。简单来说,它们是:

(1) 因为型砂在硬化过程中发热,使水分蒸发,木模容易变形、脱胶。

(2) 硬化过程中释放的氢气,遇火可能引起爆炸。

(3) 硅铁粉碎困难,加工费用很高。

(4) 使用固体颗粒作硬化剂,其颗粒的大小及它在型砂中的分散程度,都会显著影响型砂的硬化过程;制备好的硅铁粉在保存过程中,由于受潮、氧化或被污染,其硬化作用也难以保持恒定。

5.5.2 硅酸二钙水玻璃自硬砂

硅铁粉水玻璃自硬砂出现后不久,就出现了用硅酸二钙作硬化剂的水玻璃自硬砂。铝矾土提取氧化铝后的副产品赤泥、碱性炼钢炉炉渣、炼铬铁的炉渣等都含有50%以上的硅酸二钙。实际生产中,几乎都是用这类廉价的副产品作硬化剂,它们比硅铁粉便宜得多,而且又容易粉碎,所以硅酸二钙水玻璃自硬砂的使用比硅铁粉水玻璃自硬砂普遍得多。

1. 硅酸二钙水玻璃自硬砂的硬化机理

硅酸二钙水玻璃自硬砂的硬化过程是很复杂的,到目前为止,对于硅酸二钙促使水玻璃硬化的机理说法不一。

第一种看法认为:$\beta\text{-}C_2S$是一种良好的水化物质,在水化时生成Ca^{2+}和放出水化热,促使水玻璃水解和硅酸胶体脱水而胶凝。这个过程可用下述反应来说明:

$$2CaO \cdot SiO_2 + nH_2O \longrightarrow 2CaO \cdot SiO_2 \cdot nH_2O + Q \qquad (5-7)$$

$$2CaO \cdot SiO_2 \cdot 2H_2O \longrightarrow Ca(OH)_2 + CaO \cdot SiO_2 \cdot H_2O \qquad (5-8)$$

$$Ca(OH)_2 \longrightarrow Ca^{2+} + 2OH^- \qquad (5-9)$$

Ca^{2+}可置换水玻璃结构末端的Na^+,促使水玻璃形成硅酸钙钠溶胶,如式(5-10)所示。由于相邻两个硅酸钠分子的接近,在分子内部硅氧键发生歪斜而易于失水聚合,同理，在硅酸钠分子硅氧键的另一端还可以分别与第 3 个、第 4 个硅酸钠分子的硅氧键通过 Ca^{2+} 结合起来，使硅氧键连得更长。

硅酸钙钠溶胶进一步胶凝化过程与胶粒上所带电荷大小及胶粒周围水化膜厚度有关。胶粒带同号电荷及周围的水化膜阻碍胶粒的聚集长大，如果能使胶粒上的电荷量降低，并减少水化膜厚度，就可使硅酸钙钠的胶粒进一步增大，即硅酸钙钠的硅氧键的直链、支链连得更长。在水玻璃与 C_2S 体系中，硅酸钙钠胶粒吸附层上部分 Na^+ 被 Ca^{2+} 置换，胶粒表面上负电荷被部分中和，扩散层变薄，故能促使硅酸钙钠变成凝胶，构成网状结构，使型砂具有足够的强度。

(5-10)

除了上述主要反应外，由于 C_2S 水化物及 $Ca(OH)_2$ 的生成，未反应的水玻璃粘度增大，也增加了粘结力。水分的蒸发，促使强度进一步增大。一般认为 C_2S 与水玻璃的反应主要使型砂获得初期强度，以后强度的增大主要是依赖水分的蒸发，故型(芯)停放时大气中的湿度对强度影响很大，图 5.22 说明在不同湿度和压力下型砂试样强度的变化。

第二种看法认为：加入硅酸二钙后，C_2S 水解生成 $Ca(OH)_2$，$Ca(OH)_2$ 与水玻璃反应生成硅酸钙和硅酸胶体，后者再变成凝胶使型砂硬化。这个过程可表示为：

$$2CaO \cdot SiO_2 + nH_2O \longrightarrow Ca(OH)_2 + CaSiO_3 + (n-1)H_2O \tag{5-11}$$

$$Ca(OH)_2 + Na_2O \cdot mSiO_2 \longrightarrow 2NaOH + CaSiO_3 + (m-1)SiO_2 \tag{5-12}$$

第三种看法认为：$\beta\text{-}C_2S$ 与水玻璃之间发生反应生成原硅酸二氢钙 CaH_2SiO_4，它的粘结力很大，从而使型砂获得强度。

2. 硅酸二钙水玻璃自硬砂的配方和混砂工艺

用赤泥、炉渣之类作硬化剂，加入量要比硅铁粉多得多，往往要占水玻璃的 60%～90%。加了这么多的粉状材料，必然要吸附相当多的水玻璃而使型砂的强度下降。要得到相同的强度，水玻璃用量就得比硅铁粉自硬砂多。一般来说，水玻璃要加 6%～7%，赤泥或炉渣要加 2%～4%。

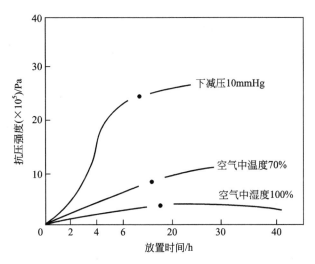

图 5.22 水玻璃自硬砂放置时间与强度的关系

加了这么多粉状材料,要使型砂不发干,必须保持较高的水分,除水玻璃带进的水分之外,还得补加一些水。但是由于这种自硬砂硬化过程中脱水很少,因此,硬化了的铸型和芯子中,仍有相当高的水分。如果希望铸型或型芯中水分较低,有时还得在其硬化后加以短时间的烘烤。

表 5-7 给出了某些工厂硅酸二钙水玻璃自硬砂的配方。混砂方面,自硬砂无特殊要求,通常在辗轮式混砂机中进行。原砂和硬化剂等固体料先混 2~3min,再加水玻璃湿混 2~3min 即可。

表 5-7 硅酸二钙水玻璃自硬砂的配比及性能

序号	配比(质量分数)/(%)							
	原砂(40/70 或 50/100)	水玻璃(模数=2.2~2.4,密度1.5~1.55)	赤泥	NaOH 溶液	木素	焦炭粉	石墨粉	水
1	100	6~7	2~4	0~1.0	1.5~2.0	—	—	适量
2	100	6~7	2~4	0~1.0	—	3~5	3~5	适量
3	100	6~7	2~4	0~1.0	—	—	—	适量
4	100	5~6	2~4	0~1.0	—	—	—	适量

序号	性能				应用
	水分/(%)	湿透气性	24h 后残余水分/(%)	24h 后抗压强度/kPa	
1	4.5~5.0	>100	<4	>7	用于难清理的自硬芯砂
2	4.5~5.0	>100	<4	>7	
3	4.5~5.0	>100	<4	>8	一般自硬芯砂
4	4.0~4.5	>100	<4	>8	一般自硬型砂

3. 硅酸二钙水玻璃自硬砂的性能

1) 强度

型(芯)砂的强度与水玻璃的加入量、模数、含水量等有关。低模数水玻璃后期强度大。水玻璃模数和用量对后期强度的影响如图5.23所示。

型砂总含水量为4%～6%，不能过高，否则会使残留水分增多，强度下降，而且硬化变慢。水分太少，使型砂硬化太快，保存性差，而且终强度不高，表面强度也差。

2）高温强度

硅酸二钙水玻璃自硬砂的高温强度如图5.24所示。在400℃以下，由于未反应的水玻璃较CO_2法中未反应的水玻璃少，故低温强度并不高。500℃之后强度升高，到600～700℃是高温强度的峰值，这是硅酸钙钠脱水之故。700℃之后，强度急剧下降，这时水玻璃已开始软化。由于高温强度很小，故型砂退让性好，很少出现裂纹、夹砂等缺陷，但是在浇口等部位易于冲砂，所以这些易冲砂部位多用耐火砖制成。

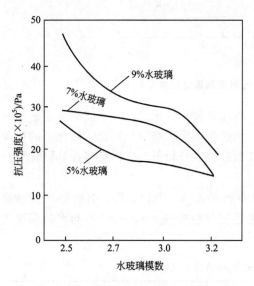

图5.23 水玻璃模数和加入量对强度的影响　　图5.24 硅酸二钙水玻璃自硬砂的高温强度

3）残留强度

硅酸二钙水玻璃自硬砂的残留强度比CO_2水玻璃砂小一些，落砂较容易，但仍不如粘土砂。水玻璃的模数和加入量对溃散性的影响如同CO_2法，所以硅酸二钙水玻璃自硬砂存在的问题与CO_2法是一样的。此外，硅酸二钙水玻璃自硬砂也使铸铁严重粘砂，需要刷涂料。

4）保存性

保存性也就是型（芯）砂的可使用时间。它的测定方法是将型（芯）砂停放不同时间后制成试样，再过24h，与未经停放的型（芯）砂制成的试样24h后的强度比较，以两者差值达到80%的型（芯）砂停放时间为可使用时间。

水玻璃自硬砂的可使用时间主要决定于硬化剂的加入量和水分，与气温和湿度也有关。生产中根据气温条件来调节硬化剂和水的加入量以保证一定的可使用时间。

5.5.3 水玻璃流态自硬砂

水玻璃流态自硬砂是在硅酸二钙水玻璃自硬砂的基础上发展起来的，它的特点是在硅酸二钙水玻璃自硬砂中加入0.1%～0.2%的发泡剂。发泡剂是一种水的表面活性剂，在少量水存在的条件下,砂粒之间能形成大量细小泡沫,砂粒好像悬浮在泡沫中,砂粒间的摩擦为液态摩擦,阻力很小,型砂变得可以流动,因此,型砂可以流态灌入砂箱和芯盒。灌满之后,水玻璃砂在硬化剂作用下经过一定时间而硬化,然后可起模或打开芯盒。

国内常用的发泡剂有烷基磺酸钠、烷基苯磺酸钠和脂肪醇硫酸钠等。水玻璃流态自硬砂的水分一般保持在6%～8%,硬化以后的残留水分也不会低于4%～5%。因此,如果不采取烘干措施,浇注铸钢件很容易产生气孔。

泡沫使砂粒之间的空隙增多。由于空气是热的不良导体,铸型的导热能力降低,使金属的凝固迟缓。由于金属凝固缓慢,砂粒之间的空隙又较大,金属就容易钻入砂粒之间而产生粘砂缺陷。同时,在金属液的压头作用下,粘结桥受热软化了的型砂会移动位置而造成型壁运动,结果,铸件的尺寸难以控制。而且,铸件厚壁处凝固较慢,该处型壁运动也就较大,铸件尺寸增大也比较严重,从而使该处缩孔增大。

另外,型砂之间空隙多,砂粒之间的粘结弱,容易冲砂。所以,目前国内除极少数工厂使用之外,绝大部分工厂已不再使用。

5.5.4 有机酯水玻璃自硬砂

前面所说的水玻璃自硬砂,硬化剂都是粉状固体物料。粉状颗粒大小的波动、颗粒在型砂中分布的均匀程度以及粉末表面氧化或受潮等因素,都会影响型砂的硬化过程。因此,硅铁粉和各种含硅酸二钙的材料都不是理想的硬化剂。20世纪60年代末至70年代初,出现了用有机酯作硬化剂的水玻璃自硬砂。所用的有机酯都是无毒的液体,粘度很低,在型砂中很容易分散。这样的自硬砂,不但没有用粉状硬化剂造成的缺点,而且,由于铸型浇注以后,有机酯受热分解,还有助于改善型砂的落砂性能,是水玻璃自硬砂的重要进展。

1. 有机酯

有机酯是水玻璃砂最常用的液态硬化剂。有机酯在水玻璃的碱性介质中水解成醇和酸,水解生成的酸中和水玻璃中部分Na_2O组分,使水玻璃模数升高。同时,反应生成的醇使水玻璃吸收结晶水,使整个水玻璃溶液的浓度提高。根据水玻璃硬化机理可知,水玻璃的粘度随其模数和浓度的升高而增大,当其达到一定的临界值后便失去流动性而硬化。

目前用于铸造生产的有机酯除了丙烯碳酸酯外,最常用的有机酯有4种,见表5-8。

表5-8 铸造用有机酯及部分物理性能

名称	分子式	熔点/℃	沸点/℃	密度/(g/cm³)	水中溶解度/(%)	硬化速度
乙二醇二乙酸酯	CH_3COOCH_2 | CH_3COOCH_2	-31	190.5	1.109	14.2(22℃)	慢
二乙二醇二乙酸酯	CH_3COOCH_2 | O | CH_2 | CH_3COOCH_2	17～19	250	—	极大	快
丙三醇二乙酸酯	CH_3COOCH_2 | $HOCH$ | CH_3COOCH_2	-40	280	1.178	∞	极快

(续)

名　　称	分子式	熔点/℃	沸点/℃	密度/(g/cm³)	水中溶解度/(%)	硬化速度
丙三醇三乙酸酯	CH₃COOCH₂ | CH₃COOCH | CH₃COOCH₂	−77	258～259	1.160	7.17(15℃)	极慢

表 5-8 中的 4 种有机酯中,丙三醇二乙酸酯是硬化反应最快的酯,丙三醇三乙酸酯是硬化反应最慢的酯,这两种酯一般用作调节硬化速度。商品有机酯有许多不同的牌号,以区分不同的硬化速度,一般都是用这 4 种有机酯按不同比例配制而成的。我国供应最普遍的 MDT 系列有机酯在不同使用温度下使用时的配方见表 5-9。

表 5-9　不同硬化速度的 MDT 有机酯配比(质量分数)　　　　　　　　(%)

名　　称	适用温度/℃							
	0	5	10	15	20	25	30	35
MDT-901(慢酯)	—	0	20	40	60	80	100	50
MDT-903(快酯)	90	100	80	60	40	20	0	—
MDT-800(极慢)	—	—	—	—	—	—	—	50
MDT-Q(极快)	10	—	—	—	—	—	—	—

2. 有机酯水玻璃自硬砂的硬化原理

有机酯水玻璃自硬砂的硬化可分为如下 3 个阶段。

第一阶段:有机酯在碱性水溶液中发生水解,生成有机酸和醇。这个阶段时间的长短取决于有机酯与水玻璃的互溶性和水解速度,它决定了型砂可使用时间的长短,化学反应通式如下:

$$\text{RCOOR}' + \text{H}_2\text{O} \xrightarrow{\text{OH}^-} \text{RCOOH} + \text{R}'\text{OH} \tag{5-13}$$

第二阶段:有机酸和水玻璃反应,使水玻璃模数升高,且整个反应过程为失水反应,当反应时水玻璃的粘度超过临界值,型砂便失去流动性而固化。化学反应通式如下:

$$\text{Na}_2\text{O} \cdot m\text{SiO}_2 \cdot n\text{H}_2\text{O} + x\text{RCOOH} \rightleftharpoons \left(1 - \frac{x}{2}\right)\text{Na}_2\text{O} \cdot m\text{SiO}_2 \cdot \left(n + \frac{x}{2}\right)\text{H}_2\text{O} + x\text{RCOONa} \tag{5-14}$$

以上两步总的反应式为:

$$x\text{RCOOR}' + \text{Na}_2\text{O} \cdot m\text{SiO}_2 \cdot n\text{H}_2\text{O} + x\text{H}_2\text{O} \rightleftharpoons \left(1 - \frac{x}{2}\right)\text{Na}_2\text{O} \cdot m\text{SiO}_2 \cdot \left(n + \frac{x}{2}\right)\text{H}_2\text{O} + x\text{R}'\text{OH} + x\text{RCOONa} \tag{5-15}$$

第三阶段:水玻璃进一步失水强化。

由于反应产物的有机酸盐一般为结晶水化物,而生成的醇也要吸收溶剂水,再加上挥发失水,有机酯能使水玻璃模数和浓度升高到临界值以上,即可促进固化。有机酯加入量一般为水玻璃质量的 10%～12%。

由上述分析可知,有机酯水玻璃自硬砂的硬化剂在型砂中是反应物,必须具备一定的数量使反应达到一定的程度,砂型才能硬化。这个数量不但与水玻璃加入量有关,还与水玻璃的模数、浓度及有机酯的种类有关。硬化剂加入量过多，会使反应过度，型砂强度下降；硬化剂加入量不足，硬化反应不充分，砂型强度也低。通常认为有机酯的加入量是水玻璃加入量的1/10，但这仅仅是常用比值。实际上还应根据水玻璃模数、浓度及有机酯品种和纯度等因素做必要的调整。对厚大型(芯)应适当增加酯的加入量并推迟起模时间。

3. 有机酯水玻璃自硬砂的混制工艺

1) 配比

典型的有机酯硬化水玻璃砂的配比为：原砂(擦洗砂或水洗砂，40/70目)100，水玻璃($M=2.2\sim2.8$)3，有机酯(快、中、慢硬化速度)0.3。

为了降低水玻璃的加入量(使水玻璃的加入量达3%或更低)，原砂必须采用擦洗砂。原砂的含泥量应少于0.5%。采用圆形的原砂，其强度更高。原砂的质量差，将使水玻璃的加入量增加才能获得相同的型砂强度。

水玻璃的加入量，除了与原砂的质量有很大关系外，还与用户对型砂的强度要求有关。应该特别注意的是，在保证足够的使用强度的前提下，应尽量降低水玻璃的加入量，以改善水玻璃砂的溃散性和旧砂的再生回用性能。

水玻璃的模数和有机酯的硬化速度的选择，要视环境的温度和湿度、合箱浇注时间等而定。环境的温度越高，水玻璃的模数应越低，其硬化有机酯也应该选择慢酯；反之，环境的温度越低，水玻璃的模数应越高，其硬化有机酯也应该选择快酯。具体的水玻璃模数及硬化剂的种类，应根据现场的实际情况测试后选定。

有机酯水玻璃砂，通常造型8~12h后，即可合箱浇注。环境的湿度较低时(秋天、冬天)，造型至合箱浇注的时间可以长一些；但在环境湿度较高的季节(春天、夏天的雨天)，应尽量缩短铸型(芯)的停放时间，以免铸型(芯)吸湿回潮而使其表面强度下降。

当采用再生砂(或回用旧砂)造型造芯时，水玻璃的模数及有机酯硬化速度的选择都有很大的不同，水玻璃和硬化剂的加入量也要做一定的调整。

2) 混砂工艺

有机酯硬化水玻璃砂的混砂工艺一般为：在原砂中先加有机酯混匀，然后再加水玻璃混匀直至卸砂。若将加有机酯和加水玻璃的次序颠倒，则水玻璃砂的强度会降低20%~30%；有机酯与水玻璃同时加入也会降低水玻璃型砂的粘结强度。

混制的时间以混碾均匀为宜，一般整个时间为3~5min。出砂后一般应尽快用完，不能超过型砂的可使用时间，否则型砂就会报废。由于碾轮式混砂机的混砂时间较长，混后余砂的清理不便，故很少采用碾轮式混砂机混制酯硬化水玻璃砂，较多采用球形(碗形)混砂机(用于制芯或砂箱尺寸小的砂型制造)和连续式混砂机混砂(用于大批量生产或者砂箱尺寸大的砂型(芯)制造)。

4. 酯硬化水玻璃砂的性能及影响因素

采用酯硬化水玻璃砂工艺，水玻璃加入量可降至3%~3.5%，甚至达到1.8%~2.5%，其溃散性较普通CO_2硬化水玻璃砂大为改善。型砂的硬化终强度、硬化速度(即硬透性)和高温残留强度等参数是衡量其性能好坏的主要指标。影响水玻璃砂的硬化强度、硬化速度和残留强度的主要因素有：水玻璃的模数、浓度及加入量，有机酯的加入量，原砂的质量，环境温度和环境湿度，混砂工艺，浇注温度和保温时间等。

水玻璃的模数越高，硬化速度越快，硬化初期的强度越高，但型砂的终强度越低。

水玻璃的加入量越大，其浓度越高，其常温硬化强度越高，但其残留强度也越高，溃散性越差。环境温度越高，硬化速度越快，达到最高硬化强度的时间越短。

环境湿度的影响具有两面性：环境湿度增加，初始硬化速度加快，初始硬化强度有所增加，但硬化终强度有所下降，铸型的表面稳定性下降。

硬化剂的种类对水玻璃型砂的硬化速度和硬化强度有决定性的影响。快、中、慢硬化剂对应着水玻璃型砂的快、中、慢硬化速度，但通常由慢硬化剂获得的型砂的终硬化强度较高，而由快硬化剂获得的型砂的终硬化强度较低。

原砂的品质和种类对酯硬化水玻璃砂的常温强度和残留强度也有很大影响。由于水玻璃粘结剂具有老化现象，若对水玻璃进行物理或化学改性处理，可以消除或减轻水玻璃的老化现象，从而进一步提高水玻璃砂的粘结强度和使用性能。但总体上看，改性水玻璃与普通水玻璃的性能趋势是相同的，且从实际应用来看，酯硬化水玻璃砂最重要的性能为常温强度和残留强度。

5. 常见缺陷及预防措施

有机酯硬化的水玻璃砂使用中的常见问题及预防措施见表5-10。

表5-10 有机酯硬化的水玻璃砂使用中的常见问题及预防措施

序号	缺陷的表征	产生原因	防止措施
1	可使用时间短(常发生在夏天的高温季节)、砂型强度低、型(芯)表面发酥	水玻璃模数太高；所用有机酯不合适(硬化速度过快)；混砂时间过长；原砂温度太高	采用较低模数的水玻璃；采用硬化速度慢的有机酯；缩短混砂时间；给原砂冷却降温，不使用热砂
2	硬化速度太慢(常在冬天的低温季节出现)	水玻璃模数太低；所用有机酯不合适(硬化速度太慢)；原材料的温度太低	采用较高模数的水玻璃；采用硬化速度快的有机酯；预热原砂、水玻璃、模板等；提高生产环境温度
3	砂型(芯)产生蠕变、塌落	型砂配比不合适，硬化反应不完全；原砂水分过高；原材料定量不准、定量失控；水玻璃、有机酯质量失控	调整配比，增加有机酯加入量或提高水玻璃模数；加强对原材料质量的检测和监控；加强对混砂机定量系统的监控
4	粘模	模具表面油漆不合适；起模时砂型(芯)的强度太低	模具表面涂刷不被有机酯重溶的油漆，如树脂漆等；待砂型(芯)硬化强度更高后起模
5	冲砂、夹砂	浇注系统设置不当；砂型(芯)强度太低；浇道及砂型中有浮砂	设置浇注系统时不使金属液直接冲击砂型(芯)，在直浇道底部垫耐火砖片；大中铸件浇注系统采用耐火砖；调整型砂配比，提高砂型(芯)强度，加强造型操作管理；合型前吹净浇道和型腔中的浮砂
6	铸件表面粘砂	涂料质量差，涂层薄；砂型紧实度低；砂型强度低、表面发酥；造型材料耐火度不够	选用质量好的涂料，涂刷到规定的厚度；提高砂型紧实度；加强配砂和造型工序的质量管理控制；在铸件热节大、散热条件差的部位使用特种砂

(续)

序号	缺陷的表征	产生原因	防止措施
7	铸件气孔	原砂水分高;型砂混合不均匀,局部水分高;砂型吸湿	加强原材料质量检测,严禁使用湿原砂;加强设备维修管理,确保正常运行;选用混砂功能好的设备;采取防止砂型(芯)回潮吸湿的措施,采用热风烘干原砂工艺
8	残留强度高	水玻璃加入量过高,原砂质量不合格、易烧结	尽量降低水玻璃加入量,采用高质量原砂;采用改性水玻璃;添加溃散剂

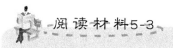
阅读材料5-3

酯硬化水玻璃砂生产实例

上海重型机器冶铸厂的主要产品是冶金、矿山、电站、船用等大型铸钢件,铸件结构复杂、重量大(最重达450t)、壁厚、造型周期长。在2005年之前,一直采用的是传统的CO_2水玻璃砂,因其存放性差、出砂困难、旧砂难以再生回用,已难以满足特大型铸钢件产品的质量要求和环保要求。因此,在进行了大量调研,以及从环保、质量、成本等多方面分析后,该厂决定改用有机酯水玻璃砂代替CO_2水玻璃砂。经过两年多的试验,成功地将有机酯水玻璃砂应用到特大型铸钢件上,铸件质量明显提高,取得了显著的经济效益。

➤ 资料来源:俞正江,郑慧. 有机酯水玻璃砂在特大型铸钢件上的应用. 铸造,2007(11)

天津三达铸造有限公司因产品结构的变化,铸钢件型砂工艺经历了水玻璃砂CO_2法、呋喃树脂自硬砂、水玻璃脂硬化自硬砂的生产过程。

2001年,由于小松常林的支架、支座内腔裂纹问题无法解决,该公司采用了沈阳汇亚通生产的水玻璃脂硬化工艺,但当水玻璃加入量少时,表面安定度差,裂纹问题仍不能消除。加木屑后,砂芯的强度太低,需增加水玻璃的加入量。这样表面安定度有所提高,型砂的退让性也提高了,铸件的裂纹问题也基本解决。该公司在实际使用中,水玻璃加入量5%,固化剂加入量(占水玻璃)30%,锯末加入量1%,新砂加入量100%。生产方式为:原来用呋喃树脂砂作砂型、用水玻璃脂硬化砂作砂芯;现在用碱性酚醛树脂砂作砂型,用水玻璃脂硬化砂作砂芯。

➤ 资料来源:孙长富. 几种铸钢型砂的工艺特性与应用. 铸造技术,2008(12)

沈阳有色冶金机械总厂铸钢车间的产品属大中型铸件,材质有普通碳素钢、高锰钢和多种合金钢。为了满足不同铸件的质量要求,采用几种造型材料并行的办法。主要应用的型砂有水玻璃七○砂、水玻璃硅砂、呋喃树脂砂、酯硬化水玻璃砂等,同时,辅以优良的抗粘砂锆砂和铬铁矿砂。

在生产出口铸钢件时,该厂采用呋喃树脂自硬砂造型。用这种砂生产的铸件尺寸精度高，铸件表面质量好，均使外商满意。但是在1995年年末，该厂为美国一家公司生产的烧结台车体及端梁铸件时，由于铸件属框架结构，且壁厚相差悬殊，因此在车体的侧壁和内腔工字梁与横筋相交部位及端梁的内腔热节部位产生热裂纹，虽经采取多种工艺措施，如采用内外冷铁、设割筋，改变浇冒口的设置等，均未能消除铸件的热裂缺陷。有的铸件虽然当时通过了着色探伤检查，但经用户使用一段时间后，又出现了这种裂纹。在此情况下，该厂采用了酯硬化水玻璃砂代替呋喃树脂砂作为制芯材料，直接用于生产，使铸件的裂纹缺陷基本消除。

后来，该厂把酯硬化水玻璃砂应用于壁厚相差悬殊的出口铸件：端梁、履带板、破碎机轴、大齿轮等，均取得了良好的效果。铸件的内在质量，尺寸精度表面粗糙度等都达到了技术要求，得到外商的认可。从1996年6月至今，该厂已累计使用酯硬化水玻璃砂生产出口铸钢件1000余吨。生产铸件的材质包括普通碳素钢、耐热不锈钢、高锰钢、中低碳低合金钢等。铸件壁厚15～400mm，铸件经着色探伤，超声波探伤等严格检查，满足了外商对铸件质量的要求。

▶ 资料来源：尹德英，杨玉芝. 酯硬化水玻璃砂的生产实践. 铸造，1999(4).

山东益都阀门厂主要生产各类阀门类铸钢件，如材质为WCB、ZGCr5Mo、规格型号为DN80～250mm的闸阀、截止阀和止回阀。以前的生产主要采用传统的CO_2硬化水玻璃砂，生产过程中暴露出许多问题，如水玻璃加入量高（6%～8%）、型砂的残留强度高、溃散性差、铸件出砂清理及旧砂再生回用困难、型芯存放性差、铸件外观质量差和型芯表面易粉化等。CO_2硬化水玻璃砂工艺存在的上述不足，限制了铸件质量的进一步提高，亟待解决。

该厂经过考察论证后，最终采用了酯硬化水玻璃砂工艺，因为酯硬化水玻璃砂具有如下优点：①水玻璃加入量低，一般在2.5%～3.5%，型砂强度高；②型砂工艺性能优良，冬季硬透性好，硬化速度可通过粘结剂和固化剂种类进行调整；③型芯砂溃散性好，铸件出砂清理容易；旧砂易于干法再生，回用率大于80%；④铸件质量和尺寸精度可与树脂砂工艺生产的铸件相媲美；⑤型芯砂热塑性好，发气量较低，可防止铸件产生裂纹和气孔等缺陷；⑥原砂的适用范围广，可以用硅砂、铬铁矿砂及镁橄榄石砂等。

▶ 资料来源：张怀嵩. 酯硬化水玻璃砂的生产实践. 机械工人：热加工，2004(9).

5.6 水玻璃砂的再生

传统水玻璃砂工艺中，加入的水玻璃较多，导致其溃散性差，旧砂再生困难。近年来，由于广大铸造工作者的努力，水玻璃砂的工艺有了很大改进，情况发生了很大变化，主要是：①水玻璃砂工艺的改进，使型砂中水玻璃加入量大幅度下降，改善了型砂的溃散性，降低了旧砂再生的难度；②各种旧砂再生新工艺、新设备的研究开发成功，为水玻璃旧砂再生提供了前所未有的有利条件；③对水玻璃基础理论研究的深入，为水玻璃旧砂的再生和再生砂的应用提供了理论指导，使各种物理再生和化学再生有机地结合起来。旧砂再生的过程得到简化。干法再生砂已用于大型铸钢件的背砂和中小型铸钢和铸铁件的单一砂。

5.6.1 水玻璃砂砂块的破碎

传统的水玻璃砂工艺，由于水玻璃加入量多，浇注后砂型残留强度高，有些型砂的残留抗压强度可达 10MPa 左右，尤其是生产大型铸钢件浇注后的砂型，在长时间高温作用下，石英砂和水玻璃被烧结成整体，几乎不能破碎，勉强破碎也只能是大块变小块，很难获得接近原砂的粒度。水玻璃砂溃散性差、再生难的问题长期困扰着铸造工作者。

与传统的水玻璃砂工艺相比，近年来一些单位开发的水玻璃砂工艺，型砂中水玻璃加入量显著降低，型砂溃散性明显改善。表 5-11 是近年来一些企业和研究单位开发的几种新型水玻璃砂的残留强度。

表 5-11　几种新型水玻璃砂的残留强度

序号	型砂种类	1000℃残留抗压强度/MPa
1	CO_2 硬化 RC 系改性水玻璃砂	≈1
2	CO_2 硬化强力 2000 多重变性水玻璃砂	0.86～0.92
3	CO_2 硬化 Solosil 433 改性水玻璃砂	0.097～0.26(800℃加热 20min)
4	有机酯水玻璃自硬砂	≈0.2
5	普通 CO_2 硬化水玻璃砂	≈2

从表 5-11 中型砂残留强度数据可以看出，近年开发的水玻璃砂工艺中，水玻璃砂的残留强度降低很多，溃散性有了很大的改善。但对于受热影响较小的部分，砂型仍保留较高的残留强度，接近浇注前的型砂终强度，用一般振动破碎机、颚式破碎机、对轨式破碎机、捶击式破碎机等均能进行破碎，而且可以直接破碎成砂粒，供后续的再生处理。

5.6.2 水玻璃砂的再生方法

1. 湿法再生

湿法再生的特点如下：①旧砂中的 Na_2O 去除率高，一般可达 80% 以上，有的甚至可超过 90%；②再生砂回用率高，可达 90% 以上；③再生砂可作为造型的面砂和单一砂使用；④对于酯硬化水玻璃旧砂，能有效去除残留酯，延长再生砂混砂后的可使用时间。

湿法再生的不足是：再生工艺和设备系统较复杂，湿砂需脱水烘干，热砂需冷却，湿法再生的污水需经处理后循环回用或无害排放。但是，由于污水处理所需的费用高，造成湿法再生的成本比干法再生高许多。

湿法再生虽然费用高，但对水玻璃砂来讲，有较好的再生效果。处理以后的砂子可在配砂时 100% 的使用，不必掺用新砂。

不同硬化工艺的水玻璃旧砂，湿法再生的难易程度不同。用湿法再生时，水玻璃砂的粘结膜容不容易脱除，与其脱水程度有关。如果胶粒间含有的水分较多，湿

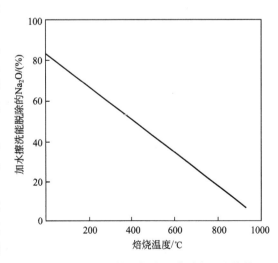

图 5.25　湿法再生效果与粘结膜脱水程度的关系

法再生的效果就较好；如果硅酸凝胶完全脱水了，则非常难溶，再生效果也就较差。如果我们以加水擦洗后能除去的 Na_2O 量表示再生效果；以水玻璃粘结膜焙烧的温度表示其脱水程度，由图5.25就可以看出：水玻璃粘结膜脱水程度越高，旧砂就越难再生。

好在砂型浇注后，加热到800℃以上的砂子并不太多，而且贴近铸件的砂子相当大一部分会被铸件带走而损失掉，所以，湿法再生能有较好的效果。图5.26所示为一种效果较好的湿法再生系统。

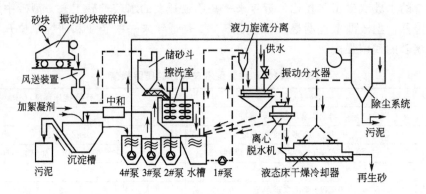

图5.26 湿法再生系统组成

旧砂经振动砂块破碎机将团块破碎，砂粒经风送装置送到储砂斗，储砂斗中的砂用螺旋定量器送入擦洗室，同时由2#水泵送来循环水，用叶片强力擦洗，擦洗后的砂浆流到1#水槽，砂粒沉降后用1#泵送到液力旋流分离器，分离以后，半干砂流到振动分水器，水则返回1#水槽。砂子经过分水器时，用4#水泵送来的干净循环水和新鲜自来水（必要时）清洗，分离的水返回1#水槽。然后，干净砂浆进入离心脱水机，使水分降到5.0%。干净砂再进入流态床干燥冷却器，将水分蒸发，使砂子冷却。最后，将再生砂送入砂库备用。

粉尘由流态床上的罩子吸走，用4#水泵送来的干净循环水湿法除尘。

循环水部分，由1#水槽溢流到2#水槽，由此送到擦洗室。2#水槽的水再溢流到3#水槽，用3#泵将此槽中的水送去进行中和处理。

水中残留的碱性物质由吹入的 CO_2 中和，中和后加絮凝剂使固体在沉淀槽中沉淀。干净的中和过的水流入4#水槽，没有废水污染环境的问题。

2．干法再生

水玻璃旧砂干法再生系统的优点是设备的结构和系统布置较简单，投资较少，二次污染较易解决。干法再生的缺点是 Na_2O 的去除率低，一般不超过30%，采取增加撞击次数或摩擦时间的办法可提高 Na_2O 去除率，但砂粒容易破碎和粉化。采用加热旧砂的办法，同样存在增加设备投资和能源消耗，以及热砂冷却等问题。

由于干法再生水玻璃旧砂的除膜率低，再生砂的质量不高，因此，一般只能用作背砂。若干法再生前对水玻璃旧砂进行120～200℃的加热预处理，可以提高干法再生的除膜效果（去膜率增至15%～25%），而干法再生前对水玻璃旧砂进行320～350℃的加热预处理，还可以较大地消除再生砂粒上的残留物对再生砂性能（强度、可使用时间等）的影响，从而较大地提高水玻璃再生砂的再粘结强度，延长再生型（芯）砂的可使用时间。但再生前对旧砂进行加热，又会增加旧砂再生的能耗和成本，再生后对再生砂的冷却也需要设备和能源。

另外,在干法再生过程中,风选除尘是必需的环节,以便及时地去除从旧砂粒表面剥离下来的残留粘结膜。

可用于水玻璃砂干法再生的设备有立式逆流摩擦式、气流撞击式、机械离心式、卧式离心搅拌摩擦设备等,其中采用间歇式摩擦原理的设备脱膜效果较好。

3. 化学再生

湿法再生和干法再生隶属于物理再生的范畴,它们各有自己的优缺点。

随着对水玻璃砂基础理论研究的不断深入,学者们对水玻璃砂的硬化机理有了全新的认识。水玻璃砂的硬化过程可分为固化和强化两个阶段。

图5.27是水玻璃模数和浓度对粘度的影响,纵坐标为粘度,横坐标为Na_2O的含量,以它乘$(1+M)$便可以估算出含固量。因此,每一模数的水玻璃均有一个含固量的临界值。超过此临界值,水玻璃的粘度便直线升高,因失去流动性而趋向固化。

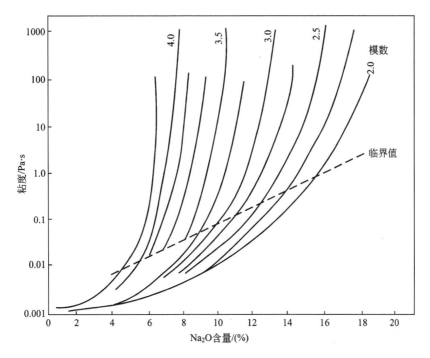

图 5.27 水玻璃 Na_2O 含量与粘度的关系

强化阶段是水玻璃单纯超越临界值以后,就应该停止CO_2、有机酯的加入量,否则便会发生过吹现象,固化的水玻璃依赖水分的挥发而逐渐增强。简言之,硬化水玻璃实际上是失水的高模数水玻璃,在此基础上,朱纯熙等人于1997年提出了水玻璃旧砂的化学再生法。

水玻璃砂浇注后,残留在旧砂中的Na_2O大致可分为3部分。

第一部分占5%~10%,存在于水玻璃侵蚀石英砂而生成的玻璃态中,并不影响回用砂的可使用时间。

第二部分占30%~35%,以电解质形式存在于Na_2CO_3或CH_3COONa中,能降低胶粒的ξ电位而促使胶粒凝聚或沉聚,能缩短回用砂的可使用时间,也能在高温下受热分解，并能侵蚀石英砂而降低石英砂的耐火度，是旧砂中的有害成分。

第三部分占60%左右，是模数接近于4.0的失水水玻璃，它具有可溶性，它可缓慢地溶解在水或另一份新鲜的水玻璃中。换言之，它具有可逆性，它因失碱和失水而固化，也可因复碱复水而恢复到液态水玻璃，如果因势利导，对此特性巧加利用，便成为"水玻璃旧砂化学再生法"的基本原理。

具体做法是：旧砂回用时，将新加入的水玻璃模数和浓度进行调整，使新旧水玻璃反应后的体系处于模数—浓度临界值以下，以确保足够的可使用时间进行混砂和造型。

水玻璃旧砂化学再生法并不能单独应用，应与物理再生法或"面背砂制"结合起来，因为第3部分可逆性的Na_2O与前两部分有害的Na_2O混杂在一起，目前还没有任何有效的分离方法，所以残留Na_2O仍需用物理方法(湿法或干法)除去一部分，否则，在旧砂不断循环使用中，Na_2O将无限积累，使用化学再生法后，旧砂中Na_2O除去率一般达到20%~30%，而且旧砂回用过程中不可避免有10%~15%的自然损耗，不断补充一部分新砂，即可将回用砂的Na_2O总量控制在适当的水平，减少了新水玻璃的加入量，而不影响旧砂的循环使用。也可以采用背砂工艺，即一般用30%一次性浇注的旧砂补充进来，这样Na_2O的积累将不会超过0.8%。或者采用低去除率与"面背砂制"结合起来，根据生产的具体情况及砂种的不同制定出合理的工艺流程。

水玻璃砂化学再生法已在沪东造船厂使用，目前应用于有机酯自硬砂。

5.6.3 水玻璃砂再生效果的评价

水玻璃砂的再生效果，一般以脱除的Na_2O占型砂中原Na_2O含量的百分数表示。干法再生，再生效果一般为60%，湿法再生可以到80%以上。

测定型砂中Na_2O含量的方法很多，铸造车间可以用下面所说的简易方法：将一定量的型砂置于烧杯中，加入蒸馏水，在磁力搅拌器上搅拌擦洗，然后用1N(即浓度为0.5mol/L)的硫酸滴定。由用酸的量求出砂中Na_2O含量。

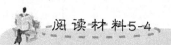
阅读材料5-4

湿型砂、水玻璃砂和树脂砂的环境污染

2001年5月，在斯德哥尔摩召开的联合国环境会议上，讨论通过并正式签署了《关于持久性有机物污染的斯德哥尔摩公约》，决定在全世界范围内禁用或严格限用艾氏剂、氯丹、狄氏剂、异狄氏剂、七氯、灭蚁灵、毒杀芬、六氯合苯、滴滴涕(DDT)、多氯联苯、二噁英和呋喃。其中，前8种立即禁用；滴滴涕严格控制使用，并应尽快用其他杀虫剂替代；多氯联苯目前仍需应用于变压器、电容器等工业设备，2025年起禁用；二噁英和呋喃是在燃烧和工业生产过程中产生的副产物，各国需采取措施将其限制在最低范围内。

根据有机物的不完全燃烧原则，有机物的燃烧必须超过1200℃才能被完全氧化，释放出CO_2和H_2O。低于1200℃，且在缺氧情况下，缩合成稠环烃，其中包括具有极强致癌性的α-苯并芘；在有氧情况下，生成含氧的芳烃，其中包括环境激素二噁英。

英国的疯牛病使人惊魂未定之时，又出现了比利时的毒鸡事件，在鸡肉中检出的致癌物质就是环境激素二噁英。追踪其来源，主要是焚烧垃圾时排放的烟道气中含有二噁英，二噁英散发到大气中，洒落到土壤和水域中，进入食物链，进入鸡肉中，最终为人所食。在铸造生产过程中，二噁英和呋喃的产生与铸造型砂中的湿型砂和树脂砂密切关联，是铸造生产过程中环境污染源之一。

下面比较湿型砂、树脂砂和水玻璃砂对环境的污染。

1. 湿型砂

美国 Southern 研究院用表5-12中的12种铸型砂分别制成两种铸型，浇注灰口铁，浇注温度为1450℃。浇注后将抽气罩罩在铸型上，收集铸型排出的废气。用 Tenax G. C. 吸附剂铺层和玻璃纤维滤器捕集和吸收散发的微粒总量。铺层和滤器分别用环己烷和苯萃取，测定它们含苯环化合物的质量。含苯环化合物借气相色谱——质谱联用，分离并检定其结构。检测结果见表5-12。表中列出了 α-苯并芘的质量，限于当时的认识条件，未检测二噁英和呋喃，但已知 α-苯并芘和二噁英都来源于芳构游基，二者应该具有一定的相关性。

表5-12 检出散发微粒、含苯环化合物和 α-苯并芘的质量

型 砂	砂铁比	配方(占原砂质量分数)/(%)	微粒量/mg	苯环化合物/mg	α-苯并芘/mg
湿型砂	3.3	膨润土3、煤粉6、水4	1652	1021	1.2
烘模砂	2.4	煤焦油1.6、膨润土5.7、粘土4.1、煤粉1.6、谷物0.8、水4	430	405	2.5
油砂	3.4	油1、谷物1、水2	472	355	0.30
呋喃热芯盒	2.5	树脂2、氯化铵0.4	211	181	0.002
呋喃树脂砂	2.6	粘结剂1.5、磷酸0.45	459	125	0.016
壳型砂	0.88	树脂4、乌格托品0.5	157	107	0.21
中氮呋喃砂	3.4	粘结剂1.5、对甲苯磺酸:甲醇(7:3)0.45	50	100	0.012
酚醛热芯盒	2.6	尿酚醛树脂2、氯化铵0.4	195	75	0.006
酚醛自硬砂	2.3	粘结剂1.2、苯磺酸水溶液0.36	66	61	0.002
醇—异氰酸酯砂	2.5	树脂1.5、异氰酸酯0.3、催化剂	74	21	0.020
水玻璃有机酯砂	2.8	粘结剂0.3(含糖10%)、有机酯0.3	17	13	0.010
酚醛尿烷砂	2.4	粘结剂1.5(树脂1:1)、催化剂	23	7	0.007

由表5-12可知，释出含苯环化合物的质量以湿型砂、烘模砂和油砂为最多，呋喃砂和酚醛树脂砂次之，异氰酸酯砂和水玻璃有机酯砂最少。但异氰酸酯砂需用剧毒和恶臭的季胺作催化剂，所以水玻璃砂是污染最轻的型砂。

按照美国国家职业安全卫生协会(NIOSH)的标准，铸造厂的CO体积分数应控制在 5×10^{-6} mg/m^3 之下，含苯环化合物 0.2mg/m^3，α-苯并芘 54mg/m^3；而湿型砂实测为含苯环化合物 4.9mg/m^3，α-苯并芘 5600mg/m^3。当时未测定二噁英和呋喃的释出量和浓度，估计也是大幅超标。所以，湿型砂除了黑色污染外，化学污染也极端严重，但其化学污染至今尚未引起人们注意。

2. 树脂砂

用作型砂粘结剂的有机树脂，品种极其繁多，大致可分为以下3大类。

(1) 糠醇—尿醛类，俗称呋喃树脂。按尿醛含量的多少，分别称作高氮、中氮和低氮

呋喃树脂。它们均依赖强酸催化硬化，如苯磺酸类、硫酸酯类和磷酸等，因此在浇注时释放出刺激性酸雾，如SO_2、SO_3、P_2O_5等。

（2）酚醛树脂。在固化和浇注过程中均有游离甲醛和游离酚释出，具有强烈的刺激性和毒性，严重恶化劳动条件。由于结构上的相似性，呋喃树脂在浇注时容易裂解出糠醇、四氢呋喃，直至呋喃。酚醛树脂容易裂解出苯酚和甲醛，苯酚在高温下又容易生成苯游基或酚游基，它们均易蜕变成二噁英和稠环芳烃。

（3）尿烷树脂。它与等量羟基化合物（酚醛树脂或多元醇）与多元异氰酸盐掺和后，在强有机碱（三乙胺或甲乙胺）催化下固化。异氰酸酯不耐高温，分解温度较低，所以生成含苯环化合物较少，与水玻璃有机酯砂相近。但异氰酸盐和叔胺均有剧毒，且后者恶臭，受热分解时并有少量氰$(CN)_2$生成。

树脂砂的化学污染早已引起铸造工作者的注意，但注意力都集中在游离酚、游离醛和酸雾方面。对于树脂砂的二噁英和呋喃的环境激素污染仍没有引起足够的关注。

3. 水玻璃砂

水玻璃无色、无臭、无毒，在造型、硬化和浇注过程中，都没有刺激性或有害物质释出，所以，它是无公害和清洁的型砂粘结剂。但若水玻璃质量不好，原砂质量太差，工艺和管理不到位，水玻璃加入量超过砂重的4%以后，便表现出溃散性不好。20世纪50年代初开始推广CO_2水玻璃砂时，水玻璃的加入量普遍高达7%~8%，有的工厂甚至超过10%。清砂的困难，不但消耗大量清砂工时，而且硅尘飞扬，造成"硅尘污染"。

由于同样的原因，水玻璃旧砂中残留Na_2O量过高，使水玻璃旧砂的再生相当困难。有的工厂大量废弃旧砂，造成环境的"碱性污染"。

3.1 水玻璃砂溃散性的改善

改善水玻璃砂溃散性的根本措施，在于将水玻璃加入量降下来，降到3%甚至2.5%以下。

通过选用优质的砂子和优质的水玻璃以及良好的工艺和管理，在一些比较先进的工厂，CO_2硬化水玻璃砂的加入量目前已能降到4%；采用有机酯法和真空置换硬化法（VRH法）的已降到3%。水玻璃砂的溃散性已有较大的改善。但人们希望CO_2法的加入量也能降到3%以下，有机酯法的降到2.5%以下。这除了依靠工艺改进外，还必须使水玻璃比粘结强度有较大幅度提高。因此，第二代水玻璃——多重变性水玻璃被开发出来，它比粘结强度较普通水玻璃提高了30%~50%。

实验证实，在正确的工艺规范下，使用多重变性水玻璃，辅以CO_2的预热、稀释、间断或脉冲通气，即使是CO_2硬化法，水玻璃的绝对加入量也可以降到2.5%以下，酯硬化降低到2.0%左右。溃散性问题解决好后，硅尘污染就可以降到最低程度。

3.2 水玻璃旧砂的再生和回用

水玻璃旧砂曾被错误地认为再生和回用非常困难，所以大量废砂被排放，造成环境"碱性污染"的原因主要如下。

（1）水玻璃加入过多。一般来说，水玻璃加入量在4%以下，尤其在3%以下时，无论溃散性问题或再生回用问题都比较容易解决。所以，在考虑改善旧砂再生方法时，首先应把水玻璃加入量降下来。

(2) 缺乏恰当的再生手段。传统的水玻璃再生法都依赖物理手段,称作"物理再生"。它又区分为"湿法再生"和"干法再生"两大类。前者去除率可以超过90%,但设备繁多,步骤繁复,再生费用几乎与新砂价格相当,后者去除率低,无法满足回用的要求。人们还是希望经过简单的干法处理后就能够回用作单一砂或背砂。

(3) 工作时间短。往水玻璃旧砂中加入新水玻璃,很快便固化,没有足够的可工作时间。因此,残留Na_2O被错误地认为有百害而无一利。实际上残留Na_2O中有约60%是模数为3.5~3.8的脱水水玻璃。对这部分残留Na_2O可进行化学再生,再生后的型砂可顺利地用作中小铸钢件的单一砂。

综上所述,随着水玻璃砂硬化工艺的进步和多重变性水玻璃及新的再生法的开发成功,它将克服"硅尘污染"和"碱性污染",率先实现无公害化和清洁生产的目标。

▶ 资料来源:朱纯熙,卢晨.水玻璃砂的环保优势.中国机械工程,2003(2).

本 章 小 结

与粘土砂相比,水玻璃砂具有流动性好、硬化快、铸造缺陷少等优点,但存在易粘砂、表面粉化、溃散性差、易吸潮和再生回用困难等缺点,因此,主要用于铸钢件和大型铸铁件上。

水玻璃砂有两种硬化方式:物理脱水硬化和化学硬化,这两者通常是共同存在的。铸造生产中,铸造用水玻璃砂的化学硬化常采用CO_2法。根据吹CO_2方式的不同,又分为直接吹CO_2法和真空置换硬化法(VRH法)。VRH法是砂型先在真空室内脱水,再吹CO_2硬化。不管哪种吹气硬化方式,都要考虑CO_2压力、CO_2吹气时间和残留水分的影响。

CO_2硬化水玻璃砂对原砂水分和含泥量都严格控制,一般采用含泥量小于1%的烘干原砂。一般采用先硬化后起模的新混砂工艺,以便降低砂型浇注后的残留强度,使铸件易落砂、易清理。

CO_2硬化水玻璃砂的性能包括常温性能和高温性能,常温性能主要包括常温强度、保存性和粘模性;高温性能主要表现为铸型加热时的体积变化和高温强度。

烘干硬化水玻璃砂是通过加热去除水玻璃中的水分,使水玻璃中硅酸钠聚合成硅凝胶,其最大的缺点是吸湿性太强,可能因吸湿而完全失去强度。加热硬化可采用过热蒸汽硬化和微波烘干硬化。

硅铁粉水玻璃自硬砂、硅酸二钙水玻璃自硬砂和水玻璃流态自硬砂的硬化剂都采用粉状固体物料,粉料颗粒的大小、颗粒在型砂中分布和粉料表面氧化或受潮都会影响型砂的硬化过程。有机酯水玻璃自硬砂采用液态硬化剂,硬化过程如下:有机酯在碱性水溶液中发生水解,生成有机酸或醇;然后与水玻璃反应,水玻璃脱水,模数升高;最后水玻璃进一步脱水固化。

水玻璃砂可采用湿法再生、干法再生和化学再生3种,其再生效果一般以脱除的Na_2O占型砂中原Na_2O含量的百分数表示。干法再生的效果一般为60%,湿法再生可以到80%以上。

【关键术语】

水玻璃砂硬化方式 CO_2 硬化水玻璃砂 真空置换硬化法 烘干硬化水玻璃砂 水玻璃自硬砂 水玻璃砂再生

综合习题

一、填空题

1. 水玻璃砂硬化的方式有_____和_____等。

2. 水玻璃砂吹 CO_2 硬化的方法中，主要受_____、_____和_____等因素的影响。当对水玻璃砂吹 CO_2 硬化时，过度吹 CO_2 会使型（芯）表面粉化，产生一层像霜似的白色物质，称为_____。

3. CO_2 硬化水玻璃砂的性能主要包括_____、_____和_____等。

4. 水玻璃砂在混砂时加入液态或固态硬化剂，在室温下能够自硬，不必吹 CO_2 或加热，砂型（芯）在硬化后起模，这种水玻璃砂称为水玻璃自硬砂。目前国内常用的水玻璃自硬砂有_____、_____和_____。

5. 水玻璃砂存在的突出问题是_____、_____、_____和_____等。

6. 水玻璃砂的常用物理再生方法包括_____和_____两种，其再生效果的评价一般以_____表示。

二、选择题

1. 水玻璃砂中使用较多的水玻璃是_____。
   A. 钾水玻璃   B. 钠水玻璃
   C. 锂水玻璃   D. 以上全是

2. 在 CO_2 硬化法水玻璃砂吹 CO_2 气体是发生_____而硬化的方法。
   A. 化学反应   B. 物理反应
   C. 化学反应和物理反应   D. 聚合反应

3. 在水玻璃砂中加入粘土等附加物主要是为了_____。
   A. 增加透气性   B. 增加干强度
   C. 增加湿强度   D. 降低溃散性

4. 在水玻璃砂中，水玻璃的模数过高或过低都不能满足生产要求，一般情况下将模数调节到_____。
   A. $M=1\sim 2$ B. $M=2\sim 3$
   C. $M=3\sim 4$ D. $M=4.5\sim 5.5$

5. 水玻璃砂主要应用在_____生产上。
   A. 大型铸钢件和铸铁件   B. 小型铸钢件和铸铁件
   C. 有色金属件

三、简答题

1. 水玻璃砂有什么优缺点？

2. 如何防止 CO_2 吹气硬化水玻璃砂型(芯)的表面粉化？
3. 如何提高水玻璃砂型(芯)的抗吸湿性？
4. VRH 法的技术特点和工艺是什么？
5. 比较水玻璃旧砂干法再生和湿法再生的优缺点。
6. 有机酯水玻璃自硬砂的硬化原理是什么？
7. 何为水玻璃自硬砂？有哪些类型的水玻璃自硬砂？

四、思考题

你认为水玻璃砂有望成为无废砂排放的环保型型砂吗？

【案例分析】

根据以下案例所提供的资料，试分析：

(1) 以微波加热时间为横轴，抗压强度为纵轴，将表5-13中的数据制成图，分析微波加热时间和水玻璃加入量对试样抗压强度的影响规律，并给出合理解释。

(2) 分析表5-14中数据的规律(可仿照(1)作出图，再分析)，并解释得出的结论。

(3) 分析表5-15中的数据，它说明了什么？

(4) 表5-16中的数据说明：试样吸水量随水玻璃加入量增大而增大；相同水玻璃加入量的试样吸水量随环境湿度增加而增大。说明出现这种规律的原因。

 分析案例

微波硬化水玻璃砂溃散性和吸湿性的研究

进入21世纪以来，人们的环保意识日益增强，实现绿色铸造成为迫在眉睫的任务。水玻璃砂具有强度高、成本低、生产工艺简单、环境友好等优点，因此，水玻璃砂工艺被认为是最有可能实现绿色清洁生产的型砂工艺。但水玻璃砂工艺的两大难题——溃散性差和旧砂再生困难制约了它在铸造行业中的广泛应用。

实践研究表明，解决溃散性差问题的关键是提高水玻璃的粘结效率，从而降低水玻璃的加入量。微波加热具有"强脱水，无反应"的特点，可使砂型(芯)的温度升高、脱水硬化，而不受砂型厚薄不均、复杂程度影响，而且各个部位能够同时硬化而不会产生过热；同时，也大幅度提高了水玻璃的粘结效率，在满足使用强度的前提下，可使水玻璃的加入量降至1.5%以下。

下面将通过试验研究水玻璃加入量、微波加热时间、微波加热功率对微波硬化水玻璃砂试样溃散性的影响，同时研究微波硬化水玻璃砂的吸湿特性。在这里，为表征微波硬化水玻璃砂的溃散性，分别测试试样抗压强度和残留强度的大小。

试验所用原材料如下。原砂为江西彭泽擦洗砂，粒度为50/100目；所用水玻璃的波美度为47°Be(折合成密度为 $d=145/(145-Be)=1.48 g/cm^3$)，模数 $M=2.3$，SiO_2 的质量分数为56%。

试验工艺如下。将称重的原砂和水玻璃按配比加入SHY叶片式混砂机内，混碾1.5min出砂。为防止混好的水玻璃砂的表面被空气中的 CO_2 硬化，每次混砂800g。取砂制样后，剩余砂用薄膜覆盖密闭。将混好的水玻璃砂填入模具中手工紧实后刮平，随模具一起放入微波炉里加热，根据试验方案要求加热一定时间，然后随炉抽风排湿2min后取出，用液压式万能强度仪测试抗压强度。将经过微波加热的"8"字形试样冷却至室温后，即刻放入到800℃的电阻炉中加热，保温30min，取出空冷至室温，用液压式万能强度仪测试残留强度。将经过微波硬化的试样称重后分别放置在不同湿度的环境中，经过试验方案要求的时间后，称重(为避免在两次称重之间试样砂粒脱落，影响试验结果，脱落砂粒被收集并称重)，研究其吸湿性。

根据上述试验工艺,当微波加热功率为1400W时,由试验所得的水玻璃加入量对试样抗压强度的影响的数据见表5-13;当水玻璃加入量为1.5%时,微波加热功率大小对试样抗压强度的影响的数据见表5-14;不同水玻璃加入量下的试样的残留强度数据见表5-15;水玻璃加入量对微波硬化砂型试样在不同湿度环境中的吸水量变化见表5-16。

表 5-13 水玻璃加入量对抗压强度的影响

水玻璃加入量/(%)	不同加热时间时的抗压强度/MPa			
	30s	60s	90s	120s
1.0	0.1	1.4	0.9	0.7
1.5	0.1	1.0	1.1	1.5
2.0	0.1	0.3	2.3	2.5

表 5-14 微波功率对抗压强度的影响

微波功率/W	不同加热时间时的抗压强度/MPa			
	30s	60s	90s	120s
700	0.1	0.15	0.8	1.0
1400	0.2	1.0	1.1	1.5
2000	1.1	1.7	1.85	1.9

表 5-15 水玻璃加入量、加热功率和时间对残留强度的影响

水玻璃加入量/(%)	700W 时残留强度/MPa				1400W 时残留强度/MPa				2000W 时残留强度/MPa			
	30s	60s	90s	120s	30s	60s	90s	120s	30s	60s	90s	120s
1.0	0.01	0.01	0.02	0.01	0.01	0.01	0.02	0.02	0.01	0.01	0.01	0.02
1.5	0.03	0.03	0.03	0.03	0.03	0.03	0.03	0.02	0.03	0.03	0.02	0.03
2.0	0.06	0.06	0.06	0.07	0.06	0.07	0.06	0.06	0.06	0.06	0.07	0.06

表 5-16 水玻璃加入量对试样在不同湿度环境中的吸水量影响

水玻璃加入量/(%)	环境湿度/(%)	放置不同时间试样的吸水率/g			
		2h	6h	8h	24h
1.0	82~85	0.055	0.070	0.072	0.078
1.0	95~97	0.060	0.083	0.100	0.190
1.5	82~85	0.055	0.088	0.089	0.110
1.5	95~97	0.056	0.110	0.113	0.228
2.0	82~85	0.065	0.090	0.100	0.133
2.0	95~97	0.090	0.155	0.178	0.335

资料来源:昝小磊,樊自田,王继娜.微波硬化水玻璃砂的性能.铸造,2008(4).

第 6 章
水泥自硬砂

本章知识构架

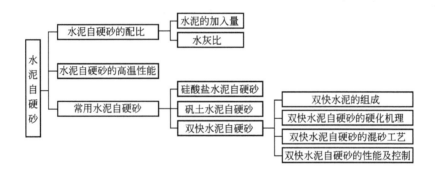

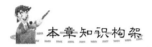本章教学目标与要求

- 熟悉双快水泥自硬砂，包括双快水泥自硬砂的组成、硬化机理、混砂工艺和性能及控制；
- 了解水泥自硬砂的配比和水泥自硬砂的高温性能；
- 了解硅酸盐水泥自硬砂和矾土水泥自硬砂。

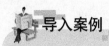

导入案例

水泥自硬砂的应用

水泥自硬砂是一种以各类水泥为粘结剂能自行硬化的型砂或芯砂。这种型(芯)砂的物理化学性能基本上是水泥、水、砂三者之间相互作用的特性的具体表现。按人们对可用水泥的认识，需用快速凝固的双快水泥或早期能很快凝固的超早强水泥，在混砂后0.55~1h内凝结，达到可以脱模修型的型砂强度，24h后砂型强度再增加而达到能够浇注的目的。

水泥砂是与水玻璃砂、树脂砂等相类似的一种自硬砂，它的特点是流动性好，与粘土砂相比浇出的铸件表面光滑，铸件不易产生夹砂、气孔、冲砂等缺陷，是铸造生产中一种较好的型砂。

武汉重型铸锻厂自1969年生产螺旋桨以来，一直采用500号水泥为粘结剂的普通硅酸盐水泥砂造型。1987年该厂用水泥砂为山东铝厂成功地铸造出大型铸钢件——滚圈。该铸件最大的外径5.57m，内径4.72m，高0.85m，壁厚0.425m，单重55t，浇注铁液重量70多吨，而且是整铸出厂。

苏州机床厂在对水泥砂进行各种性能试验的基础上，确定超早强水泥的最佳配料为：新砂100%，水泥8%，硼酸0.2%~0.4%，水分8%~10%。该种水泥具有良好的流动性，使用该早强水泥砂成功生产了CY5112型立式车床的立柱和横臂。比较用水泥砂和粘土砂两者的效果可以看出，不论是造型劳动力、清砂时间，还是原材料节约等方面，水泥砂均优于粘土砂。

资料来源：陈秀英. 螺旋桨铸造用水泥砂试验. 特种铸造及有色合金，1992(3).
金至开. 水泥砂型的生产应用探讨. 铸造技术，2008(9).

6.1 水泥自硬砂的配比

型(芯)砂配比要保证型砂具有一定的成型性能，然后经过一定时间之后能达到一定强度和其他性能，使制成的铸型、型芯能适于浇注，并获得质量良好的铸件。

1. 水泥加入量

通过实践总结，水泥自硬砂成型后，当其抗压强度达到0.2~0.4MPa即可起模或拆除芯盒，对于大中型铸件，达到1~2MPa即可进行浇注。据此，可根据水泥标号选定水泥的加入量，一般情况下以6%~12%为宜。若遇到水泥的早期强度低，影响起模，则可加入速凝剂；反之，若硬化太快影响正常操作则可加入缓凝剂。有的工厂往往采用加水来延缓型(芯)砂硬化速度的方法，但这种办法不宜推广。如果型(芯)砂含水量太高影响铸件质量，则可加入减水剂同时可减少水泥用量及型砂含水量。

2. 水灰比

一般认为，在硬化的水泥自硬砂中，水以下列3种形式存在：①硬化水化物的化合水，即结晶水；②水化物凝胶体的吸附水；③所有毛细孔和孔隙中所包含的水。

这3种形式的水的配比，由水泥水化的时间、水化的深度、水灰比、大气温度和湿度等条件来决定。实验证明：水化良好的试样经105℃干燥后，型砂内可以保留的水质量（主要是结晶水）为水泥质量的20%左右。在一般生产条件下，这个指标是不容易获得的，这说明水在水泥自硬型砂中，多数以自由水和吸附水的状态存在，较少的一部分才是结晶水。自由水和吸附水，在大气中有可能不断蒸发，但急于使用的铸型，就没有这种可能，这就是水泥自硬砂发气量大的原因。

型（芯）砂毛细孔和孔隙中有自由水存在，使水泥组成物的水化物不能渗入这些孔隙中去，造成砂粒表面缺少粘结剂包覆。而当其间的自由水蒸发以后，留下的孔隙，则又不能使砂粒之间形成较大的强度。可见水泥砂中含水量高时必然导致强度降低，凝结缓慢且发气量大，使铸件质量不能保证。因此，确定合适的水灰比是很重要的，应综合各方面的因素加以考虑。

在一般生产条件下，水灰比可选择在0.75～1.0的范围内，不宜有较大的波动。铸型浇注时的残留水分应在2%～3%，残余水分过多，浇注时铸件易产生气孔等缺陷。经实际测定，确定浇注时允许的残余水分见表6-1。

表6-1 残留水分允许范围参照表

铸件型芯使用范围	残留水分/(%)	铸件型芯使用范围	残留水分/(%)
壁厚≤15mm铸件的型芯	≤2.5	局部与铁水接触的型芯	≤5
壁厚>15mm铸件的型芯	3～4	一般铸型	5～6

铸型及型芯经过烘干后，可以防止铸件产生气孔，但烘干温度不能过高，一般采用200～300℃，否则会显著影响型砂强度。

6.2 水泥自硬砂的高温性能

水泥砂受热以后，水化物会发生脱水现象，被分解成氧化钙。生成的氧化钙受到水汽的影响发生二次水化，并伴有体积膨胀，破坏了水泥的结构，使其强度降低。各种水化物的脱水温度不相同，水化硅酸钙为160～300℃，水化铝酸钙为275～370℃，水化氧化钙为400～593℃，水化碳酸钙为810～870℃。水泥砂加热到不同温度的强度变化和试样失重的百分率如图6.1所示。

由图6.1可以看出，各种配比的水泥砂，它们的高温强度曲线形式是相同的。在250℃时都出现强度的最高峰，且其强度的最高值与室温强度值的比例基本相近，这是由于水泥凝胶脱水与部分氢氧化钙产生加速结晶，起了增大密度的作用，因而引起强度提高。升高温度则强度开始下降，在400～500℃之间时，强度恢复到室温强度，这是由于水化硅酸钙和水化铝酸钙脱水引起的。在400～800℃之间时，除水化物分解外，还有石英砂受热膨胀的影响，会引起颗粒间的相对移动，使水泥粘结强度受到破坏。当温度达到1000℃时，水化物全部分解，水泥的粘结作用受到完全破坏，强度达到最低点。在1100℃时，曲线稍有上升趋势，可能是水泥中氧化铁和氧化钙熔融生成的类似玻璃体物质而引起一定的固化。到1300℃时形成的玻璃体又被熔化，其强度又下降。由图6.1还可以看出，水泥砂的常温强度与高温强度之间有一定关系，常温强度高则高温强度也高。

改变水灰比或在水泥中加入添加剂对高温强度都有影响。如使用1.5%的氧化钙为速

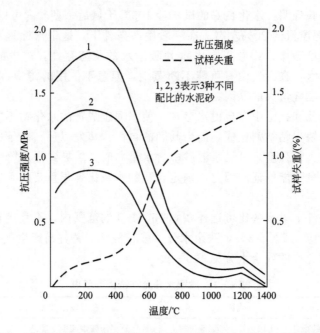

图 6.1 水泥砂加热到不同温度时的强度变化和试样失重百分率

凝剂,因其能促进水化反应,使水化物结晶完善而使常见的 250℃ 高峰不再出现,但使用 0.5% 的氯化钙时,则还会出现 250℃ 高峰。到目前为止,各种添加剂对高温强度的影响尚无固定规律可循,尚待进一步研究。

从水泥自硬砂的高温曲线特点可以看出,水泥砂的激热强度比粘土砂差。在金属液长时间的高温作用下,水泥砂铸型可能被冲刷破坏,使铸件产生砂眼、冲砂、夹砂等缺陷。试验也证明:在 1300℃ 进行激热试验时,随时间增长,型砂的抗压强度逐渐降低,激热 250s 后,各种成分的水泥自硬砂的抗压强度均低于 0.2MPa,激热 600s 以后则均低于 0.1MPa。因此,当用水泥自硬砂浇注大型铸件时,应采取相应的工艺措施,以免产生铸造缺陷。

6.3 常用水泥自硬砂

6.3.1 硅酸盐水泥自硬砂

早在 20 世纪 30 年代,国外已开始用硅酸盐水泥自硬砂来生产铸件。硅酸盐水泥自硬砂可用于铸铁及有色合金铸件的铸型和型芯。几种常用硅酸盐水泥自硬砂的配比见表 6-2,此表仅作参考,应根据具体情况适当调整。

表 6-2 几种常用硅酸盐水泥自硬砂的配比(质量分数) （%）

序号	原砂	水泥	膨润土	水	糖浆	氧化铁粉	焦炭粉
1	85	7	1	7	—	—	—
2	80	9.5	2	8	0.5	—	—

(续)

序号	原砂	水泥	膨润土	水	糖浆	氧化铁粉	焦炭粉
3	86.5	7	—	3	3.5	—	—
4	74	9	2.5	9	0.5	—	5
5	82	9	—	7	—	2	—

近年来利用添加剂的作用来加速这类水泥砂的凝结硬化过程，以满足生产条件的需求，其中行之有效的主要是水泥糖浆自硬砂。

因糖浆是粮食作物，供应受到限制，水泥糖浆自硬砂目前在国内应用不多，而在国外应用则比较成功。此种型砂是利用糖浆和石灰水及氧化铝发生化学反应生成糖酸钙和铝胶体的机理，引起快凝，同时促使水化硅酸盐提早结晶产生强度，来加快凝结硬化速度而获得理想的铸型。

一般使用的水泥标号为400号或500号。使用低标号水泥时用量较多，在10%左右，使用高标号时，可用7%～8%。水泥的矿物组成要求含快凝组分越高越好，且水泥的表面积应尽量大。

糖浆的作用是促使水泥早凝早硬，并能改善型砂的出砂性能和造型性能。糖浆加入量一般为3%～4%。

水的加入量也极为重要，由于糖浆改善了水泥颗粒的分散状况，水灰比控制在0.5左右，水的加入量在3%～4%已经足以满足水泥水化反应的需要。如果加水过多，水分蒸发缓慢，可能影响起模时间和24h以后的强度。图6.2所示为水泥砂强度与石灰水加入量的关系。

夏季和冬季气温相差很大，因而水泥糖浆砂的凝结硬化速度也有很大差异，可加入缓凝剂或促硬剂加以调整。图6.3所示为同一配方的情况下，水泥砂强度与温度的关系。

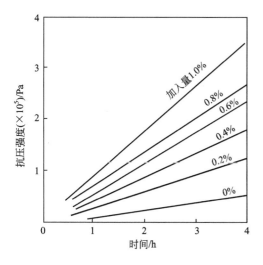

图6.2 糖浆水泥砂的强度与石灰水加入量的关系　　图6.3 糖浆水泥砂的强度与温度的关系

下面列举几种添加剂的加入量及它们对水泥砂强度的影响，如图6.4所示。其中水泥砂的配比为：40/70目天然石英砂100%，标号500的水泥8%，糖浆4%，水3%；添加剂溶液配比及加入量为：①0.5%的硼酸加入量1.5%；②0.5%的磷酸钠溶液加入量2.0%；③0.5%的氟硅酸钠溶液加入量1.0%。

从图6.4中可以看出，在加入适当添加剂之后水泥砂可获得足够的硬化性能，可以作为良好的粘结材料用于自硬砂。

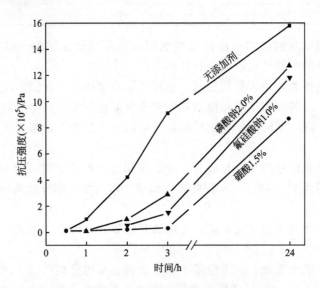

图6.4　添加剂对水泥糖浆自硬砂强度的影响

国内外的一些研究单位在硅酸盐水泥自硬砂中加入聚乙烯醇等有机粘结剂进行试验，结果表明，水泥砂中加1%聚乙烯醇后，在一定程度上综合了这两类粘结剂的优点。型砂配制后，水泥即逐渐吸收聚乙烯醇溶液中的水，使其变稠，从而使型砂具有强度。水泥水化后，也逐渐硬化而进一步提高了强度。

配制型砂时，先将聚乙烯醇在不断搅拌的情况下溶于70℃左右的热水中，聚乙烯醇在溶液中占15%，冷却后待用。聚乙烯醇水泥自硬砂的配比如下：原砂100%，硅酸盐水泥3%～5%，聚乙烯醇水溶液5.5%～6.5%。先将原砂和聚乙烯醇溶液混匀，然后加入水泥再混至充分分散为止。这种自硬砂不仅有良好的自硬性能，而且出砂性良好。

6.3.2　矾土水泥自硬砂

硅酸盐水泥由于耐火度不够，故主要用于铸铁和有色合金铸件。铸钢件用的铸型和型芯以及铸铁件用的半永久型往往采用矾土水泥作为型砂的粘结硬化剂。

矾土水泥用氧化铝为主要原料，加入适量的石灰石，经煅烧磨细而成。矾土水泥的化学成分中以 Al_2O_3 和 CaO 为主（Al_2O_3 占33%～35%），矿物组成中含有多种铝酸钙，如铝酸一钙 $CaO \cdot Al_2O_3$（简写为CA）、二铝酸一钙 $CaO \cdot 2Al_2O_3$（简写为 CA_2）、三铝酸五钙 $5CaO \cdot 3Al_2O_3$（简写为 C_5A_3）等。

矾土水泥自硬砂中，一般加入矾土水泥9%～12%，水7%～10%，有时还加入1%～3%糖浆和其他附加物。加糖浆时水分应相应减少。表6-3为几种矾土水泥自硬砂的组成，仅供参考。

表6-3 几种矾土水泥自硬砂的组成

序号	原砂	矾土水泥	水	糖浆	亚甲基双萘磺酸钠
1	84	8.5	7.5	—	—
2	84	8.5	6	2.5	0.1
3	86	7	7	—	—

在矾土水泥的水化物中，不像硅酸盐水泥那样存在大量的 $Ca(OH)_2$，所以高温作用下的体积收缩和强度降低较小。故矾土水泥砂可用来作铸钢件的铸型和型芯。

用20%矾土水泥作粘结剂，80%含氧化铝较高的矿砂（耐高温性能较好）作填充料，制成半永久性铸型和型芯，可简化造型工作并提高生产效率。

矾土水泥的硬化过程与硅酸盐水泥相似，但矾土水泥还具有高强快硬的特点。这是因为矾土水泥的主要成分铝酸盐水化反应快，其中 CA、C_5A_3 都能很快水化生成铝酸钙结晶和氢氧化铝凝胶 $Al_2O_3 \cdot H_2O$。CA_2 虽然水化作用较慢，但水化产物具有较高的机械强度。在各种铝酸盐中 CA 的水化过程最重要，它的反应式如下：

$$CaO \cdot Al_2O_3 \xrightarrow[\text{水化}]{H_2O} CaO \cdot Al_2O_3 \cdot 10H_2O$$
$$\downarrow \text{转化}$$
$$2CaO \cdot Al_2O_3 \cdot 8H_2O + 2Al(OH)_3 + H_2O$$
$$\downarrow \text{转化}$$
$$3CaO \cdot Al_2O_3 \cdot 6H_2O + 5Al(OH)_3 + 3H_2O \tag{6-1}$$

为了加快矾土水泥的凝结速度，可加入促凝剂，如 $Ca(OH)_2$、KOH、NaOH、Na_2CO_3 及锂盐等。反之，则可以加入缓凝剂如 NaCl、KCl、稀盐酸和甘油等来减缓其凝结速度。

但是，在实际应用中矾土水泥自硬砂存在两个问题。其一，矾土水泥水化时需水量很大，一般的水灰比为0.9~1.2，若水灰比过小则铸型表面性能很差。因此，其残留水分还是相当高，影响铸件质量。其二，水泥的凝结时间长，需要几小时才能达到起模强度。为了解决以上问题，可采用阴离子型减水剂来降低矾土水泥的水灰比，同时也降低了水泥的使用量。过去需用9%~12%的矾土加入量，而现在只用8%的加入量就可以满足强度需要。水灰比也可以减小到0.5~0.75即能保证有良好的表面性能。采用5%当量浓度的氧化锂作为促凝剂，在不同加入量的情况下，可使型砂的使用时间在 3min~6h 之间调节。

根据上述方法，采用以下配比配成两种矾土水泥自硬砂。矾土水泥8%，表面活性材料1%，氯化锂0.003%，水灰比分别为0.75和0.5。24h以后0.75水灰比的自硬砂强度为 1.5~2.0MPa，0.5水灰比的强度为 1.0~1.5MPa。这两种自硬砂在成型后30~40min，抗压强度都有0.2MPa，已能起模；24h后的残留水分都在2%以下，已能进行浇注。

矾土水泥的水化产物 $CA \cdot 10H_2O$ 和 $2CA \cdot 8H_2O$ 都是不稳定的产物，都将转变为 $3CA \cdot 6H_2O$。因此，提高温度时水泥硬化得更快，经过120℃烘干其强度可以急剧提高。但是 $3CA \cdot 6H_2O$ 的失水温度较低，在225~270℃时便全部失水，强度也突然降低，这对型砂的出砂性是有利的，尤其是浇注大型铸件更为有利。但是从激热强度考虑，矾土水泥又不如其他水泥自硬砂，因此在工艺上应采用措施防止冲砂。

目前,由于我国生产矾土水泥量不多,因而这种自硬砂的应用较少。

6.3.3 双快水泥自硬砂

双快水泥(又名调凝水泥)是快凝快硬水泥的简称。与普通水泥相比,双快水泥能在 2～30min 内凝结,而普通水泥则需 2～8h 才能凝结。普通水泥需要 28d 才能达到的强度,双快水泥在 9～24h 内就可达到。双快水泥主要应用于抢救工程或成批生产预制构件,已成为军工和建筑上的重要工程材料,因其有快凝快硬的特性,适合于铸造生产自硬砂造型。

能快凝和快硬的水泥材料按其熟料矿物组成来分,可分为硅酸盐类、氟铝酸钙类和硫铝酸钙类 3 种。尽管这 3 种的快凝组分各不相同,但用它们配制的自硬砂性能基本相同。为了简便起见,只介绍目前应用最多的硅酸盐类双快水泥自硬砂。

1. 双快水泥的组成

配制这种水泥的原料和普通水泥相仿,为了提高快凝组分的含量,在生料中加入矾土和增加石膏用量,另外还掺加一些矿化剂萤石。煅烧成熟料以后,磨粉也比较细,在熟料中为了控制快凝程度可以用半水石膏或酒石酸等调节。双快水泥熟料和普通水泥熟料的矿物组成和化学成分对比见表 6-4 和表 6-5,比较可见,双快水泥中,氧化铝含量较高,在矿化剂萤石的影响下,原来普通水泥中的快凝组分 C_3A 转变成双快水泥中的氟铝酸钙。

表 6-4 双快水泥和普通水泥熟料的矿物组成   (%)

水泥种类	C_3S	C_2S	$11CaO \cdot 7Al_2O_3 \cdot CaF_2$	C_3A	C_4A
双快水泥	55.7	6.7	26.0	—	4.6
普通水泥	55.1	18.3	—	7.9	14.7

表 6-5 双快水泥和普通水泥熟料的化学成分   (%)

水泥种类	烧失	SiO_2	Al_2O_3	Fe_2O_3	CaO	TiO_2	MgO	SO_3	K_2O	Na_2O	F	游离 CaO
双快水泥	0.29	16.80	14.19	1.51	62.62	0.53	20.32	2.48	0.53	0.41	1.63	0.50
普通水泥	—	20.87	6.07	4.83	65.9	—	—	—	—	—	—	0.53

两种水泥的物理性能见表 6-6,双快水泥比表面积大,约为普通水泥的两倍以上,这也是双快水泥能快凝快硬的原因之一。

表 6-6 双快水泥和普通水泥的物理性能

水泥种类	密度/(g·cm^{-3})	比表面积/(cm^2·g^{-1})	凝结特性		
			加水/(%)	初凝时间/min	终凝时间/min
双快水泥 17 型	3.03	6240	30	1.5	2.5
普通硅酸盐 600# 水泥	3.17	3088	—	121	175

2. 双快水泥自硬砂的硬化机理

双快水泥加水以后,其中快凝组分——氟铝酸钙在 1h 内与水反应完毕,迅速生成数量较多的水化硫铝酸钙针状晶体和铝胶,产生一定强度;接着其他组分在大量的硫铝酸钙的作用下,也很快地起水化反应,水化物迅速成长,获得快硬的效果。

双快水泥快凝组成物的水化反应,据资料介绍如下。

首先氟铝酸钙与水溶液中的硫酸钙起作用,生成水化低硫铝酸钙,并析出氟铝胶:

$$C_{11}A_7 \cdot CaF_2 + 6Ca(OH)_2 + 6CaSO_4 + 68H_2O \longrightarrow 6[C_3A \cdot CaSO_4 \cdot 12H_2O] + 2Al(OH)_2F \quad (6-2)$$

含有12个结晶水的水化低硫铝酸钙,在多余的硫酸钙作用下,生成含有32个结晶水的水化高硫铝酸钙:

$$C_3A \cdot CaSO_4 \cdot 12H_2O + 2CaSO_4 + 20H_2O \longrightarrow C_3A \cdot 3CaSO_4 \cdot 32H_2O \quad (6-3)$$

当生成水化硫铝酸钙时,会大量吸水使水泥变稠,并建立一定的早期强度。而有资料指出,普通水泥中的铝酸钙水化反应为:

$$C_3A + CaSO_4 \xrightarrow{H_2O} C_3A \cdot 3CaSO_4 \cdot 32H_2O \quad (6-4)$$

这个过程几乎不产生强度,但对快速硬化水泥来说,由于生成$C_3A \cdot 3CaO_4 \cdot 32H_2O$却能产生早期强度,这是因为所生成的$C_3A \cdot 3CaO_4 \cdot 32H_2O$不但数量有差别,其形态也有差别。

另外,在水化过程中还能析出$Al(OH)_3$胶体,即

$$C_{11}A_7 \cdot CaF_2 + 2CaSO_4 + Ca(OH)_2 \xrightarrow{H_2O} C_3A \cdot 3CaSO_4 \cdot 32H_2O + CaF_2 + Al(OH)_3 \quad (6-5)$$

也有人认为,前述所析出的氟铝胶在有$Ca(OH)_2$的情况下也能生成铝胶体,即

$$2Al(OH)_2F + Ca(OH)_2 \longrightarrow CaF_2 + 2Al(OH)_3 \quad (6-6)$$

生成的胶体填充在水化硫铝酸钙的晶体骨架中构成比较致密的结构,更促使强度提高。

此外,在生成水化硫铝酸钙的过程中,还产生大量的水化热,促进了硅酸三钙的水化并生成$Ca(OH)_2$,因而又反过来提供适当的钙度使生成水化硫铝酸钙的反应加快,如此相互促进,使这类水泥的凝结过程加快。硅酸三钙水化是水泥后期强度提高的原因。

为了便于理解双快水泥的硬化机理,可将上述各种反应归纳如图6.5所示。

调凝时加入的缓凝剂,主要是用来消耗水泥中存在的游离氧化钙和由硅酸三钙水化而

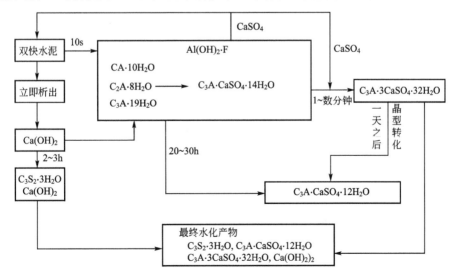

图 6.5 双快水泥硬化机理的水化反应

产生的氢氧化钙，从而抑制了氟铝酸钙和硫酸钙的反应。

3. 双快水泥自硬砂的混砂工艺

常用的双快水泥混砂工艺如下：先将原砂和双快水泥干混 1~2min，然后加水或缓凝剂及表面活性剂的水溶液，湿混 1~2 min 后即可出砂。也可以采用如下工艺：原砂和双快水泥及硼酸先干混 1~2min，后加水或纸浆废液湿混 1~2min 即可出砂。干混时要使砂和水泥混合均匀，否则对强度影响很大。用碾轮式混砂机的效果比连续式混砂机的效果好。

4. 双快水泥自硬砂的性能及控制

1) 双快水泥自硬砂的性能

双快水泥自硬砂的性能包括强度、出砂性、发气性、流动性、硬化速度和可使用时间等。

（1）强度。由于双快水泥的比表面积很大且具有快凝组分，能迅速生成针状水化硫铝酸钙晶体与铝胶，因而双快水泥自硬砂的早期强度较高。随着时间的增长，水泥水化反应的继续进行以及硅酸三钙的水化作用，强度逐渐增加，后期强度也较高，双快水泥加入量在 6%~8% 时，24h 后的双快水泥自硬砂的抗压强度可达 0.9MPa 以上，完全可以满足造型或制芯的要求。

（2）出砂性。双快水泥水化后生成的水化硫铝酸钙中含有很多的结晶水，当铸型在浇注过程中受热时，水化硫铝酸钙失去结晶水，破坏了它的内部结构，故双快水泥自硬砂的残留强度急剧下降，800~1000℃时的残留强度仅为 0.14~0.17MPa，因此，出砂性较好。几种自硬砂的残留强度比较见表 6-7。

表 6-7　几种自硬砂的残留强度比较　　　　　　（单位：MPa）

自硬砂种类	200℃	400℃	600℃	800℃	1000℃
双快水泥自硬砂	>1.2	0.89	0.55	0.17	0.14
硅酸二钙水玻璃自硬砂	0.91	0.2	0.17	0.63	>1.2
有机酯水玻璃自硬砂	>1.2	0.66	0.45	0.62	0.18

（3）发气量。一般来说，双快水泥自硬砂硬化后的残余水分较高，而且水泥水化后的生成物中含有较多的结晶水，在浇注过程中会产生较多的气体，所以发气量要比粘土砂的高，但比硅酸二钙水玻璃自硬砂的低些，如图 6.6 所示。

（4）流动性。在早期强度形成之前，即在可使用时间范围内，此时由于水泥水化反应生成物较少且存在着较多的游离水，水泥的粘结力很小，故湿态强度很低，因而在外力作用下砂粒之间互相滑动的阻力很小，流动性良好。

（5）硬化速度和可使用时间。在不加缓凝剂的情况下，双快水泥自硬砂的早期硬化速度很快，可使用时间却很短，一般在 15min 以下，给造型或制芯操作造成一定的困难，故常需加入缓凝剂调凝。

2) 性能控制

为了获得性能良好的双快水泥自硬砂，主要从水灰比、添加剂和温度方面进行控制。

（1）水灰比。使用约 10% 普通水泥时，水分控制在 6% 左右比较合适，提高水的加

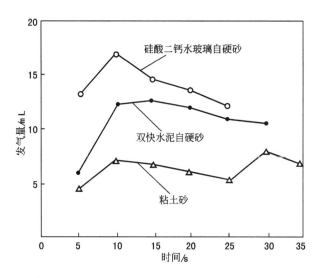

图 6.6　双快水泥自硬砂、硅酸二钙水玻璃自硬砂和粘土砂的发气性比较

入量，水泥砂的强度将受到影响。而用 10% 双快水泥时，水分虽在 4%～10% 之间变化，但对其早期强度发展影响不显著。含水量低时，早期强度发展快而 24h 后强度不再升高；含水量高时，对初期强度影响不大，但 24h 以后，强度还继续升高，因而根据铸造需要而定，宁可采用低的水灰比，以获得低的残余水分，从而保证铸件质量。采用低水灰比时，由于双快水泥水化时放热量大，使表面失水情况严重，影响表面稳定性，因此建议加入适量的保水剂。对双快水泥来说控制水灰比，主要是为了控制残余水分。为了保证铸件质量，在一般情况下把水灰比控制在 0.7～0.9 较好，水泥砂含水量在 6% 左右时，24h 以后的残留水量还可能在 3% 以上，对生产重要铸件时，这个含水量尚不够理想。

（2）添加剂。双快水泥的凝结时间比较短，很多反应都在短时间内完成，而且对很多添加剂非常敏感。微量化合物的掺杂就足以大幅度地影响其反应速度，甚至使水泥砂根本不存在可使用时间，因此使用添加剂时应慎重，通过试验后再进行。还应注意，添加剂用量的多少可以产生完全不同的结果。经常使用的缓凝剂有硼酸、酒石酸、柠檬酸等，用以消耗游离 $Ca(OH)_2$ 或水化生成的 $Ca(OH)_2$ 而起到缓凝作用。速凝剂则很少应用。为了增加铸型表面的稳定性，可加入减水剂如木质素或各种磺酸盐类。减水剂可降低自硬砂的水灰比，使含水量控制在 4.5%～5.5%，这样即可使 24h 后的残留水分小于 2%。

（3）温度。由于水灰比对双快水泥的强度影响较小，故可以用改变含水量的办法来补偿温度的影响，因而可认为温度对双快水泥砂的影响不大。实际上，当对水灰比严加控制时，温度的影响就可表现出来，因此，在实际生产中仍应重视温度的变化，并采取相应的措施。

本章小结

水泥自硬砂中水泥的加入量可根据水泥标号选定，一般情况下以6%~12%为宜，水灰比可选择在0.75~1.0的范围内。

水泥自硬砂的高温性能表现为水泥砂受热以后，水化物会发生脱水现象，被分解成氧化钙，而生成的氧化钙受到水蒸气的影响发生二次水化，并伴有体积膨胀，因此，破坏了水泥的结构，使其后期强度降低。

硅酸盐水泥自硬砂由于耐火度不够，主要用于铸铁及有色合金铸件。为了加快该自硬砂的早凝早硬，一般加入3%~4%的糖浆。

矾土水泥自硬砂的耐火度高于硅酸盐水泥自硬砂，可用来作铸钢件的铸型和型芯。一般加入矾土水泥9%~12%，加水7%~10%，有时还加入1%~3%的糖浆和其他附加物，但由于矾土水泥量不多，因而这种自硬砂的应用较少。

双快水泥自硬砂具有快凝快硬的特点。在双快水泥中，原来普通水泥中的快凝组分C_3A转变成氟铝酸钙。氟铝酸钙可与水快速反应，生成数量较多的水化硫铝酸钙和铝胶，产生一定强度；接着其他组分在大量的硫铝酸钙的作用下，也很快地起水化反应，获得快硬的效果。

双快水泥自硬砂具有早期强度高、残留强度低、流动性和出砂性好、硬化速度快、可使用时间短、发气性高的特点。因此，为了获得性能良好的双快水泥自硬砂，主要从水灰比、添加剂和温度方面进行控制。

【关键术语】

水泥自硬砂的配比　水泥自硬砂的高温性能　硅酸盐水泥自硬砂　矾土水泥自硬砂　双快水泥自硬砂

一、填空题

1. 一般认为，在硬化的水泥自硬砂中，水是以_____、_____和_____3种形式存在，而这3种形式的水的配比，由_____、_____、_____和_____等条件来决定。

2. 硅酸盐水泥自硬砂中加入糖浆可以制成水泥糖浆自硬砂，加入糖浆的目的是_____。

3. 由于在矾土水泥的水化物中，不含有硅酸盐水泥中大量存在的_____，所以高温作用下的体积收缩和强度降低较小。因此，可用来作铸钢件的铸型和型芯。

4. 在双快水泥中，氧化铝含量较高，因此，在矿化剂萤石的影响下，其快凝组分由原来普通水泥中的C_3A转变成为_____。

二、简答题

1. 简述水泥自硬砂的高温强度是如何随温度变化的。
2. 矾土水泥自硬砂在实际使用中存在哪些问题？如何解决？
3. 铸造厂用水泥砂时，为什么常用双快水泥，而不用普通硅酸盐水泥作粘结剂？
4. 如何有效地控制双快水泥自硬砂的性能？

第7章 树脂粘结砂

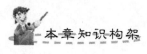
本章知识构架

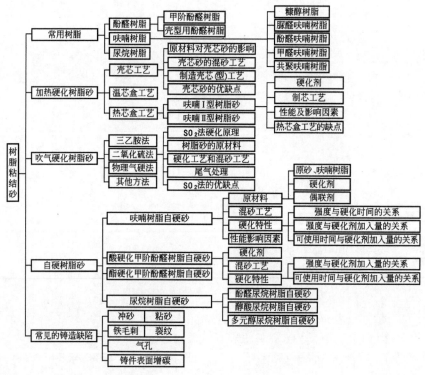

本章教学目标与要求

- 掌握壳芯工艺和热芯盒工艺，了解温芯盒工艺；
- 掌握三乙胺法和二氧化硫法吹气硬化工艺，了解物理气硬法及其他吹气硬化方法；
- 掌握呋喃树脂自硬砂，熟悉酸硬化和酯硬化甲阶酚醛树脂自硬砂，了解尿烷树脂自硬砂；
- 熟悉影响树脂自硬砂的工艺因素，掌握树脂砂中常见的铸造缺陷；
- 了解树脂砂的硬化方式及分类，了解常用树脂的组分、制取、特点及使用范围。

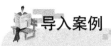

树脂砂在铸造生产中的地位

自 20 世纪 80 年代以来,树脂砂工艺在欧美、日本等发达国家发展很快,它已广泛应用于这些国家的机床、重型与矿山机械、造船及通用机械行业的大中型铸件生产中。

1989 年和 1992 年,在英国销售的各种树脂自硬砂粘结剂的销售比例为:呋喃树脂分别为 73% 和 54%,酚醛—尿烷为 99% 和 6%,酚醛—酯自硬粘结剂为 20% 和 40%。可见,在英国酯硬化酚醛树脂自硬砂的应用比例正在加大。

据不完全统计,英国 70% 以上的铸铁件和 20% 以上的铸钢件均采用呋喃树脂砂工艺生产,最大件重达 100t;在美国,化学粘结砂占全部型砂的 20% 以上,其中,40% 左右为树脂砂(不包括壳型壳芯、热芯盒、冷芯盒);在日本,大型铸件生产中 50% 以上是采用树脂砂,树脂工艺已占其铸造生产的第二位,仅次于湿型砂工艺。

在欧洲,树脂砂最大应用者为德国,1995 年德国批量生产用的化学粘结剂砂的组成情况如下:酚醛—尿烷—胺法占 57%、热芯盒法 16%、热壳法 13%、水玻璃 CO_2 硬化法 8%、酚醛—酯自硬法 2%、酚醛 SO_2 法 2%、酚醛 CO_2 法 2%。据原联邦德国铸造工程协会调查,在造型方面,1986 年采用树脂砂的比例已由 1975 年的 19.4% 提高到 30.2%;在制芯方面,到 1986 年已有 90% 的砂芯是用树脂砂制造的;到 1993 年,在化学粘结剂砂中,水玻璃砂仅占 2% 的份额,其余均为树脂砂,其中树脂自硬砂约占 63%。

我国于 20 世纪 70 年代开始研究和应用树脂自硬砂,在"六五""七五"期间,通过技术改造,已有十几家机床厂先后建起了树脂自硬砂生产线,所生产的铸件质量明显提高,使其机床铸件或机床产品打入了国际市场。同时,对酯硬化酚醛树脂砂也开展了研究工作。如沈阳铸造研究所于 20 世纪 80 年代后期,成功地开发了新型酚醛树脂粘结剂。20 世纪 90 年代,我国在温芯盒法、低毒无公害气硬冷芯盒法、无余量铸造方面进行了技术攻关,也取得了令人满意的效果。但应看到,我国目前 80% 以上的单件小批量铸件生产厂,大多数还是采用粘土砂工艺,树脂自硬砂工艺还有待加速研究和推广应用。

问题:为什么树脂砂能够得到如此广泛的应用?

资料来源:董选普,黄乃瑜. 铸造用粘结剂的分类及发展方向. 铸造技术,1997(6).
王耀科,李远才,王文清. 国内外树脂砂的现状及展望. 铸造,1999(8).

7.1 概 述

铸造上所用 CO_2 硬化水玻璃砂是在吹硬后取芯,虽然尺寸精度和生产效率高,但出砂性差;植物油、合脂、渣油等粘结剂,虽然均有较好的性能,但硬化速度慢、需进窑烘干,故生产周期长,效率低且不易适应高度机械化、自动化流水生产的要求。此外,由于型芯是在湿态下自芯盒中取出后再进行烘干,故型芯易发生变形,尺寸精度不高而影响铸件质量。随着造型工艺的改进,铸件精度要求的提高以及批量生产的增长,这些问题表现更加突出,型芯的制造往往成为发展生产、提高铸件质量的薄弱环节。

基于以上原因,树脂粘结剂在铸造上被广泛采用。有机合成树脂作为芯砂粘结剂是制芯工艺的一大变革。由于采用了树脂砂,相继出现了许多制芯的新工艺,这些新工艺主要特点是:①制芯工艺过程简化,便于实现机械化和自动化;②型芯可直接在芯盒里(加热或不加热)硬化,不需进炉烘干,可取消烘炉;③型芯是硬化后取出的,变形小,精度高,提高了铸件的尺寸精确度,可以减少加工余量;④硬化反应快,只需几分钟甚至几十秒钟即可完成,大大提高了生产效率。

目前,用树脂砂制芯时主要有3种硬化方式,即加热硬化法(包括壳芯法、热芯盒法和温芯盒法)、吹气硬化法(有时也称为冷芯盒法)和自硬法(有时也称为冷硬法)。其中自硬法的固化时间比较长,属于采用树脂砂或者是树脂与无机粘结剂(水玻璃等)共同作粘结剂的自硬砂类,适合于小批量生产。

7.2　常用树脂

目前,用于不同铸造合金有不同的树脂,就同一种铸造合金而言,还可按铸件的大小和铸造厂的具体条件和采用的工艺方法,选用不同的树脂。所以,铸造用树脂的品种繁多,全世界铸造树脂的牌号不下数百种。但是,就树脂的基本组成来讲,主要有3大体系,即呋喃树脂、酚醛树脂和尿烷树脂。

必须指出,能用作型砂粘结剂的决不只限于这3类,不饱和聚酯树脂、环氧树脂等已经开始作为粘结剂进入铸造行业,其他高分子材料也在逐步为铸造行业所用。可以认为,一切在受控条件下能由线性结构发生不可逆交联反应的高分子材料,均有可能作为型砂的粘结剂。

7.2.1　酚醛树脂

酚醛树脂是最早出现的人工合成树脂,在1872年A. Baeyer就发表了研制酚醛树脂的成果,其后,很多人进行了大量的研究工作。酚醛树脂可分为甲阶酚醛树脂和诺沃腊克型酚醛树脂(也称为壳型(芯)用酚醛树脂)两种。

1. 甲阶酚醛树脂

甲阶酚醛树脂是苯酚和甲醛缩聚反应的产物。苯酚和甲醛缩聚的反应可分为3个阶段,在甲阶段,得到的是线型、支链少的树脂,可熔并可溶,称为甲阶酚醛树脂。

酸硬化或酯硬化的甲阶酚醛树脂应含有较多的活性羟甲基官能团($—CH_2OH$),硬化时活性羟甲基官能团反应,直至形成三维的交联结构而硬化。

制取甲阶酚醛树脂需要以下两个条件。①甲醛过量,即甲醛对苯酚的摩尔比大于1。在此条件下反应,生成多羟甲基酚,再经缩聚即得到甲阶酚醛树脂。随着甲醛用量的增加,树脂的活性增强,硬化较快,树脂砂的抗拉强度也较高。但是,树脂的粘度增高,储存寿命缩短,因此,要兼顾这两个方面,既要使树脂有足够多的活性官能团,又要使其粘度较低。②在碱性催化剂的作用下反应。在碱性介质中,生成的活性羟甲基官能团比较稳定,所以,制取甲阶酚醛树脂,通常用碱金属或碱土金属的氧化物或氢氧化物作催化剂。

甲阶酚醛树脂的制取过程如下。在碱性催化剂的作用下,苯酚和甲醛先发生加成反应,生成邻羟甲基酚和对羟甲基酚:

$$C_6H_5OH + CH_2O \xrightarrow{OH^-} o\text{-}HOC_6H_4CH_2OH \text{ 或 } p\text{-}HOC_6H_4CH_2OH \tag{7-1}$$

如果甲醛过量,则进一步反应,生成多羟甲基酚:

$$(\text{邻或对-羟甲基酚}) + CH_2O \xrightarrow{OH^-} \text{多羟甲基酚} \tag{7-2}$$

再经缩聚反应,即得到甲阶酚醛树脂:

$$2\,\text{羟甲基酚} \xrightarrow{OH^-} \text{甲阶酚醛树脂} + H_2O \tag{7-3}$$

缩聚反应完成以后,用酸中和原加入的碱性催化剂,以抑制其继续缩聚,即得酸硬化的甲阶酚醛树脂,pH 一般调至 4.5~6.5。

酯硬化的甲阶酚醛树脂,即通常所说的碱性树脂,也要采用措施抑制其继续反应,但 pH 控制在 11~13.5。

当前,一些工业国的热芯盒法,主要采用甲阶酚醛树脂,很少采用呋喃树脂。热芯盒用的甲阶酚醛树脂,甲醛与苯酚的摩尔比还要高一些。

酸硬化的甲阶酚醛树脂最主要的缺点是储存稳定性不佳。由于含有较多的活性羟甲基官能团,在室温下会自行缩合而变稠,并有水分分离出来。在一般情况下,储存期只能是 4~6 个月,若储存温度不超过 20℃,则可以更长一些。但树脂分层以后,仍可利用,其办法是将上部水分倾出,加入醇类(甲醇、乙醇或糠醇)将树脂稀释至所需的粘度。此时,应测定树脂砂的强度,并适当地调整配方。

甲阶酚醛树脂的另一缺点是在低温下硬化反应缓慢。如用甲苯磺酸或苯磺酸的水溶液作硬化剂,在环境温度低于 15℃时,型砂的硬化明显减慢,在 10℃以下,经 2~3h 仍不能具有脱模所需的强度。解决这个问题可以有两种办法:一是采用砂温控制器,保证原砂温度在 25℃左右;二是改用总酸度高的有机酸(如二甲苯二磺酸)作硬化剂,并用醇代替水作溶剂。

2. 壳型(芯)用酚醛树脂

壳型(芯)用的是诺沃腊克型酚醛树脂,其制取的条件与甲阶酚醛树脂不同。它需要满足以下两个条件:①甲醛对苯酚的摩尔比小于1;②用酸性催化剂。在上述条件下,苯酚和甲醛发生缩聚反应,得到诺沃腊克型酚醛树脂,其反应如下:

$$n\text{C}_6\text{H}_4\text{OH} + n\text{CH}_2\text{O} \xrightarrow{H^+} H\!\!-\!\!\left[\text{C}_6\text{H}_3(\text{OH})\!-\!\text{CH}_2\right]_n\!\!-\!\!\text{OH} + (n-1)\text{H}_2\text{O} \qquad (7-4)$$

(诺沃腊克型酚醛树脂)

诺沃腊克型酚醛树脂是黄色固体,其结构中对位不含羟甲基,本身不能自行缩聚,不会发生交联反应。所以,这种树脂具有可熔和可溶性,长时间加热也不会硬化,是热塑性线型树脂。因为诺沃腊克型酚醛树脂用作壳型覆膜砂的粘结剂,不少人称诺沃腊克型酚醛树脂为热固性树脂。

覆膜砂受热硬化是因为制覆膜砂时加入了潜硬化剂六亚甲基四胺(乌洛托品),受热后产生亚甲基,使线型树脂发生交联反应,成为不熔不溶的丙阶树脂。

7.2.2 呋喃树脂

呋喃树脂是铸造行业应用最广的树脂,可用于热芯盒工艺、温芯盒工艺、冷芯盒工艺和自硬工艺中。

呋喃树脂以糠醇为基础,并因其结构上特有的呋喃环而得名。糠醇以农业副产品为主要原料,先由玉米芯、稻壳、棉籽壳或甘蔗渣中提取糠醛,再在一定的温度和压力条件下加氢,即制得糠醇。我国制糠醇的原料极为丰富,据报道,日本生产的呋喃树脂所用原料40%以上从我国进口。

呋喃树脂就其基本构成而言,有糠醇树脂、脲醛呋喃树脂、酚醛呋喃树脂、甲醛呋喃树脂等。实际上,考虑到成本、性能等因素,常采用多组分的共聚呋喃树脂。

1. 糠醇树脂

糠醇单体在酸的催化作用下,可缩聚而得到线型分子的糠醇树脂,其反应式如下:

$$n\text{C}_4\text{H}_3\text{O}\!-\!\text{CH}_2\text{OH} \xrightarrow{H^+} H\!\!-\!\!\left[\text{C}_4\text{H}_2\text{O}\!-\!\text{CH}_2\right]_n\!\!-\!\!\text{OH} + (n-1)\text{H}_2\text{O} \qquad (7-5)$$

(糠醇) (糠醇树脂)

糠醇树脂在加热条件下或在酸性硬化剂的作用下,呋喃环中的一个双键可以打开,发生加聚反应,最后形成不熔不溶的三维结构。因此,糠醇树脂本身就可用作型砂的粘结剂。但是,用糠醇树脂作粘结剂的型砂,性能并不理想,而且树脂的价格很贵,实际上几乎不单独使用。

通常所说的呋喃树脂是糠醇与脲醛、酚醛、甲醛共聚(缩聚)而成的树脂。改变其中的组分,可以得到不同的树脂。

2. 脲醛呋喃树脂

脲醛呋喃树脂也称为糠醇改性的脲醛树脂,即通常所说的呋喃Ⅰ型树脂,为棕色或暗棕色粘稠液体，粘度为 $2\sim3\text{Pa}\cdot\text{s}$，pH 为 $6.5\sim7.2$，含水量 $\leqslant 18\%$，可存放半年以上。它一般由糠醇、甲醛和尿素在乌洛托品的催化作用下缩合而成，糠醇、甲醛和尿素的摩尔分子比为 $0.92:2.95:1$，其反应可分为以下 3 步。

(1) 尿素和甲醛的反应。尿素和过量的甲醛，在弱碱性介质中，于低温下进行加成反应，生成一羟基甲脲和二羟基甲脲。

$$\underset{(\text{尿素})}{\underset{|}{\overset{NH_2}{\underset{NH_2}{C}}}=O} + HCHO \xrightarrow{65\sim70\text{℃}} \underset{(\text{一羟基甲脲})}{\underset{|}{\overset{HNCH_2OH}{\underset{NH_2}{C}}}=O} \xrightarrow{+HCHO} \underset{(\text{二羟基甲脲})}{\underset{|}{\overset{HNCH_2OH}{\underset{HNCH_2OH}{C}}}=O} \qquad (7-6)$$

若将羟基甲脲在酸性介质中升温缩聚，则可得到稳定性高的水溶性脲醛树脂。

(2) 树脂化反应。二羟基甲脲和糠醇在弱酸性条件下，发生缩聚反应，得到脲醛糠醇树脂。

$$n\underset{(\text{糠醇})}{\square}-CH_2OH + n\underset{(\text{二羟基甲脲})}{\underset{|}{\overset{NHCH_2OH}{\underset{NHCH_2OH}{C}}}=O} \xrightarrow{H^+} \underset{(\text{脲醛糠醇树脂})}{[-N-\underset{|}{\overset{O}{C}}-N-CH_2-\square-CH_2-]} + nH_2O \qquad (7-7)$$

(3) 硬化反应。线型的脲醛糠醇树脂，在酸性硬化剂的催化作用下，将进一步失水缩合或双键打开发生加聚反应，导致形成三维的交联结构而硬化。

脲醛呋喃树脂的综合性能好，价格便宜，硬化速度也易于控制。其中脲醛的含量可在很大范围内变动，以适应不同的条件。要求含氮量低时，树脂中脲醛含量可以低到 10% 左右；用于铝合金铸件，则可高达 75%。

3. 酚醛呋喃树脂

酚醛呋喃树脂也称为糠醇改性的酚醛树脂，即通常所说的呋喃Ⅱ型树脂，它一般由糠醇、甲醛和苯酚合成，其反应相当复杂，这里以最简单的方式加以说明。

在苯酚分子中，由于—OH 的影响，其邻位和对位上的 H 容易与醛发生加成反应，形成多羟甲基苯酚。

$$\underset{}{\square}-OH + HCHO \longrightarrow \underset{}{\overset{OH}{\underset{}{\square}}}-CH_2OH \xrightarrow{+HCHO} \underset{CH_2OH}{\overset{OH}{\underset{}{\square}}-CH_2OH} \xrightarrow{+HCHO} HOH_2C-\underset{CH_2OH}{\overset{OH}{\underset{}{\square}}}-CH_2OH \qquad (7-8)$$

多羟甲基苯酚在酸性催化条件下，与糠醇反应，得到线型酚醛糠醇树脂。

$$2n\underset{}{\square}-CH_2OH + nHOH_2C-\overset{OH}{\underset{}{\square}}-CH_2OH$$

$$\xrightarrow{H^+} HO-[CH_2-\square-CH_2OH-\overset{OH}{\underset{}{\square}}-CH_2-\square-CH_2]-OH + 2nH_2O \qquad (7-9)$$
$$(\text{酚醛糠醇树脂})$$

线型的酚醛糠醇树脂在酸性硬化剂的作用下，即可发生交联反应而形成三维结构。

酚醛呋喃树脂不含氮，用于制造铸钢件，不会因氮而产生气孔缺陷，其缺点是型砂较脆，综合性能不够理想。

4. 甲醛呋喃树脂

甲醛呋喃树脂是指糠醇与甲醛在酸性催化剂的作用下，先发生脱水反应，再通过与链状的亚甲基结合变成由呋喃环连接起来的高分子物质。这种树脂通常是糠醇含量在90%以上的呋喃树脂，储存稳定性好。用甲醛呋喃树脂配制的树脂砂，常温及高温强度均好，可用于大铸件钢件及高合金钢铸件。由于糠醇含量高，甲醛呋喃树脂价格较高。

5. 共聚呋喃树脂

脲醛呋喃树脂有价格便宜和强度高的优点，酚醛呋喃树脂有不含氮和高温强度好的优点。为得到较好的综合性能，通常广泛采用的是由糠醇、甲醛、尿素和苯酚4种组分缩聚而成的呋喃树脂，简称为共聚树脂。各组分所占的分量均可在相当大的范围内变动。

7.2.3 尿烷树脂

尿烷树脂因其含羟基（—OH）的组分和含异氰酸基（—NCO）的组分在胺的催化作用下发生尿烷反应而得名，有时也称为聚氨基甲酸酯树脂或聚氨酯树脂。

尿烷树脂由两个组分组成，混砂时分别加入，然后在胺硬化剂作用下发生聚合。这与缩聚树脂在加入型砂之前就已部分聚合的情况不同，因而，也有人说它是分段聚合的树脂。

树脂的第一组分为含羟基的树脂，用于钢、铁铸件时，本组分为含羟基的酚醛树脂，因其有醚键，也称聚苄醚酚醛树脂。用于铝合金铸件时，为使型砂有较好的溃散性，本组分为多元醇。

树脂的第二组分为聚异氰酸酯。作为铸造用的粘结剂，常用4,4′-二苯基甲烷二异氰酸酯（MDI）或多苯基多次甲基多异氰酸酯（PAPI）。

聚异氰酸酯易与含羟基的物质发生反应，醇和水都含有羟基，故不能用醇作溶剂，也不能与水接触。在胺的催化作用下，树脂的两组分发生聚合反应如下：

$$\left[\text{\Large$\bigcirc$}\!-\!\text{OH}\right] + \left[\text{NCO}\!-\!\text{\Large$\bigcirc$}\right] \xrightarrow{\text{胺}} \text{\Large$\bigcirc$}\!-\!\text{O}\!-\!\overset{\overset{\displaystyle O}{\|}}{C}\!-\!\overset{\overset{\displaystyle H}{|}}{N}\!-\!\text{\Large$\bigcirc$} \qquad (7-10)$$

（第一组分）　（第二组分）

这种硬化反应无水分生成，故硬透性极好。酸催化的缩聚反应，有水分生成，若水分不能排除则反应将受到控制，故铸型外表易硬化而内部则较难硬化。

在没有胺的催化作用时，尿烷树脂的硬化反应也能发生，只是颇为缓慢而已。因此，用吹气（雾）硬化工艺时，混出好砂可使用时间较短，一般不能超过4h。

尿烷树脂体系的硬化剂为胺。用于自硬砂时，常为液态的叔胺或吡啶，可在混砂时加入，这样，连同树脂的两组分，就成了3组分体系。树脂制造厂供应自硬用尿烷树脂时，常将适量的胺加入树脂的第一组分中，使体系仍为两组分，以便在铸造现场使用。

吹气（雾）硬化时，用混成砂制成型或芯之后，吹入胺蒸气，即可使型砂在数秒钟之内硬化。用此种工艺方法时，所用的胺为三乙胺（TEA）或二甲基乙胺（DMEA），胺蒸气的载体为氮气或二氧化碳。

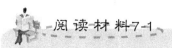

呋喃树脂的市场需求及生产状况

当今正是世界科技迅猛发展的时期，工业的快速发展对铸件的质量要求不断提高。在砂型铸造中，树脂粘结剂的应用能明显提高铸件的质量，同时带来显著的经济效益。因此，树脂粘结剂逐渐得到铸造界的普遍重视，从而树脂砂的应用得到迅猛发展。

就树脂砂铸造工艺的发展趋势，特别是呋喃自硬砂工艺的发展，有理由确信在未来树脂砂铸造将成为我国铸造业的主流生产工艺，并获得不断的发展和提高。同时，与之相关的树脂类有机粘结剂等材料的需求也具有良好的市场前景。

如果按照铸造生产砂铁比1：(3～4)的标准来讲，树脂使用量占砂1%的比例计算，每吨铸件将消耗树脂30～40kg，按照市场平均价格8000～10000元/t，即每吨铸件将消耗树脂材料价值为300～400元。表7-1列出了1995—2004年呋喃树脂粘结剂的市场需求量，由此，2004年的铸造用树脂的消费额超过6亿元人民币。与呋喃树脂所配套的固化剂按照50%的消耗比例，市场平均价格为3500元/t，则其消费额超过1亿元人民币。仅此两项就有超过7亿元的市场份额。不仅如此，这项工艺还在快速地发展，呈现快速地发展势头。

表7-1　1995—2004年呋喃树脂的需求量　　　　　　　　　　　　万t

年份	1995	1996	1997	1998	1999	2000	2001	2002	2003	2004
铸件产量	29	31.7	35.6	38.2	47.9	56.4	76.7	101.2	161	244
树脂用量	0.87	1.05	1.31	1.52	1.91	2.33	3.25	4.3	5.6	7.53

到2007年，中国已是全球最大的呋喃树脂原材料——糠醇的生产国和消费国，占全球供应量的67%、需求量的32%。中国8.35万t的巨额贸易顺差超过除中国以外全球需求量的一半，这使生产商面临全球价格压力的挑战。

2007年美国糠醇产量的74%用于生产呋喃树脂，其中约61%是自硬体系。西欧地区糠醇主要用于砂芯粘结剂用呋喃树脂的生产，占欧洲糠醛消费量的86%，同时78%是自硬体系。

糠醇价格有相当大的波动范围，且主要受中国国内的供需状况影响。糠醇合同价格主要是一年期，市场仅受约6家全球性运营的呋喃树脂生产厂家，如Ashland、Hexion、Ha International、Foseco和其他一些世界级公司的控制。由于70%～75%的糠醛转变为糠醇，因此，糠醇合同价格趋势与糠醛价格保持一致。

目前，我国铸造用各种树脂的生产厂家达300多家，占到世界铸造树脂生产厂家的60%以上。但是，厂家虽多，规模却太小，厂家生产的品种单一，这就构成了我国铸造树脂粘结剂生产存在的主要问题。以呋喃自硬树脂为例，日本和美国的用量与我国基本相当，但美国的生产厂不超过5家，日本也不超过10家，它们的平均规模都在年产数千吨甚至上万吨，而我国仅为年产几百吨或近千吨，即使经济不发达的印度也不过近

20家。目前,虽然全国有呋喃树脂生产企业大约200多家,但是能生产系列化铸造树脂的厂家却寥寥无几,只有济南圣泉,苏州兴业等为数不多的几家。济南圣泉在系列化生产方面最全面,2003年就已形成以初级原材料为主(玉米芯→糠醛→糠醇→呋喃树脂),销售呋喃树脂2.2万t,酚醛树脂1万t,冷芯盒树脂0.2万t,配套固化剂0.8万t,年销售额近4亿元的市场规模,稳居国内市场龙头老大的位置。圣泉和处于市场第二的苏州兴业(年销售呋喃树脂0.6万t,冷芯盒树脂0.3万t,配套固化剂0.3万t,年销售额近1亿元)处于遥遥领先的地位。至于其他国内的生产厂家多数以个体小作坊式发展,暂时以局部市场为依托,并且以单一的产品销售为主,不具有规模经济。

幸运的是,随着近几年国外跨国公司的进入,如英国的Foseco公司、美国的Ashland、德国的Ha International公司、日本的花王公司等,促使了国内的使用厂家对产品质量的认识,使一些生产厂家开始对产品的质量、稳定性和服务有了进一步的重视。

▶ 资料来源:李长元.树脂砂铸造用粘结剂市场分析与企业战略研究.天津大学硕士学位论文,2004.

7.3 加热硬化树脂砂

加热硬化的特点是所用的硬化剂为潜硬化剂,在常温条件下不起作用或作用甚微,经加热后才起作用,使树脂发生交联反应而硬化。

加热硬化工艺有壳芯(包括制造壳型)工艺、热芯盒工艺和温芯盒工艺。

7.3.1 壳芯工艺

壳芯工艺(也有人称为壳芯法)为德国人J.Croning在第二次世界大战期间发明,实际上是砂型铸造的发展。型砂所用的粘结剂是诺沃腊克型酚醛树脂,用六亚甲基四胺(乌洛托品)作潜硬化剂。将配好的砂料倾注在预热到250~300℃的模板上或芯盒中,经一定时间(15~50s)后,靠近模板或芯盒壁处的型砂受热,树脂熔化而将砂粒粘结在一起,沿模板或芯盒内腔形成具有一定厚度的壳,然后将模板或芯盒翻转,将未反应的砂料倒出,积聚加热一定时间(30~90s),开启模板或芯盒,把壳芯顶出,即得到薄壳状的铸型或型芯。也有人称此工艺为Croning工艺或C工艺。

1. 原材料对壳芯砂的影响

一般制作壳芯砂的原材料主要包括原砂、树脂和附加物,它们将决定或影响壳芯砂的性能。

(1) 原砂。原砂对树脂用量及铸件表面质量都有很大影响。一般选用颗粒较细的(70/140、100/200)原砂,分布在相邻的4~5个筛上,200号以下的砂粒小于10%~20%,圆形、表面光洁。一般而言,增加1%的粘土,干强度下降25%,所以需用含泥量小于1%的原砂,最好采用水洗砂。

(2) 树脂。一般采用线型热塑性酚醛树脂。有的树脂厂在制造树脂时,加入松香衍生物改性,以提高树脂的热塑性,从而可防止壳型开裂,减少铸件上出现脉状铁毛刺的可能。

(3) 附加物。为了改善树脂砂的性能,有时加入某些附加物。如加入砂重 2% 的石英粉可提高型芯的高温强度;加入砂重 3.0%～3.5% 的硬脂酸钙可增加壳芯砂的流动性,使壳芯表面致密,制壳时易于顶出,混砂时能降低混砂机的负荷,并能防止壳芯砂在存放期间结块;加入砂重 0.25% 的氧化铁粉可防止在铸件上产生皮下气孔。

2. 壳芯砂的混制工艺

壳芯砂有粉状砂和覆膜砂两种。

(1) 粉状砂。它采用普通的混砂方法,主要是使树脂粉末与砂粒混合均匀。为了使粉状树脂粘附在砂粒表面,在混砂时须加入润湿剂,如煤油、糠醛等,加入量为砂重的 0.3%～0.4%。先将砂和润湿剂湿混 3～5min,混匀后再加入粉状树脂(占砂重的 5%～7%)和六亚甲基四胺(占树脂质量的 15%～20%),再混 5～8min。粉状砂的混制比较简单,得到的铸件表面比较光洁,但树脂用量高,且混制时有灰尘,劳动条件差,储存、运输及吹制时树脂容易偏析,因而,仅在小批量生产中使用。

(2) 覆膜砂。覆膜砂是指树脂以一层薄膜包覆在砂粒表面,这样可以完全发挥树脂的粘结作用,改善树脂砂的性能,节省树脂用量。覆膜砂的混制方法可分为冷法和热法两种。

冷法覆膜砂是指在室温下制备的覆膜砂。混制时先将粉状树脂、六亚甲基四胺(乌洛托品)与原砂混匀,然后加入溶剂(乙醇、丙酮或糠醛),再继续混碾到溶剂挥发完,干燥后经破碎和过筛即可使用。溶剂的作用是使树脂溶于溶剂以便涂覆于砂粒表面。溶剂的用量根据混砂机能否密封决定,能密封的乙醇用量为树脂的 40%～50%,不能密封的乙醇用量为树脂的 70%～80%。这种方法有机溶剂消耗量大,仅用于小批量生产中。

有的树脂厂还将树脂溶于溶剂后出售,铸造厂只需将其与六亚甲基四胺(乌洛托品)和原砂混匀即可。为了提高混砂效率,在混砂时吹入空气,以加速溶剂的挥发,但溶剂在高温下蒸发有发生爆炸的危险。

热法覆膜砂的混制工艺如下。第一步,先将原砂预热到 140～160℃,倾入混砂机,随即加树脂,充分混匀,使树脂均匀地涂覆在砂粒表面。用高速叶片混砂机时,需时 60～90s。树脂的加入量视所要求的壳型强度而定,一般不超过 5%。第二步,加入乌洛托平以前,先加水使砂温降到 105～110℃。这一点非常重要,因为潜硬化剂六亚甲基四胺在 117℃ 以上即分解而起硬化作用,有部分树脂将发生不可逆的交联反应而失效。加水量大约是砂重的 2%。第三步,加入硬脂酸钙润滑剂,数秒钟后出砂。第四步,在覆膜砂温度降到 70～75℃ 时,放到筛砂机上,使团块在筛网上摩擦而破碎,以得到粒状的覆膜砂。

硬脂酸钙起到润滑的作用,有利于壳型脱模,并能改善覆膜砂的流动性而提高壳型的致密度。图 7.1 为相同条件下制得的试样质量与覆膜砂中硬脂酸钙加入量的关系,从图中可见,加入硬脂酸钙后,试样的质量明显提高,加入 4% 左右时,试样最重,即试样的致密度最高。此外,覆膜砂中加入硬脂酸钙后,在树脂用量不变的条件下,硬化后的强度提高约 90%,如图 7.2 所示。

热法覆膜砂不用溶剂,成本低,质量好,生产效率高,适合大量生产,但工艺控制较为复杂,需要专用混砂设备。目前,热法覆膜砂已作为商品供应。

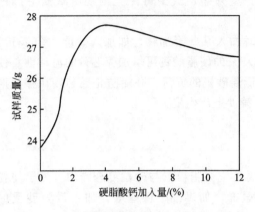

图 7.1 试样质量与硬脂酸钙加入量的关系　　图 7.2 硬脂酸钙加入量对覆膜砂强度的影响

3. 制造壳芯(型)工艺

制造壳型一般采用翻斗法，使砂粒借重力落到已预热的模板上。制造壳芯则较多地采用吹射方式将砂料送入芯盒，分为顶吹和底吹两种方法，如图 7.3 所示。

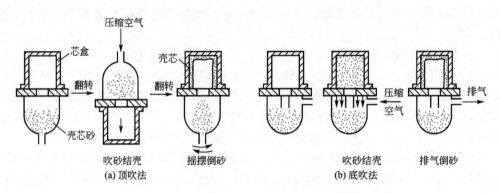

图 7.3 顶吹法和底吹法壳芯制造示意图

顶吹法需要翻转砂斗和芯盒，设备比较庞大、复杂，但因有摇摆倒砂机构，因此可以制造较复杂的型芯，如气缸体的缸筒砂芯、进排气管砂芯等。底吹法设备较简单，不带摇摆倒砂机构，目前常应用于小型芯的制造，如汽车机油滤清器壳、主动伞齿轮壳等型芯。

制造壳芯用的两种壳芯机和典型的壳芯如图 7.4 所示。

制造壳型和壳芯时，模板或芯盒的预热温度可以是 250～300℃，最好是 275℃ 左右。用铝质模具时，温度不宜超过 260℃。覆膜砂与热模板或芯盒接触后，经一定的时间即得到预期厚度的薄壳，壳厚的增长与模具温度和结壳时间的关系如图 7.5 所示。然后，将未反应的覆膜砂倾出，供再次使用。得到的薄壳再经一段时间进一步硬化后，利用模具上的顶杆脱模。此段硬化时间不宜太长，以免树脂过热，最好是表面呈淡棕色，不宜到深棕色，更不应发黑。

制造壳芯(型)的工艺过程虽然相当简单，但硬化成壳的机制却非常复杂，工艺参数的控制极为重要。壳型、壳芯制造工艺参数见表 7-2。

 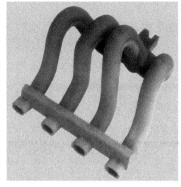 

(a) 壳芯机　　　　　(b) 典型壳芯(长城GW2.4Y进气管壳芯)　　　　　(c) K87壳芯机

图 7.4　壳芯机和典型壳芯的实物

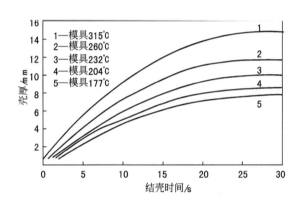

图 7.5　壳厚的增长与模具温度和结壳时间的关系

表 7-2　壳型、壳芯制造工艺参数

类型	模板芯盒预热温度/℃	工艺特点	吹砂压力/MPa	吹砂时间/s	结壳时间/s	烘烤温度/℃	烘烤时间/s	壳厚/mm
壳型	260～320	翻斗法	—	—	30～60	～400	60～240	6～8
小壳芯	250～300	底吹法	0.3～0.4	12～20	8	250～300	30～35	3～7
				2～4	15～30			
大壳芯	250～300	顶吹法	0.15～0.35	3～10	10～60	250～300	30～120	5～15

为了便于理解，成壳的工艺过程可大致分为以下 3 个阶段，但必须指出：这 3 个阶段并不截然分开，而是互相交错的。首先覆膜砂被模具或芯盒加热，温度逐渐提高，树脂膜逐渐软化而成为熔融状态。然后，相邻砂粒上的熔融树脂膜相连而成为粘结桥；树脂保持液态的时间越长，则越易形成强的粘结桥，但脱壳的倾向也越大。若树脂硬化太快，则无足够的时间流动，不能形成完好的粘结桥，强度也就不高。最后，六亚甲基四胺热解，提供使树脂发生交联反应的亚甲基，使树脂迅速硬化。

4. 壳芯砂的优缺点

与油砂或合脂砂、甚至与热芯盒工艺相比，用壳芯酚醛树脂砂制造大批量生产的Ⅰ、Ⅱ级型芯，有许多优点。

(1) 酚醛树脂砂固化后强度很高，常温抗拉强度高达 3.5～4.5MPa，比油砂大 2～3 倍，也比热芯盒砂强度高。

(2) 壳芯是中空的，具有良好的透气性和出砂性，故可用较细的原砂(100/200)，获得表面光洁的铸件，芯砂消耗量也很小。

(3) 壳芯砂在室温下一般不发生固化反应，能保存几个月。固化后的型芯吸湿性很小，可长期存放。

(4) 壳芯砂在固化前是松散的干态混合料，流动性特别好，能吹制形状很复杂的型芯。

由于以上这些优点，尽管酚醛树脂较贵，它在大量生产的铸造车间仍然得到应用，壳芯成本仍较油砂芯成本低。

目前主要问题是大型芯质量不够稳定，大壁厚的铸钢件表面粗糙，带有很多皱纹和凹坑，采用导热性能好的锆砂、铬铁矿砂代替石英砂可提高大壁厚铸钢件的表面质量。

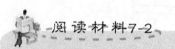
阅读材料 7-2

覆膜砂的发展和商品化

覆膜砂也称壳型(芯)砂，它最早是一种热固性树脂砂，由德国 Johannes Croning 博士于 1944 年发明。

覆膜砂具有良好的流动性和存放性，用它制作的砂芯强度高、尺寸精度高，便于长期存放。在国外尤其在日本、韩国、东欧等国家和我国台湾地区已被广泛应用。用覆膜砂既可制作铸型，也可制作砂芯(实体芯和壳芯)；覆膜砂的型或芯既可以互相配合使用，又可以与其他砂型(芯)配合使用；覆膜砂不仅可以用于金属型重力铸造或低压铸造，也可以用于铁型覆砂铸造，还可用于热法离心铸造；不仅可以用于生产钢铁金属铸件，还可以用于生产非铁合金铸件，其应用范围正在不断扩大。

我国于 20 世纪 50 年代末开始研究应用覆膜砂及壳型(芯)工艺，20 世纪 60 年代初曾一度停用。到 20 世纪 60 年代中期，覆膜砂和壳型(芯)工艺才又获得生产应用。但 20 世纪 80 年代中期以前，只有少数几家工厂采用自制的覆膜砂生产壳型(芯)。20 世纪 80 年代末，由于汽车工业的迅速发展和机械产品出口的需要，人们对铸件的质量提出了更高的要求，因而促进了覆膜砂生产和应用技术的快速发展。1986 年济南铸造锻压技术研究所首先开发出了新型覆膜砂生产技术，树脂加入量由 20 世纪 80 年代初的 6%～10% 下降到 3%～4%，接近同期国际先进水平。从此，覆膜砂开始商品化，原材料、覆膜设备和工艺不断改进，覆膜砂的质量也不断提高，生产成本不断下降。20 世纪 90 年代以来，已初步形成系列化。目前，我国铸造用覆膜砂年产量已达 55 万 t 以上，专业覆膜砂生产厂家有北京仁创铸造有限公司、沈阳华鼎铸造技术材料有限公司、重庆长江造型材料公司、广西柳州市柳江光明铸造材料厂和辽宁朝阳覆膜砂厂等近百家。

铸造用覆膜砂机械行业标准(JB/T 8583—2008),规定了覆膜砂的分级和牌号表示方法。覆膜砂按常温抗弯强度和灼烧减量分级见表7-3和表7-4。

表7-3 覆膜砂按常温抗弯强度分级

级别代号	8	7	6	5	4	3
常温抗弯强度/MPa≥	8	7	6	5	4	3

表7-4 覆膜砂按灼烧减量分级

级别代号	20	25	30	35	40	45
灼烧减量/(%)≤	2.0	2.5	3.0	3.5	4.0	4.5

铸造用覆膜砂的牌号表示如下:

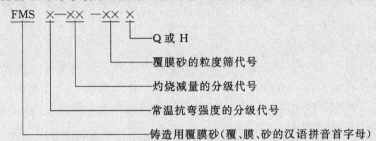

该标准还规定了铸造用覆膜砂必测的性能指标为:常温抗弯强度应符合表7-3的规定,灼烧减量应符合表7-4的规定,熔点为96~105℃,热态抗弯强度为1.4~4.0MPa,粒度按GB/T 9442的规定执行。选测的技术指标有常温抗拉强度、热态抗拉强度、发气量和流动性。有特殊要求时,可在订货合同中提出某些特殊技术指标,如热变形、溃散性、硬化速度等。

目前,我国商品化覆膜砂的主要品种如下。

1. 普通类覆膜砂

由石英砂、热塑性酚醛树脂、乌洛托品和硬脂酸钙等组成,不加有关添加剂。适用于生产一般铸铁件。

2. 高强度低发气类覆膜砂

它是普通覆膜砂的更新换代产品,通过加入有关添加剂和采用新工艺配制而成,其强度比普通覆膜砂高30%以上,发气量也明显降低。

适用于复杂精密铸件、铸铁件、中小铸钢件中要求发气量低的砂芯,如阀体砂芯生产。

3. 高温类覆膜砂

该砂一般是指覆膜砂的热强度大、耐热时间长、高温变形小,而不是指其耐火度很高。它是通过特殊的工艺配方技术(一般都是在硅砂覆膜时加入一定量的惰性材料如锆砂、铬铁矿砂、含碳材料或其他惰性材料等),生产出的具有优异高温性能和综合铸造性能的新型覆膜砂,具有耐高温、高强度、低膨胀、低发气、慢发气等特点。

适用于复杂薄壁精密的铸铁件(如汽车发动机缸体、缸盖等)以及高要求的铸钢件(如集装箱角和火车刹车缓冲器壳体等)的生产,可有效消除粘砂、变形、热裂和气孔等铸造缺陷。

4. 易溃散类覆膜砂

轻量化已成为汽车、摩托车的发展趋势,汽车质量每减轻1.0%,耗油量将降低1.0%左右,低密度的铝、镁等有色金属材料将更多地代替钢铁材料。

易溃散类覆膜砂就是针对有色金属(特别是铝合金)铸件不易清砂而研制的一种覆膜砂。该砂在具有较好的强度的同时具有优异的低温溃散性。用它生产有色金属(铝合金、铜合金等)铸件,不需要将铸件重新加热来清砂,只需将浇铸后的铸件冷却 24h 后,即可振动落砂。

5. 湿态类覆膜砂

通常生产的覆膜砂多是干态覆膜砂。上海汽车铸造总厂从德国引进的壳型生产线则使用湿态覆膜砂。分别用多种油类调湿剂混制了湿态覆膜砂,发现调湿对型砂的成型指数影响很大,却对强度和发气量的影响极小。几种调湿剂都能达到要求的性能数据,有的调湿剂调湿的覆膜砂还具有相当爽滑的润滑性。

6. 离心铸造类覆膜砂

该覆膜砂适用于离心铸造工艺,可用它代替涂料生产离心铸管等。根据铸管材质与直径大小及技术要求不同,可加工成不同性能的离心铸造覆膜砂。与其他各类覆膜砂的不同之处是该覆膜砂的密度较大一些,发气量较低且发气速度较慢。

7. 其他特殊要求覆膜砂

为适应不同产品的需要,开发出了系列特种覆膜砂,如激冷覆膜砂,湿态覆膜砂,防粘砂、防脉纹、防橘皮覆膜砂等。

> 资料来源:杨树春,伊凤泉.国内覆膜砂生产应用情况、发展趋势及建议.现代铸铁,2005(2).
> 蔡教战.我国铸造覆膜砂的生产、应用与展望.广西机械,2001 (4).
> JB/T8583—2008 铸造用覆膜砂

7.3.2 热芯盒工艺

热芯盒工艺是用射芯机以 $5×10^5 \sim 7×10^5$ Pa 的压缩空气,将湿态树脂砂射入加热至一定温度(180~260℃)的芯盒内,经几十秒至几分钟即可从热芯盒中取出具有足够强度的型芯。图 7.6 给出了双工位和单工位热芯盒射芯机及典型的热芯。与壳芯相比,热芯盒制芯工艺过程简单,硬化周期更短,而且型芯从芯盒中取出后,利用余热自身能继续硬化,因此具有更高的生产效率;热芯盒型芯用树脂粘结剂比壳芯用树脂粘结剂来源丰富,成本低,用量少;此外,热芯盒树脂砂的混制工艺也较简单。热芯盒用树脂品种较多,目前国内应用较广的有呋喃 I 型树脂和呋喃 II 型树脂。

1. 呋喃 I 型树脂砂

1) 硬化剂

酸类或酸性盐都能使呋喃 I 型树脂硬化,但从工艺上考虑,要求硬化剂在室温下呈中性或弱酸性,而在加热时放出强酸,促使树脂迅速硬化;硬化剂加热硬化的温度范围应较宽,否则砂芯易过烧;硬化剂应对人体无毒。

呋喃 I 型树脂砂的潜硬化剂为强酸弱碱盐,最常用的是氯化铵水溶液。氯化铵是酸性盐,在水中离解后,呈弱酸性,加热时因水解产物分解,而使酸性增强,其反应式为:

$$NH_4Cl + H_2O \longrightarrow HCl + NH_4OH \qquad (7-11)$$

$$NH_4OH \xrightarrow{加热} NH_3\uparrow + H_2O \qquad (7-12)$$

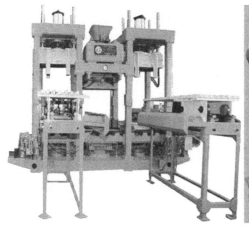
(a) 双工位热芯盒射芯机

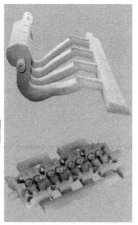
(b) 典型热芯(上：三菱4G6缸体水套热芯，下：长城GW2.4S缸盖热芯)

(c) 单工位热芯盒射芯机

图 7.6 热芯盒制芯机和典型热芯

氯化铵还能与呋喃Ⅰ型树脂中的游离甲醛反应而生成强酸：

$$4NH_4Cl + 6CH_2O \longrightarrow (CH_2)_6N_4 + 6H_2O + 4HCl \tag{7-13}$$

这将会导致树脂砂在射入芯盒之前硬化，因此，宜在加氯化铵的同时，加入碱性尿素作为缓冲剂，其配比为氯化铵∶尿素∶水＝1∶3∶3。缓冲剂尿素在室温下可防止树脂砂硬化，而不影响潜硬化剂在受热后的作用。尿素能与甲醛发生反应生成羟甲脲，故可用来减弱树脂砂硬化时散发出的刺激性游离甲醛气味。此外，尿素能稳定氯化铵水溶液，防止常温下长期存放时析出氯化铵结晶。

配制潜硬化剂时，首先将水加热到 60～70℃，然后加入尿素，再加入氯化铵，若它们溶解吸热而温度下降，就再将溶液加热，并继续搅拌，直到全部溶解成透明的溶液为止。该溶液的合理用量为树脂的 20% 左右。少加硬化剂，除芯子硬化不充分、强度低之外，实际上不会使树脂砂的可使用时间增长，反而会因带入的水分少而使可使用时间缩短。

此外，在原砂中加入 0.25%～0.30% 的氧化铁可防止在铸件上产生皮下气孔；加入硼酸也可起到同样效果，但型芯吸湿性也增加。

2）制芯工艺

热芯盒用树脂砂的混制应予以足够的注意，混砂方面的大意将会导致型芯强度降低。加料的顺序应是：砂→干附加物(Fe_2O_3)→硬化剂→树脂。每加一种料后，都要充分混匀后才能加下一种料。原砂的温度，保持在 20～25℃。

芯盒的加热温度为 180～260℃，型芯表面的强度足以承受顶杆的作用时，即可出芯。在芯盒中停留的时间，一般都不可能使型芯完全硬化。脱开芯盒后，借助于芯子的余热和树脂硬化放出的少量热，型芯仍有一继续硬化的过程。大约要待 2h 后，才能装入铸型。

吹射用的压缩空气，应经脱湿处理，其压力宜为 480～690kPa。应在保证型芯有足够紧实度的条件下，尽量降低吹射气体的压力。

3) 工艺性能及其影响因素

由于热芯盒法制芯要求芯砂在热芯盒内快速硬化成形，因此要求热芯盒砂应具备的性能就和油砂、合脂砂等不一样，热芯盒砂应具有干强度高、硬化速度快、流动性好以及硬化温度范围宽和适当的存放期等特性。呋喃Ⅰ型树脂砂主要工艺性能如下。

(1) 硬化温度及硬化速度。呋喃Ⅰ型树脂砂的硬化温度在140～250℃之间较适宜，一般几十秒即可从芯盒中取出型芯。芯盒温度高，硬化快，热态强度较高，但型芯容易烧焦，表面硬度低，芯盒也易变形；反之，芯盒温度低，硬化较缓慢，但能达到的最高冷拉强度较高，型芯表面质量也较好。

(2) 流动性与存放期。当用测孔法测定时，刚混制好的呋喃Ⅰ型树脂砂的流动性在3～5g，在0.5～0.7MPa压力下，可射制形状复杂的型芯。但混制的树脂砂在存放过程中流动性逐渐降低，经4h后，流动性降至40%～50%，所以存放期不宜超过4h，并需用湿布遮盖。树脂加入量过多、树脂粘度过大、砂温过高、硬化剂量过多等都可使流动性降低。树脂砂中的含水量增加可以延长存放期，但使硬化速度减慢，强度也降低。

(3) 发气性。呋喃Ⅰ型树脂砂比油砂发气量大，发气速度也快，在105℃时，在15s内大部分气体就能逸出。树脂加入量增加，发气量也加大。

(4) 吸湿性。呋喃Ⅰ型树脂是水溶性高分子有机化合物，因此，呋喃Ⅰ型树脂砂比油砂、芯砂吸湿性大，易使铸件产生气孔。吸湿的型芯可进行二次烘烤，在100～200℃保温2h，强度可以回升。

(5) 容让性和出砂性。对一般铸铁件所要求的容让性、出砂性都能满足，但对复杂薄壁铸件型芯，其出砂性尚需进一步改善。

4) 热芯盒工艺的缺点

热芯盒工艺的能耗相当高，在使用过程中产生刺激性的烟气。虽然在硬化剂中加入尿素后有所改善，但仍很严重。目前，由于其他高生产率制芯工艺的发展，此工艺已远不如过去那么重要。当用于生产铸钢件、部分球铁件和复杂薄壁的铸铁件时易产生皮下气孔和针孔。

2. 呋喃Ⅱ型树脂砂

当呋喃Ⅱ型树脂砂用于生产铸钢件和球墨铸铁件时，要求选用耐火度高的石英砂作为原砂，树脂加入量稍高于呋喃Ⅰ型树脂砂，一般为3%～4%，用六亚甲基四胺(乌洛托品)作硬化剂，加入量为树脂用量的10%左右，水的加入量也为树脂用量的10%左右。

呋喃Ⅱ型树脂砂的高温性能较好，脆性较小，吸湿性小，硬化速度较慢，存放性好，混制后24h后仍有流动性，未发现强度下降。但是，它比呋喃Ⅰ型树脂砂贵，只用于易产生粘砂或皮下气孔的铸件，用其可制作厚度为5～20mm的型芯。

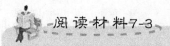
阅读材料7-3

热芯盒与壳芯制芯的比较

壳芯及热芯盒制芯这两种树脂砂制芯工艺方法，已成为国内外砂型铸造生产中的主要制芯工艺方法。与传统的植物油等烃类及烃的衍生物类有机粘结剂及无机粘结剂相比，它具有应用领域宽，铸件尺寸精度高，生产效率高等优点，更适应于工业化大生产的工艺技术要求。

然而，无论是从砂芯的配方、混制工艺，还是工艺特性应用效果上，壳芯与热芯盒制芯之间还存在着很大的差异。

1. 工艺性比较

壳芯与热芯盒制芯这两种树脂砂制芯工艺方法有其不同特点和工艺性，见表7-5。

表7-5 壳芯与热芯盒工艺的特点及工艺性对比

项　　目	壳芯法	热芯盒法
原料种类、数量	原辅材料种类数量较多，达5~6种	原辅材料种类数量一般为4种
混砂工艺繁简性	混砂工艺繁琐、复杂、效率低	混砂工艺简单、方便、效率高
配套设备多少	较多	较少
硬化温度	高，一般为250~300℃	较高，一般为180~260℃
常温抗拉强度	高，一般可达3.5~4.5MPa	较高，一般为1.5~2.5MPa
透气性	好	较好
出砂性	好	较好
流动性	好	一般（比油砂稍差）
芯砂可用时间	长，一般为3~6个月	短，呋喃Ⅰ型一般为3~4h，呋喃Ⅱ型一般为24~28h
吸湿性	很小	较强
砂芯存放时间	长，可达6个月以上	呋喃Ⅰ型为1~4周，呋喃Ⅱ型为3~6月
铸件表面光洁度	高	较高
芯砂耗用量	较少	较多
固化速度	较慢，一般是结壳加固化时间为2~3min	较快，<1min
生产效率	较低	高，是前者的2~4倍
适用范围	较窄，受砂芯结构、大小影响	较宽，不受砂芯结构、大小影响
常见缺陷	常出现"脱壳"问题，使壳芯和铸件合格率降低	常见缺陷为气孔，但可加氧化铁粉或硼酸克服

2. 应用效果比较

2.1 壳芯的应用效果

在铸造生产中，有部分适用壳芯的铸件。其壳芯的优点是：排气性好，有利于克服铸件的气孔缺陷；出砂性好，有利于减轻铸件落砂清理工作量；壳芯所用原砂形状好，粒度细，使得铸件表面粗糙度低，有利于提高铸件的表面质量。除此之外，壳芯砂由于是松散的干混合料，其流动性特别好，容易制作复杂的Ⅰ、Ⅱ级砂芯。

然而，壳芯因其砂芯是由薄薄的砂层（6~8mm）形成的，其结构强度较低，往往承受不起浇注过程中或浇注完毕铁水的压力，时常在一些相对薄弱处发生破损，致使铁水钻入砂芯内部。若在浇注过程中铁水钻入壳芯内部，将使铸件产生气孔、肉瘤缺陷，严重时还会发生沸腾甚至打炮现象，这不仅使产品报废而且设备安全也受到威胁；若在浇注完毕后铁水钻入壳芯内部，将使铸件产生上部少水，内部长肉瘤的缺陷，致使铸件报废。壳芯的这种内部钻水的缺陷是较为普遍的。生产中，常采用的措施是在壳芯内腔填充干态砂粒或造型粘土砂等使壳芯变为"实心体"砂芯后，才下入型腔进行浇注，这种低效率的手工填充砂粒的方法，效果不理想，而且不适合流水线的生产方式。

2.2 热芯盒芯的应用效果

目前，通常选用的呋喃Ⅰ型树脂砂有皮下气孔倾向性较大（可加氧化铁粉、硼酸等克服），射制复杂砂芯稍有困难，与壳芯相比出砂性稍差等缺点。但热盒芯的这些缺点一般均不影响灰铸铁件的正常生产。

热芯盒芯在生产应用中表现出的主要优点为：生产效率高，能满足流水线生产方式；砂芯结构强度适当，适用范围较宽，能保证获得合格铸件，且砂芯的成本低。

3. 成本分析

壳芯所用的覆膜砂、配套设备及其混制工艺、制芯工艺，使壳芯所形成的成本远高于目前通常所用的热芯盒制芯。下面对比分析两种工艺的相应成本，其具体差异主要见表7-6。

表7-6 两种砂芯成本因素的主要差异

影响成本因素	壳芯法	热芯盒芯（以呋喃Ⅰ型为例）
设备投资	混砂机投资较大，且维修费用高，对于制得相同数量的砂芯其制芯设备多，投资大	混砂机投资较小且维修费用低，对于获得相同数量的砂芯，其制芯设备较少，投资较小
树脂价格/(万元·t^{-1})	1.4~1.6	0.8~1.0
树脂加入量/(%)	一般为4~6	一般为3~4
附加物	种类：乌洛托平，硬脂酸钙 加入量较大，价格较高	种类：氧化铁粉 加入量较小，价格较低
原砂要求	较高	比前者低
能量消耗	混砂：能量消耗大 制芯：能量消耗较大	混砂：能量消耗比前者小得多 制芯：能量消耗比前者少2~3倍
砂芯破损率/(%)	一般为5~10	一般为3~5

从铸造厂的统计来看，壳芯所用的覆膜砂的价格一般为热芯盒芯砂（呋喃Ⅰ型）的2~3倍。

再考虑壳芯的破损率，壳芯所用覆膜砂少、质量轻等因素，对同一种砂芯用壳芯和热芯盒芯进行比较，壳芯的成本比热芯盒芯的成本一般要高45%~65%。若再考虑由于壳芯的破损而钻火致使铸件生产的废品率较高，则壳芯的生产成本就大幅度地高于热芯盒芯相应的生产成本。

问题：从以上分析可以得出什么结论？

▶ 资料来源：刘文川，梁应雄，刘谦．壳芯与热芯盒制芯的比较及应用前景．机械，1995(2)．

7.3.3 温芯盒工艺

温芯盒工艺于1968年问世，目前，欧洲、北美各国和日本都已在生产中应用。

温芯盒工艺受到普遍的重视，是因为其克服了热芯盒工艺的许多缺点。温芯盒工艺主要优点是：生产效率高；散发的游离甲醛少得多；没有游离酚；芯子抗吸湿能力强，能储存较长的时间；能耗低；芯盒不易变形，寿命较高。温芯盒工艺的主要缺点是成本高。

温芯盒工艺所用的混砂设备、制芯设备、工艺装备及工艺过程均与热芯盒工艺相同。初看起来，也许会以为温芯盒工艺就是热芯盒工艺，只不过是芯盒加热温度略低而已。但是，实际上两者是不同的，除所用的树脂和潜硬化剂大不相同外，工艺特点也有重要的差异。

温芯盒工艺采用低氮、低水分、低游离甲醛、无游离酚的高糠醇树脂。树脂中的糠醇为未聚合的单体，含量为70%左右，因而，树脂的粘度很低，保存一年以上，粘度亦不增高；树脂的含水量小于3%；视使用条件不同，含氮量为0.5%～4.0%；游离甲醛含量为0.3%左右。但是，高糠醇树脂的价格大致为酚醛热芯盒树脂的3～4倍。

温芯盒工艺所用的潜硬化剂为铜盐的水溶液或醇溶液。此种潜硬化剂在室温下非常稳定，在80℃以上即分解为强酸。加入量为树脂的20%～30%，其价格是热芯盒工艺硬化剂（氯化铵和尿素的水溶液）的4～8倍。

高糠醇树脂砂的可使用时间很长，在20℃下可达24h。在制造厚大芯子时，要增加其酸度，此时，可使用时间约为3h。芯盒的加热温度为150～230℃。

7.4 吹气硬化树脂砂

吹气（雾）硬化工艺是在热芯盒制芯工艺的基础上，为克服需要加热的缺点而发展起来的。树脂砂吹射或舂实于芯盒后，导入气体硬化剂或液态硬化剂的蒸汽，即可使芯子硬化。由于吹气硬化工艺不必将芯盒加热，故早期称为冷芯盒工艺。图7.7所示为3种应用较广的冷芯盒制芯机，图7.8所示为工业生产中的典型冷芯。

(a) 兰佩冷芯盒制芯机　　(b) 罗拉门第冷芯盒制芯机　　(c) Z84冷芯盒制芯机

图7.7 工业生产中常用的冷芯盒制芯机

按使用的粘结剂和所吹气体的不同，吹气硬化可分为三乙胺法、二氧化硫法、物理气硬法等。

7.4.1 三乙胺法

三乙胺法是由美国Ashland油脂化学公司研制成的，在美国称为Ashland法，在英国称为Isocare法。粘结剂为尿烷树脂，如前所述，它由两种可溶性有机材料组成，即聚苄

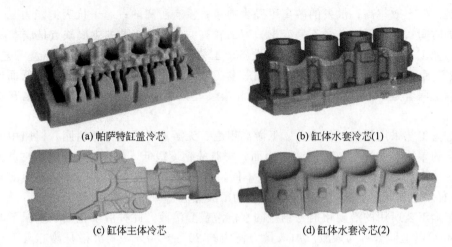

(a) 帕萨特缸盖冷芯　　(b) 缸体水套冷芯(1)

(c) 缸体主体冷芯　　(d) 缸体水套冷芯(2)

图 7.8 工业生产中的典型冷芯

醚酚醛树脂(组分Ⅰ)和聚异氰酸酯(组分Ⅱ)。在催化剂三乙胺（$(C_2H_5)_3N$）或二甲基乙胺 $C_2H_5N(CH_5)_2$ 的催化作用下，聚苄醚酚醛树脂的—OH 和聚异氰酸酯的异氰酸根—NCO 结合成氨基甲酸酯树脂(尿烷树脂)。

粘结剂的组分Ⅰ:组分Ⅱ为(40～60):(60～40)，铸钢件常采用 60:40，以期降低氮的含量，两种组分的总加入量为原砂质量的 0.8%～2.0%；铝合金用粘结剂加入量为 0.8%～1.0%。可用有机溶剂(如乙苯)稀释粘结剂，其作用如下：降低粘结剂的粘度，以提高其覆盖砂粒表面的能力，从而降低树脂用量；提高可泵性，便于选用先进的混砂设备；提高树脂砂流动性和充型性能，使催化剂作用更有效，达到提高硬化速度的目的。

粘结剂两组分可以单独加入或混合后加入，可用普通辗轮式混砂机混砂，最佳的混砂时间应根据粘结剂和混砂机种类及操作工艺而定。混砂时间太短，容易粘芯盒，强度也低；混砂时间过长，将缩短可使用时间，这在高温季节需要特别注意。混砂时间以 3min 左右为宜。

在铸造生产中，多用射(吹)芯机制芯。为了使型芯迅速均匀地硬化，液态三乙胺先雾化，然后吹入芯盒。为了连续提供一定浓度和压力的雾化气，胺需要一套专门的供气系统，供气方式可分正压和负压两种。正压供气是让三乙胺发生器产生的具有一定压力的胺气吹过芯盒，使型芯固化，其残余胺气在吸收罐内中和。负压供气的气路结构与正压供气不同点是在吸收罐末端接有真空泵，使整个系统造成负压，其气流方向与正压供气相同。

通常，三乙胺以总质量的 2% 与气体载体混合，在 0.2MPa 的压力下吹入芯盒。吹气时间根据型芯尺寸大小而定，20kg 的型芯只需 10～20s 即可硬化。由于水分要消耗粘结剂中的聚异氰酸酯，气体中的水分不能超过 0.2%，否则硬化效果明显下降，因此所用的气体必须经过过滤及干燥。虽然可以用处理过的干燥压缩空气作载体，但由于空气中含有大量氧气，若混合气体中胺气浓度较大，则易爆炸，故常用惰性气体代替压缩空气，常用的有二氧化碳及氮气。由于二氧化碳在使用中常有降温冷冻现象，故以使用氮气为宜。三乙胺法制芯工艺过程如图 7.9 所示。

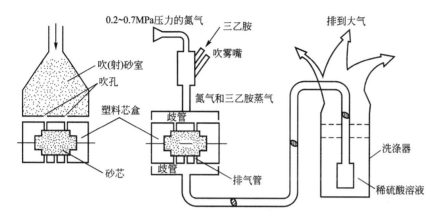

图 7.9 三乙胺法制芯工艺过程示意图

所用催化剂三乙胺或二甲基乙胺在室温下都是液体，二甲基乙胺比三乙胺更活泼和易燃，因此用二甲基乙胺催化有较高的硬化速度。

三乙胺吹气硬化工艺对不同原砂适用性十分广泛，对耗酸值没有要求，石英砂、锆砂和石灰石砂均可使用。型芯硬化迅速，几秒钟就可硬化，硬化后强度高，几乎可以立即浇注。用此法可以制造复杂程度不同、大小不等的型芯，从十几克的小型芯，到上吨的大型芯都已浇注成功。浇注后的型芯落砂性很好，且制好的型芯可以长期储存，存放 6 个月，其性能无变化。

三乙胺法的主要缺点是粘结剂和硬化剂都易燃，需要妥善储存，特别是聚苯醚酚醛树脂与聚异氰酸酯的混合液尤其易燃，需要在 30℃ 以下储存。此外，催化剂有毒，不能直接与皮肤接触。胺是有毒的，树脂砂吹硬化气以后还得吹压缩空气清洗砂粒间及管道中残存的硬化气。所有这些排出的气体统称为尾气。尾气必须经处理后才能排放到大气中。由于所用的胺是碱性的，而且是易燃的，故可用酸吸收法或燃烧法除去尾气中的胺。最常用的是洗涤塔，其作用原理如图 7.10 所示。自芯盒排出的含硬化气的尾气从下方进入洗涤塔，在向上方流动的途中，经过 2 或 3 层硬塑料块构成的阻尼层，结果，气流分散而且路径曲折。浓度为 8%～10% 的稀硫酸液自上方喷淋而下，也通过阻尼层。这样，尾气中的胺就充分和酸作用，自上方排出的废气中，胺的浓度很低，可以向大气中排放。

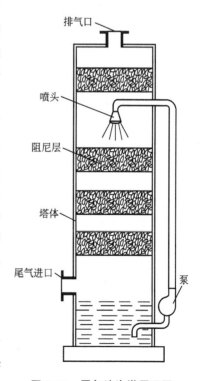

图 7.10 尾气洗涤塔原理图

7.4.2 二氧化硫法

二氧化硫（SO_2）法是由法国制造工业和化学应用公司（简写为 Sapic）发明的一种气硬方法，所以也称 Sapic 法。欧洲大陆的 Hardox 法、英国的 So-Fast 法、美国的 Instra-Draw 法都是指 SO_2 法。SO_2 法虽早在 1971 年就已取得专利权，但直到 1978 年才在美国进行工业试验，并得到发展，从此发展极为迅速，应用范围极为广泛。从制芯到造型，从全自动、机械化到手工操作，从灰铸铁、球铁、蠕墨铸铁、铸钢到铜合金、铝合金等都可采用此法。

1. SO_2 法的硬化原理

SO_2 法本质上是酸硬化树脂系统。SO_2 法不使用液体催化剂，而是依靠 SO_2 气体通过混有氧化剂的未硬化的砂混合料形成酸，这样就产生瞬时硬化的、具有常规呋喃自硬系统特性的树脂砂芯和砂型，其化学反应如下：

$$SO_2 + 过氧化物 \longrightarrow SO_3 \tag{7-14}$$

$$SO_3 + H_2O \longrightarrow H_2SO_4 \tag{7-15}$$

$$H_2SO_4 + 粘结剂 \longrightarrow 完全硬化的砂芯与砂型 \tag{7-16}$$

2. SO_2 法硬化树脂砂的原材料

SO_2 法硬化树脂砂的原材料包括原砂、树脂粘结剂、增强剂、过氧化物和 SO_2 气体 5 部分。

(1) 原砂为含水量小于 0.3％、低耗酸值及粒度大小分布合适的高纯度石英砂。

(2) 普通的酚醛和呋喃型冷硬树脂也可以作为粘结剂，但专门设计的无氮、低糠醇树脂效果更好。

(3) 增强剂是一种硅烷产品，起增强作用，其用量很少，但可增强树脂和砂粒间的粘结，也能增强砂芯的抗湿能力，改善砂芯的储存期。增强剂可以在生产树脂时直接加入，也可以在混砂时加入，加入量为树脂加入量的 3％～10％。

(4) 过氧化物分为无机和有机两大类。无机过氧化物价格便宜，但芯砂的有效期短；有机过氧化物价格昂贵，但有效期较长。

无机过氧化物种类很多，如金属过氧化物、过氢卤酸（盐）、过锰酸（盐）、过硫酸（盐）、过碳酸（盐）、过硼酸（盐）及过氧化氢等。在生产实践中主要采用浓度为 50％的过氧化氢，加入量相当于树脂加入量的 25％～50％，但是效果不佳。一方面，由于过氧化氢能迅速分解而失效使得树脂砂的可使用时间很短；另一方面，工业双氧水中含 H_2O_2 一般为 30％，给型砂中带进大量的水，即使用 50％的双氧水，带进的水分也不少，因而，明显降低型砂的强度。

用有机氧化物，效果要好得多。有机过氧化物也很多，如酮过氧化物、二酰过氧化物、过氧化二酯和过氧酸等。通常使用过氧化甲乙酮（MEKP），加入量为树脂加入量的 25％～50％。过少不足以使树脂充分硬化，过多则吹 SO_2 后生成的酸太多，也会导致树脂砂强度的降低，图 7.11 所示为 MEKP 加入量对树脂砂强度的影响。

(5) SO_2 法所用的 SO_2 气体为工业纯 SO_2，是一种无色、有刺激气味、不易燃的气体。SO_2 在加压的条件下很容易液化，其蒸气压与温度的关系如图 7.12 所示。SO_2 在温度为 25℃、压力为 0.245MPa 的条件下就成为液化气体，因此，通常以液态方式用密器盛装供应，只要在 40℃以下，容器内的相对压力不高于 0.55MPa 是比较安全的。使用时，靠氮气或干燥空气从密器中将 SO_2 气体带出。通常每硬化 1t 砂芯，消耗 1.4～4.0kg 的 SO_2。

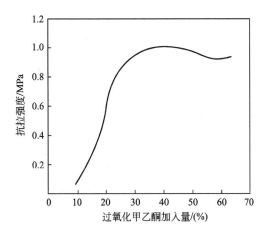

图 7.11　MEKP 加入量对树脂砂强度的影响

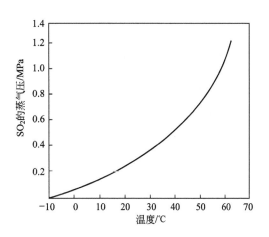

图 7.12　SO_2 的蒸气压与温度的关系

3. SO_2 法的硬化工艺和混砂工艺

原砂与增强剂、树脂粘结剂和过氧化物混合，然后把混好的砂填入芯盒，紧实后，再往芯盒中吹 SO_2 气体，此时过氧化物(MEKP)中的 [O] 立刻与 SO_2 化合，并与粘结剂和氧化剂中的水反应，形成一组络合的酸。这些酸是使树脂发生交联或硬化的催化剂，能使砂芯硬化，并放出热量。为了促进硬化反应和改善砂芯质量，吹 SO_2 后，随即吹入干热并无油的净洗空气。这种热空气也起着清洗砂芯中残留的 SO_2 气体的作用。

吹 SO_2 时，硬化气体的压力应足以克服管路系统及树脂砂的阻力，一般可为 150~200kPa。使用液态 SO_2 时，在环境温度较低的条件下，可用图 7.13 所示的 SO_2 蒸发罐，其底部装有电热元件，以保证有足够的蒸发量并建立所需的压力。

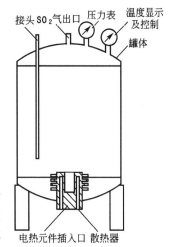

图 7.13　SO_2 蒸发罐示意图

SO_2 法可用任何一种混砂机混制，混砂的加料顺序是很重要的。用间歇式混砂机时的典型混砂工艺是：

原砂＋增强剂 —混拌1min→ 加树脂 —混拌3.5min→ 加氧化剂 —混拌2.5min→ 出砂

或

原砂＋增强剂＋树脂 —混拌2.5min→ 加氧化剂 —混拌2.5min→ 出砂

用连续式混砂机混砂加料顺序与上述相同。但没有必要使用高速混砂机，因为不吹 SO_2 时，混好的砂子不发生硬化反应。

所有常规的紧实方法，包括吹射、震压、机械震动和手工紧实都可用于 SO_2 法制芯和造型。由于砂混合料具有优良的流动性和有效期，用较低的吹砂或射砂压力(0.31~0.42MPa)就可紧实，且散落的砂子可以收集使用，甚至可作为面砂使用。现已有专门的 SO_2 法的制芯机，如美国的 Disacore 全自动制芯机，每 13.7s 循环一次；三乙胺法的设备也可用于 SO_2 法。紧实的砂芯，吹入 SO_2 气体，用空气洗净后，移出吹气室，立刻脱模，并可马上浇注。

4. 尾气的处理

SO_2 气体从砂芯或砂型中清洗出来，被抽入洗涤塔。此工艺的尾气也用图 7.10 所示的洗涤塔处理，因为 SO_2 是酸性的，故塔中的洗涤液通常为浓度 5%～10% 的 NaOH 溶液，给定 pH 为 11～12，氢氧化钠与 SO_2 反应，生成亚硫酸钠的水溶液，故废洗涤液应用双氧水或臭氧予以氧化，得到生化需氧量为零的硫酸钠后才可排放。当洗涤塔中的溶液 pH 降到 7～8 时，就不能再中和 SO_2，必须更换。

5. SO_2 法的优缺点

SO_2 法在欧美发展很快，它有许多优点：①热强度高，使铸件表面粗糙度和尺寸精度高于三乙胺法；②出砂性优良，对铝镁合金也极易出砂；③树脂砂有效期特别长，混好的砂不接触 SO_2 气体决不会硬化；④发气量是有机粘结剂中最低的，约为三乙胺法的 50%，浇注时烟雾气味小；⑤强度提高快，脱模强度为终强度的 75%～90%；⑥生产效率高，劳动强度小；⑦节约能源消耗。

当然，SO_2 法的缺点也很明显：①SO_2 法腐蚀性很大，虽然所有的工程材料都可作为芯盒材料，但都要涂漆防护；②SO_2 法用树脂粘结剂不能直接与任何酸催化剂混合，空桶要远离火花和明火，否则易燃烧；③过氧化物为强氧化剂，易燃烧，要妥善保管；④SO_2 气体有臭味，空气中含量为 10^{-6} 时即可感觉到，要严格检查系统的密封性，以防泄漏；⑤过氧化物、SO_2 气体及洗涤塔中的 NaOH 溶液对人都有害，不能与皮肤直接接触，更不能进入口、鼻和眼中，要加强防护，若不慎溅到皮肤或眼内，要立刻冲洗，否则会明显损伤。

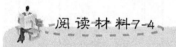

阅读材料7-4

二氧化硫法和三乙胺法的比较

吹气硬化工艺是 20 世纪 60 年代末发展起来的一种制芯工艺，它具有固化速度快，制芯效率高，能源消耗少，砂芯致密度高等优点，自问世以来很快在世界各国得到了广泛的应用。

目前，作为主要采用的两种吹气硬化工艺，SO_2 法与三乙胺法既存在许多的共性，同时也存在很大的差异。在此，从工艺性能、应用特点、成本和综合性能方面对两种吹气硬化方法进行对比和分析。

1. SO_2 法与三乙胺法主要工艺性能比较

为了较好地比较和分析两种方法的工艺性能，分别对抗拉强度、发气量和存放性进行了试验。

试验所用的原材料如下。①原砂：江西都昌擦洗砂，粒度40/70目。②树脂：SO_2 法采用泸州化工厂生产的 FFD-1503 树脂及活化剂（过氧化甲乙酮）和硅烷偶联剂；三乙胺法采用常州有机化工厂生产的 CI308、CI608 树脂。芯砂配制时，SO_2 法的树脂加入量1.5%，过氧化甲乙酮45%，硅烷0.2%；三乙胺法的树脂加入量2%（其中 CI308 和 CI608 各占 50%）。

混好砂后，利用射芯机获得试验用"8"字形试样。试样在固化时，先吹催化气体，再吹压缩空气。

1) 抗拉强度比较

在温度27℃、相对湿度62%环境下按上述条件分别进行试验，测定"8"字形试样从开盒到24h的抗拉强度，结果如图7.14所示。

从图中可以看出：SO_2法吹制的砂芯强度较高，并且20h左右达到最高值；三乙胺砂芯也具有较高强度，但其强度在几小时后出现下降。

2) 发气量比较

进行发气量测试，发气量曲线如图7.15所示。

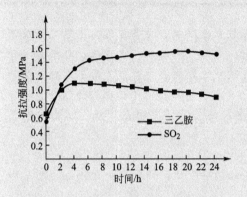

图7.14 试样抗拉强度随时间的变化　　　　　　图7.15 发气量曲线

从图7.15可以看出，SO_2与三乙胺树脂砂发气量都很低，SO_2树脂砂发气速度较慢，三乙胺树脂砂发气较快。

3) 存放性比较

将吹制好的"8"字形试样在达到终强度之后，置于室内，存放在大气(温度23～31℃，湿度55%～72%)中，存放时间与强度变化的关系见表7-7。

表7-7 存放时间与强度变化的关系　　　　　　(单位：MPa)

工艺方法	终强度	强度变化						
		1d	2d	3d	4d	5d	7d	15d
SO_2法	1.56	1.60	1.50	1.52	1.50	1.48	1.42	1.30
三乙胺法	1.12	0.91	0.87	0.80	0.81	0.78	0.70	0.65

从表7-1可以看出，SO_2砂芯获得终强度以后，在大气中存放15d，强度下降约15%，并且存放2d后强度基本达到平衡，以后其下降程度很小；三乙胺砂芯在存放15d后强度下降45%，并且在存放1d后强度就有较大幅度的下降。

2. 应用特点比较

1) SO_2法

与三乙胺法相比，SO_2法主要具有如下一些特点。①砂芯固化速度快，强度高。吹SO_2气后几分钟，抗拉强度可达0.8MPa，终强度可达1.6MPa以上。根据这一特点，常将其用于制造细长的、截面大小相差较大的砂芯。②SO_2法对环境温度和湿度的敏感性较小，砂芯存放性好。在实际生产中，存放一周后芯子仍可正常使用，强度无明显的下降。这一特点很适合南方盆地气候。

然而，SO_2法存在两个致命的弱点。①SO_2气体腐蚀性极强，对设备、工装和建筑物均产生严重的腐蚀。②SO_2气体有毒、气味难闻。在生产过程中，尽管制芯设备具有一定的密封装置，但在取芯、清砂等操作过程中仍然能闻到强烈的刺激性气味。

2) 三乙胺法

三乙胺法的主要优势在于工艺比较成熟，由于国外对三乙胺工艺的研究较早，因此在工艺的成熟性与设备配套的完善性上占有明显的优势，应用中遇到的困难较少，见效较快。此外，三乙胺法对生产设备、工装及建筑物的腐蚀性较小，催化剂气味对人体感官的刺激程度比SO_2法小得多。

然而，三乙胺法也存在明显的工艺缺陷，主要表现在以下两个方面。①砂芯强度不理想。由于三乙胺法对原材料及环境的要求较高，如原砂的成分、需酸值、含水量以及环境湿度、压缩空气质量等，都会对其强度造成较大的影响。生产中，用三乙胺法生产的砂芯强度一般只能达到0.6～1.0MPa。②砂芯存放性不好。由于三乙胺法组分Ⅱ聚异氰酸脂遇水会分解，吹气固化后的砂芯容易吸潮，使芯子强度明显下降。三乙胺砂芯24h后强度就下降约20%。

3. 成本比较

从芯砂成本方面考虑，按实际生产中所采用的芯砂配比，计算两种方法每吨芯砂所需成本见表7-8。

表7-8 芯砂成本对比　　　　　　　　　　　　　　（单位：元）

芯砂种类	原砂	树脂Ⅰ型	树脂Ⅱ型	活化剂	偶联剂	合计
SO_2	200	265	—	300	14	779
三乙胺	200	170	150	—	—	520

可以看出，从芯砂成本来看，SO_2法高出三乙胺法30%～50%。

从设备投资方面考虑，目前三乙胺法所用设备基本上为国外进口，设备投资的成本很高，而SO_2法可供选择的国产设备较多，价格相对便宜。此外，由于三乙胺法对环境及原材料的要求较高，需要一些辅助配套设备，这会进一步增加投资成本。

4. 综合性能比较

SO_2法与三乙胺法综合性能对比见表7-9。SO_2法大多数工艺性能均优于三乙胺法，特别是其高强度和抗湿性对于地处我国南方的许多铸造厂来说，具有特殊的意义。

表7-9　SO_2法与三乙胺法综合性能对比

比较项目	SO_2法	三乙胺法
终抗拉强度/MPa	1.58	1.12
24h抗拉强度/MPa	1.60	0.90
发气量/(mL·g)	12.3	13.2
硬化速度/s	5～15	10～30
砂芯的存放性	无吸湿恶化情况	易吸湿而失效
芯盒清理	易粘模	芯盒上有树脂残留
铸造缺陷	影响较小	易产生氮气孔、针孔

（续）

比较项目	SO$_2$法	三乙胺法
芯砂可使用时间	4h以上	4h以上
芯砂流动性	很好	较好
对原材料及环境的敏感性	小	大
腐蚀性	对设备、建筑的腐蚀性极强	腐蚀性较小
环境污染	SO$_2$有毒，在空气中允许极限值$\leq 2\times 10^{-6}$，污染环境	三乙胺有毒，在空气中允许极限值$\leq 3\times 10^{-6}$，污染环境；有机溶剂的挥发也污染环境

SO$_2$法及三乙胺法作为目前两种主要的吹气硬化制芯工艺都有其优缺点。三乙胺法工艺成熟、设备先进、腐蚀性小，深受用户欢迎；SO$_2$法工艺性能好，适应性强，在环境湿度较大的地区和一些强度要求较高的砂芯的应用上，具有独特的应用效果。

资料来源：袁宏．SO$_2$法与三乙胺法制芯工艺的比较．中国铸造装备与技术，2001(2)．

7.4.3　物理气硬法

物理气硬法是波兰铸造研究所研制的一种制芯方法，1971年在波兰获得专利权后又在其他十几个国家获得专利权。其实质是用1%~10%的溶解在有机溶剂（如石油烃）中的聚苯乙烯作粘结剂，制成砂芯后，向芯盒中吹入一种无毒的气体进行硬化。根据砂芯的大小和形状，一般用0.3~0.6MPa的压缩空气吹5~180s，使粘结剂内的溶剂迅速蒸发而硬化。所用的原砂含泥量不超过0.5%，最好为圆形或半圆形砂，粘结剂加入量为3%~5%。

7.4.4　其他方法

1980年问世的自由基硬化冷芯盒工艺是到目前为止硬化速度最快的方法，该方法有时也称为FRC(Free Radical Cure)法。自由基硬化冷芯盒工艺既非酸硬化，也非碱硬化，而是自由基的硬化机制，故原砂需酸量对硬化过程的影响并不明显，可用于碱性的原砂，如镁橄榄石砂。

自由基硬化冷芯盒工艺所用的树脂为多种含易反应碳—碳双键的乙烯基不饱和树脂的混合物，粘度很低，密度略高于水(1.06g/cm^3)；催化剂为有机过酸类，硬化气为SO$_2$，其作用是使过酸类分解为自由基，硬化气中SO$_2$浓度为1%~5%即可，其余为惰性气体（主要是氮气）。

自由基硬化冷芯盒工艺与SO$_2$法相似，但SO$_2$的浓度仅为1%~5%，故腐蚀性小，型砂发气性低，变形小，保存性好，型砂性能优良，可用于复杂薄壁件，但粘结剂较贵。

7.5　自硬树脂砂

自硬树脂砂有时也称为不烘树脂砂或冷硬树脂砂，是与粘土干型和油砂型芯对比而言的，是指采用合成树脂作粘结剂，在催化剂的作用下，常温下发生化学反应而硬化的型砂。自硬树脂砂出现于 20 世纪 50 年代初，主要用于单件小批量生产，以后陆续出现了多种自硬树脂砂，既有适于大批量生产的，又有适于小批量生产的。

目前，铸造行业用于自硬树脂砂的树脂按其化学性能可分为：①酸硬化的，如呋喃树脂、酚醛自硬树脂等；②异氰酸盐基硬化的，主要是各类改性尿烷树脂。因此，所用的自硬砂也主要有呋喃树脂自硬砂、酚醛树脂自硬砂和尿烷树脂自硬砂等。

7.5.1 呋喃树脂自硬砂

1. 呋喃树脂自硬砂的原材料

呋喃树脂自硬砂的原材料包括原砂、呋喃树脂、硬化剂和偶联剂等。

1) 原砂

原砂对树脂砂的质量、树脂用量和铸件表面质量影响很大，生产中一般采用 50/100 的砂粒，要求原砂中 SiO_2 含量大于 95%、含泥量小于 0.5%、pH 呈中性或弱酸性。

2) 呋喃树脂

呋喃树脂的加入量一般为砂重的 0.75%～2.00%。前面讲过，通常所说的呋喃树脂是糠醇与脲醛、酚醛、甲醛共聚（缩聚）而成的树脂。改变各组分的比例，可改变树脂的性能，表 7-10 给出了改变树脂中各组分对其性能及铸件质量的影响。

表 7-10 改变树脂中各组分与性能的关系

		增加糠醇	增加脲醛	增加酚醛
性能指标	成本	提高	降低	有糠醇则减少，有脲醛则增加
	含氮量	减少	增加	减少
	强度	有酚醛则增加	有酚醛则提高	降低
	脆性	有酚醛则减少 有脲醛则提高	减少	增加
	硬透性	增加	有糠醇则减少	减少
	发气量	减少	有糠醇则增加	有糠醇则增加
	使用适应性	增加	有糠醇则减少	减少
缺陷	脉纹	有脲醛则增加	减少	有脲醛则增加
	粘砂	减少	增加	减少
	气孔	减少	增加	减少

改变各组分的实质是改变树脂中的含氮量、糠醇含量、甲醛含量、苯酚含量及含水量。现将上述因素对树脂性能及铸件质量的影响分述如下。

(1) 含氮量。当呋喃树脂中含氮量在某一范围内时，随着含氮量的增加，呋喃树脂砂常温强度提高。当含氮量小于 1% 时，常温强度急剧下降，国外采用低氮呋喃树脂或在高酚醛呋喃树脂中加入少量氮，用以浇注铸钢件，其目的是提高树脂砂的常温强度。含氮量高，高温强度降低。如果呋喃树脂中的含氮量由 7%～9% 增加到 15%，则树脂砂的高温强度由 100% 降低到 50%。增加含氮量，有利于降低呋喃树脂砂的脆性。含氮高的树脂砂热变形量小。含氮量过高，铸件易产生针孔。

(2) 糠醇含量。糠醇含量增加，树脂砂硬透性增加，高温强度提高。

(3) 甲醛含量。合成树脂时，甲醛用量对树脂性能有重大影响。甲醛用量大，树脂中游离甲醛含量就高，当其在空气中超过某一浓度时，就会明显地感到对眼睛、喉、鼻有刺激，对人体的健康不利，因此有碍推广使用。

(4) 游离酚含量。当苯酚在空气中的浓度超过某一极限时，对人体健康不利，游离酚大于5%时，就会引起严重的皮炎。

(5) 含水量。树脂合成时产生水，因此要进行脱水。残留在树脂中的水分对硬化速度和强度有不良影响，因此含水量是树脂的技术指标之一。

3) 硬化剂

呋喃树脂是酸硬化的树脂，用于自硬砂时，对酸硬化剂的用量相当敏感，对酸的品种则没有那么高的要求。目前，国内外采用较多的有以下几种。

(1) 磷酸溶液(H_3PO_4)。磷酸是最先采用的硬化剂，常用的是70%~85%的水溶液，其优点是价格便宜。用磷酸作硬化剂，最大的缺点是砂再生时残留的磷酸盐较多，这将会导致用再生砂配制的树脂砂的强度下降。目前，装备有砂再生系统的铸造厂多采用有机磺酸代替磷酸。此外，用磷酸溶液作硬化剂，气温低时硬化速度较慢。

用高氮树脂时，磷酸硬化的树脂砂强度较高。对于低氮树脂，用磷酸作硬化剂时，树脂砂的常温强度比用有机磺酸略低，但高温强度较好。

(2) 硫酸乙酯。硫酸乙酯是浓硫酸和乙醇作用而得的，其反应式为：

$$2C_2H_5OH + H_2SO_4 \longrightarrow (C_2H_5)_2SO_4 + 2H_2O \tag{7-17}$$

完成上述反应，乙醇与硫酸的摩尔比为2:1，其质量比为92:98。考虑到工业酒精中含有水分，实际上制取硫酸乙酯时，硫酸工业酒精可按1:1配入。将硫酸在常温下缓慢地注入酒精中，即发生酯化反应，并发热。但硫酸乙酯的酸性太强，用其作硬化剂时，自硬砂的硬化反应过于强烈而难以控制，目前已不再采用。

(3) 有机磺酸。用作自硬树脂砂的有机磺酸主要是芳香族磺酸，如苯磺酸、甲苯磺酸和二甲苯磺酸等。上述3种芳香磺酸都是晶体，易溶于水和低级醇，水中的溶解度可达80%，在甲醇中可达90%。铸造行业中用的主要是水溶液，特殊情况下使用甲醇溶液。苯磺酸因其制备困难，现应用很少。呋喃树脂自硬砂的硬化剂多用甲苯磺酸；冬季也可采用酸度较高的二甲苯磺酸，其价格略高于甲苯磺酸。

4) 偶联剂

在呋喃树脂自硬砂中加入少量的硅烷作偶联剂，可以明显地提高树脂砂的强度。目前，国内外主要采用γ-氯丙基三乙氧基硅烷(商品名为KH550)、γ-缩水甘油醚氧丙基三甲氧基硅烷(商品名为KH560)和苯胺甲基三乙氧基硅烷(商品名为南大-42)。这些硅烷能溶于大部分的有机溶液中，微溶于水。硅烷应封存于深色瓶中并盖严，以防止在空气中逐渐水解缩合，从而影响偶联效果。

硅烷对树脂砂的增强作用机理大致如下：自硬呋喃树脂中加入KH550硅烷后，KH550分子中的—$Si(OC_2H_5)_3$基团在适当条件下，能与砂粒表面的羟基(—OH)产生缩合作用，释放出乙醇，形成硅氧键，硅烷就与砂粒"连接"起来了，而硅烷分子另一端的氨基与树脂进行交联。这样，砂粒与树脂膜之间就通过KH550的"架桥"作用就偶联起来了，从而大大提高树脂膜对石英砂表面的附着力。

在各种硅烷偶联剂中，KH550呋喃树脂自硬砂的增强效果最好，KH560次之。KH550加入量为树脂质量的0.2%效果最好，超过此值，强度提高缓慢。KH560的最佳加入量为0.3%,而南大-42为0.6%。硅烷对冷硬呋喃树脂砂的增强作用,会随时间的延长逐渐减弱,两个月后将逐渐消失。鉴于含硅烷树脂的这种特性,国内有些工厂在树脂出厂时不加硅烷,而由用户使用前加硅烷,这样不仅可以降低树脂价格,还可使树脂有较长的存放时间。

2. 呋喃树脂自硬砂的混砂工艺

由于呋喃树脂的价格较高,加入量过多会增加成本,因此在满足型砂高强度和长工作时间的条件下,必须尽量减少呋喃树脂的加入量。

虽然原则上任何一种混砂机都可以用来混拌树脂砂,但是最好不要使用会使砂子因强烈摩擦而发热的混砂机;此外,树脂砂的各种原材料的称量要准确。因此,合理地选用混砂机,正确的加料顺序和恰当的混砂时间有利于得到高质量的树脂砂。当采用间歇式混砂机时的混砂工艺如下:

$$砂+硬化剂 \xrightarrow[30\sim60s]{混拌} 加呋喃树脂 \xrightarrow[30\sim60s]{混拌} 出砂$$

上述顺序不可颠倒,否则局部会发生剧烈的硬化反应而影响树脂砂的性能。砂和硬化剂的混合时间的确定应以硬化剂能均匀地覆盖住砂粒表面所需要的时间为准。混拌时间太短,混合不均,树脂砂强度低,个别地方树脂砂型硬化不良;混拌时间太长,影响生产效率并使砂温上升。树脂加入后的混拌时间也不能过短(混拌不均)或过长(可使用时间变短)。

3. 呋喃树脂自硬砂的硬化特性

1) 呋喃树脂自硬砂硬化过程的时间问题

实际上,呋喃树脂自硬砂的硬化反应是从树脂加入到已预混的混合料中的瞬间就开始的,因此硬化时间、可使用时间和可脱模时间应从加入树脂时算起,但习惯上是从混砂完毕算起的,这样计算比较方便,况且整个混砂时间也不过1~2min。在树脂自硬砂试验中,通常以24h为硬化终了时间,24h时的强度为终强度,超过24h的时间为可使用时间。

2) 呋喃树脂自硬砂的强度与硬化时间的关系

图7.16所示为呋喃树脂自硬砂的强度与硬化时间的关系,有时也称为呋喃树脂自硬砂的硬化特性曲线。从图7.16所示曲线可以看出:随着硬化时间的延长,呋喃树脂自硬砂的强度增大。开始时强度缓慢上升,随后迅速增加;正常情况下,经过3~5h硬化后,强度增加变得缓慢,到24h后硬化反应还在进行,但由于以后强度提高甚少,故可认为硬化终了。

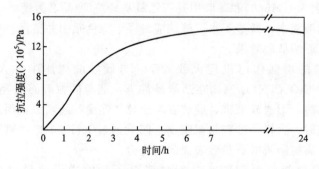

图7.16 呋喃树脂自硬砂的抗拉强度与硬化时间的关系

3) 呋喃树脂自硬砂的强度与硬化剂加入量的关系

使用低氮呋喃树脂和甲苯磺酸水溶液作硬化剂时，自硬砂的强度与硬化剂加入量（占呋喃树脂的百分数）的关系如图7.17(a)所示。

从图7.17(a)中可以看出，硬化剂加入量不足时，其所造成的酸性环境不足以使树脂发生完全的交联反应，而且树脂的交联反应要产生水，会使硬化剂稀释，从而限制反应的进行，因此，呋喃树脂自硬砂的强度偏低。自硬砂的强度随硬化剂加入量的增加而提高，在强度达到峰值以后，继续增加硬化剂加入量，则强度急剧降低，这是因为交联反应的速率太高，树脂硬化形成的结构不完善，导致粘结膜和粘结桥脆化。由此可见，用呋喃树脂自硬砂时，必须控制硬化剂的加入量。

此外，由图7.17(a)可知，以占树脂的百分数来计量硬化剂时，最佳的硬化剂加入量会因树脂加入量的不同而不同。树脂加入量为2%时，峰值强度所对应的硬化剂加入量约为18%；树脂加入量为2.5%时，最佳硬化剂加入量约为15%。

我们知道，糠醇的缩聚和呋喃树脂的合成是在酸性催化剂的作用下进行的，因此，呋喃树脂对酸是敏感的，只要环境的酸浓度达到一定值，交联反应就会发生，而硬化剂在树脂砂中的百分数正好反映了树脂所处的环境的酸浓度。鉴于此，对于呋喃树脂自硬砂，以硬化剂占自硬砂的百分数来计算比较合适。将图7.17(a)中硬化剂加入量由占树脂的百分数换算为在自硬砂中所占的百分数，则得到图7.17(b)所示的曲线。

由图7.17(b)可知，不管树脂的加入量如何，与自硬砂峰值强度对应的硬化剂加入量都占自硬砂的0.4%左右。实际生产中硬化剂加入量一般在此基础上增加20%~30%，即在自硬砂中加入0.48%~0.52%的硬化剂较适宜。

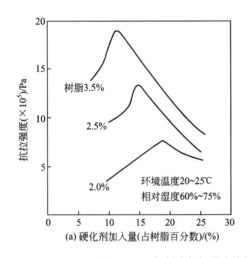 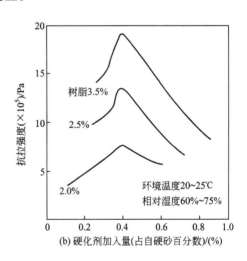

图7.17 呋喃树脂自硬砂的抗拉强度与硬化剂加入量的关系

4) 呋喃树脂自硬砂的可使用时间与硬化剂加入量的关系

从混砂机中放出的刚混好的树脂砂有极好的流动性，随着时间的延长，型砂逐渐失去流动性，此时型砂的可使用时间结束，不能继续使用。因此，可使用时间是树脂砂可用于造型和制芯的一段时间。它有两种表示方法：一种是型砂抗压强度达到7kPa所经历的一段时间；另一种是将混制好的树脂砂每隔一段时间制备几个标准的试样，当测得的抗压强度为刚混好的型砂制成试样强度的70%时所经历的时间。

型砂过了可使用时间的终点以后，若继续使用，型砂强度就逐渐降低，产生表面发"酥"的现象。可使用时间与加入的原砂温度、环境温度和硬化剂加入量均有密切关系。一般可调节硬化剂加入量以控制可使用时间。

图 7.18 为呋喃树脂自硬砂的可使用时间与硬化剂加入量的关系。可以看出，随着硬化剂加入量的增多，反应加快，可使用时间显著变短。此外，当硬化剂加入量由占树脂的百分数变为在自硬砂中所占的百分数后，图 7.18(a) 中 3 条曲线变为图 7.18(b) 中的一条，也就是说，可使用时间只与硬化剂占自硬砂的百分数有关，而与树脂的加入量无关。

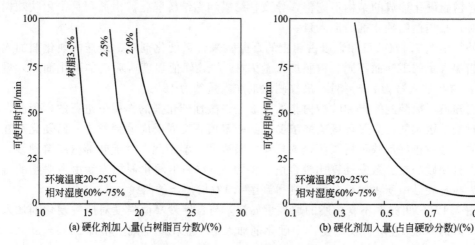

图 7.18　呋喃树脂自硬砂的可使用时间与硬化剂加入量的关系

5) 呋喃树脂自硬砂的脱模时间

脱模时间是指试样抗压强度达到 0.14MPa 时所经历的一段时间。脱模以后的试样，硬化还在继续进行，直至完全硬化为止。实际生产中，型芯的脱模时间要根据型芯的尺寸和复杂程度来确定。型芯越大，形状越复杂，要求脱模强度也越大，即脱模时间也越长。规定脱模时间的目的在于：在此时间起模，型芯已达到最起码的强度，保证不会塌箱和变形。脱模时间不应无必要地延长，否则，不仅影响生产率和芯盒的周转使用，而且降低型芯的终强度，使脱模困难。

由图 7.17(b) 可以看出，要想充分利用树脂的粘结能力，使树脂砂达到峰值强度，硬化剂的加入量就得很少（占自硬砂的 0.4% 左右）。根据图 7.18(b)，在硬化剂加入量为 0.4% 时，呋喃树脂自硬砂的可使用时间为 70～75min；而由图 7.16 可知，造型制芯以后需要经过 5～7h 才能脱模（达到 0.14MPa），即呋喃树脂自硬砂的脱模时间是可使用时间的 4～5 倍。因此，采用呋喃树脂自硬砂时，在强度损失和硬化速率之间应求得一合理的折中。

实际上，可使用时间与脱模时间的比值，一般与硬化剂加入量和硬化速度无关，而是表示某一粘结系统的硬化特性，这个比值越大，表示硬化特性越佳，铸造人员希望此值接近 1，但实际最高只能达到 0.8，一般只有 0.5 左右。

4. 影响呋喃树脂自硬砂性能的因素

影响呋喃树脂自硬砂的因素主要包括原砂、硬化剂、温度和湿度等。

1) 原砂

原砂的粒度、颗粒形状、含泥量、含水量、pH、需酸量等对呋喃树脂自硬砂的性能有很大影响。在这些因素中，凡能使颗粒表面积增加的因素都使强度降低；凡能使树脂砂中总含水量增加的因素都延缓硬化速度。图7.19为粒度对树脂自硬砂强度的影响。砂粒越细，总表面积就越大，砂粒表面覆盖一层树脂膜所需的树脂量就越多，当树脂量不变时，强度就降低。但若砂粒太粗，则砂粒与砂粒之间的总粘结点数就越少，也使树脂自硬砂强度降低。多角形砂粒比圆形砂粒表面积大，在其他条件相同的情况下，多角形树脂砂具有较小的强度，如图7.20所示。

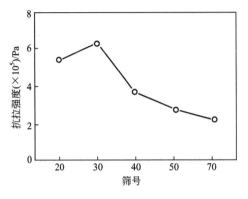

图7.19 粒度对树脂自硬砂强度的影响　　图7.20 颗粒形状对树脂自硬砂强度的影响

原砂的含泥量增多，将降低自硬砂的强度，如图7.21所示。原砂的含水量对树脂砂强度的影响如图7.22所示，由于水分稀释了砂粒表面上硬化剂的浓度，同时降低了砂粒表面上粘结剂的浓度，因而使树脂砂的强度和硬化速度降低。原砂最好呈中性，因为碱度大，势必使酸性硬化剂的需要量增多，酸和碱中和生成盐和水，使总含水量增加，会延缓硬化速度，并降低强度。

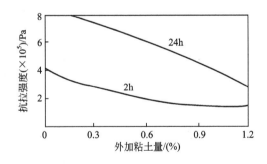 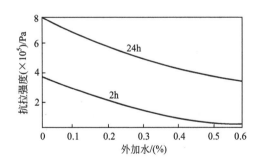

图7.21 原砂含泥量对树脂自硬砂强度的影响　　图7.22 原砂含水量对树脂自硬砂强度的影响

2）硬化剂

前面已经讲过，硬化剂的加入量对呋喃树脂自硬砂的强度有较大的影响，此外，硬化剂的种类和浓度也都影响呋喃树脂自硬砂的性能，分别如图7.23和图7.24所示。

3）温度和湿度

工作场地的温度和湿度对树脂砂性能的影响也很大，图7.25和图7.26分别为工作场地的温度和湿度对树脂自硬砂强度的影响。

由于气温的变化，硬化速度极易受到影响，因此要经常根据气温的变化来调节硬化剂的加入量，这样给混砂操作带来不便。为了解决这个问题，将原砂温度始终保持在一定的范围内较好,一般为 25～30℃。

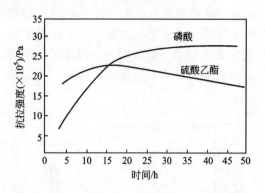

图 7.23　硬化剂种类对树脂自硬砂强度的影响

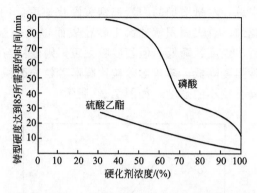

图 7.24　硬化剂的浓度对树脂自硬砂强度的影响

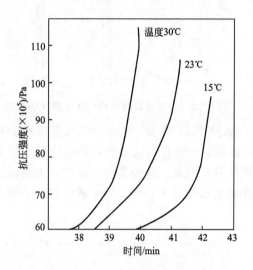

图 7.25　温度对树脂自硬砂强度的影响

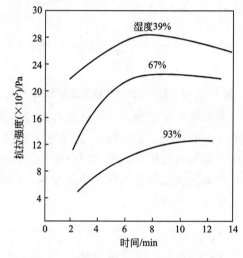

图 7.26　湿度对树脂自硬砂强度的影响

阅读材料 7-5

覆膜砂、自硬砂和三乙胺硬化砂的高温性能

自从德国人 Croning 在 20 世纪 40 年代中期发明了用酚醛树脂作粘结剂的壳型铸造工艺以来,树脂砂不断得到发展。为适应不同需要,目前已开发出多种类型的树脂砂。树脂砂的高温力学性能对铸件质量有重要影响,特别是在复杂铸件生产中,经常将不同类型树脂砂制作的型芯组合在同一铸型中,因此,掌握不同类型树脂砂的高温力学性能变化规律的差别,对合理制定铸造工艺,提高铸件质量是很有意义的。

下面对目前应用较普遍的有代表性的 3 种树脂砂,即加热硬化酚醛树脂砂(壳型)、呋喃树脂自硬砂和吹气硬化树脂砂(三乙胺法)进行高温力学性能变化规律的比较研究。

试验中原砂采用 150/75 目的圆形石英砂,壳型覆膜砂中酚醛树脂占砂重 5%,乌洛托品占树脂重 20%,210℃ 固化 20min;自硬砂中呋喃 I 型树脂占砂重 2%,对甲苯磺酰胺(PTSA)占树脂重25%；三乙胺吹气硬化砂中粘结剂占砂重2%，酚醛树脂和聚异氰酸酯以1:1的比例加入。

将酚醛树脂覆膜砂、刚混好的呋喃树脂自硬砂及三乙胺硬化树脂砂在芯盒中紧实后分别经热硬、自硬及气硬(三乙胺气雾)制成 $\phi 30mm\times 50mm$ 的抗压试样。试样放置24h之后再在造型材料高温性能试验仪上测不同温度下的抗压强度及应力-应变。加载时试样的应变速率约为 $3\times 10^{-4}/s$。

1. 加载温度对抗压强度的影响

为了查明加载温度对抗压强度的影响规律，分别测定了3种树脂砂从常温至800℃的抗压强度，其结果如图7.27所示。

从图7.27可以看出，随着温度的升高，壳型酚醛树脂砂试样的强度先是保持一段基本不变，然后逐渐下降；呋喃树脂自硬砂试样的强度先是升高，然后逐渐下降；三乙胺硬化树脂砂试样的强度先是下降，然后又开始上升，最后再一直下降。可见，这3种树脂砂的高温强度变化规律明显不同，特别是三乙胺法的变化较特殊。

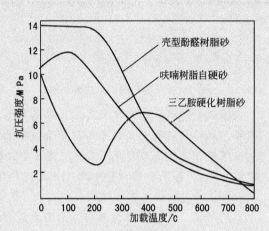

图7.27 加载温度对3种树脂砂试样强度的影响

壳型酚醛树脂砂，由于经过较长时间的热作用，粘结材料交联较充分，再次受热时不会软化及固化，因此在一定温度范围内随着温度的升高试样强度基本保持不变。温度继续升高时，由于粘结材料的热降解及氧化不断加剧，强度会不断下降。

由于呋喃树脂自硬砂是在常温下硬化的，粘结材料交联不够充分，因此，温度从常温开始在一定范围内升高时，会促进粘结材料进一步交联，强度逐渐升高。当强度达到峰值时温度再继续升高，粘结材料的热降解及氧化就会加速，因此强度会不断下降。

三乙胺硬化树脂砂的粘结剂两组分(酚醛树脂和聚异氰酸酯)之间的反应是在三乙胺催化下快速进行的，因此其反应产物聚氨酯交联度低。由于交联度低，因而在受热时会发生两方面的作用：一方面由于交联度低而产生软化作用，另一方面又为促进进一步交联而产生固化作用。由此可以推测，在本研究中当温度低于200℃时，软化作用占主导地位，因此受热时表现出软化特征，试样强度下降，在200℃附近，达到最大的软化程度；而在温度高于200℃时，固化作用占主导地位，因此受热时表现出固化特征，试样强度又开始升高。强度升到峰值后再继续升温，由于粘结材料已大量进行热降解及氧化，因此强度不断下降。

由此，三乙胺硬化树脂砂的高温强度变化规律较特殊，下面将只对它的高温力学性能做进一步的研究。

2. 试样受热时间对强度的影响

研究了在高于400℃时试样在预定温度下的受热时间对强度的影响。在600℃和1300℃时的测定结果分别如图7.28和图7.29所示。

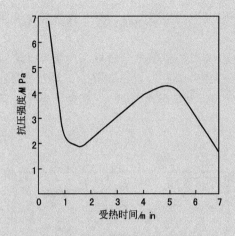
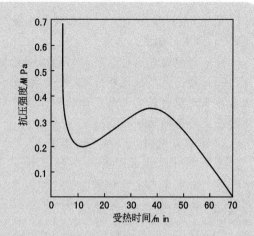

图7.28　600℃时试样受热时间对强度的影响　　图7.29　1300℃时试样受热时间对强度的影响

从图7.28和图7.29可以看出，随着试样受热时间的延长，试样强度经历了先是急剧下降，然后又有些升高，最后再一直下降的变化过程。

试样置于高于400℃的炉内后，随着受热时间的延长，试样温度不断提高(最后保持在炉温水平)，因此粘结材料也要发生上述的软化、固化、热降解及氧化等变化过程。

3. 试样的应力-应变特性

为了研究三乙胺硬化树脂砂在高温承载时的变形行为，测定了试样在20℃、100℃、200℃、300℃、400℃及900℃时的应力-应变关系，其结果如图7.30所示。

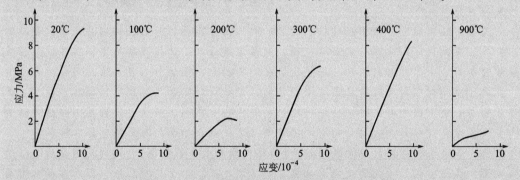

图7.30　三乙胺法试样在不同温度时的应力-应变关系

从图7.30可以看出，在20℃和400℃时，随着应变的增加应力增加较快，且产生较大的形变后试样才破坏；在200℃和900℃时，随着应变的增加应力增加较慢，且产生较小的形变后试样就破坏。

在20℃下粘结材料未软化；在400℃时，粘结材料经进一步交联又重新固化。因此，随着应变的增加应力增加较快。这表明在这种情况下砂芯的承载能力较强，不易变形和破坏。在200℃时，粘结材料表现出软化特征；在900℃时，粘结材料已大量热分解和氧化。因此，随着应变的增加应力增加较慢。这表明，在这种情况下砂芯的承载能力较差，易于变形和破坏。

➡ 资料来源：刘敏歆，赵立信．3种不同类型树脂砂的高温力学性能．中国铸机，1994(4)．

7.5.2 酸硬化甲阶酚醛树脂自硬砂

20世纪60年代末,由于糠醇资源的短缺,一些工业国家开始着手研究甲阶酚醛树脂在自硬砂方面的应用。当时,由于用于呋喃树脂自硬砂的磷酸不适用于这种树脂,甲阶酚醛树脂自硬砂未被推广应用。后来,随着有机磺酸的使用,甲阶酚醛树脂自硬砂有了较大的发展。目前,在一些工业国家,这种自硬砂多用于生产铸钢件。

酸硬化甲阶酚醛树脂自硬砂的主要优点有:价格比呋喃树脂自硬砂低30%~40%,高温强度较好,不含氮。其主要缺点是:树脂保存期短,浇注时烟气大,硬化剂用量较多。

1. 酸硬化甲阶酚醛树脂自硬砂的硬化剂

酸硬化的甲阶酚醛树脂自硬砂,对酸性硬化剂的品种非常敏感,硬化剂选用不当,自硬砂的强度将大幅下降。

适用的硬化剂为游离硫酸含量较低的有机磺酸。随着硬化剂中游离硫酸含量的增多,自硬砂的强度急剧下降。一些在低温条件下用于呋喃树脂自硬砂的甲苯磺酸,由于游离硫酸含量较高(≥12%),不能用于酸硬化的甲阶酚醛树脂自硬砂,而且硬化后的强度极低。此外,磷酸和硫酸乙酯也不能用于甲阶酚醛树脂自硬砂。在冬季可采用总酸度高、游离酸量较低的二甲苯磺酸醇溶液作为硬化剂。

2. 酸硬化甲阶酚醛树脂自硬砂的混砂工艺

酸硬化的甲阶酚醛树脂自硬砂与呋喃树脂自硬砂不同,甲阶酚醛树脂对酸不敏感,因此,混砂时,可先加树脂后加硬化剂,也可先加硬化剂后加树脂。图7.31所示为不同加料顺序对酸硬化的甲阶酚醛树脂自硬砂抗拉强度的影响。从图7.31可以看出,加料顺序对其强度影响并不大。

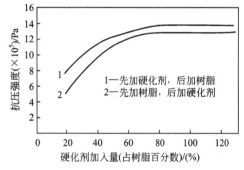

图7.31 加料顺序对自硬砂强度的影响

3. 酸硬化甲阶酚醛树脂自硬砂的硬化特性

甲阶酚醛树脂自硬砂的硬化剂不参与树脂的硬化反应,只起催化作用,这是与呋喃树脂自硬砂相同之处。但是,这种树脂有两点与呋喃树脂大不相同:①树脂是由苯酚和甲醛在碱性催化剂作用下缩合而成的,出厂前用酸将碱性催化剂中和并使其呈弱酸性,因此,树脂对酸性硬化剂不如呋喃树脂那样敏感,在酸浓度相当高时才发生交联反应;②此种树脂的含水量高,一般都在15%左右或更高一些。发生交联反应时,除树脂本身缩合产生水外,还要释放很多与树脂互溶的水,这些水将使硬化剂稀释。

1) 酸硬化甲阶酚醛树脂自硬砂的强度与硬化剂加入量的关系

随自硬砂中的树脂加入量增加,自硬砂硬化时对硬化剂的稀释作用加强,因而不得不增加硬化剂的加入量。所以,对于甲阶酚醛树脂自硬砂,硬化剂的加入量应以占树脂的百分数计算较为适宜,这一点也不同于呋喃树脂自硬砂。

自硬砂的强度与硬化剂加入量的关系如图7.32所示,在硬化剂加入量为树脂的60%左右时,自硬砂的强度达最高值。此后,继续增加硬化剂加入量,直到其为树脂加入量的120%,自硬砂的强度保持其最高值不变。

实际生产中,硬化剂的加入量以55%~60%为宜。当要求加速硬化时,可增加硬化剂加入量,不必担心影响强度。但要注意,硬化剂过多,将导致自硬砂的发气量增加,浇注后有机磺酸受热分解而产生的SO_2气体也增多。

2) 酸硬化甲阶酚醛树脂自硬砂的可使用时间与硬化剂加入量的关系

在环境温度为27~28℃、相对湿度为50%~70%的条件下,自硬砂的可使用时间与硬化剂加入量的关系如图7.33所示。用75%甲苯磺酸水溶液作硬化剂,不管树脂加入量如何,只要硬化剂占树脂的百分数相同,自硬砂的可使用时间都大致相同。也就是说,就不同的树脂加入量,分别求出可使用时间与硬化剂加入量的关系,若硬化剂加入量以其占树脂的百分数表示,则所得的曲线重合。

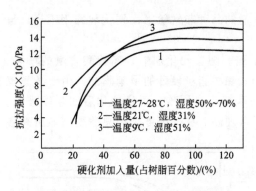
图7.32 自硬砂的强度与硬化剂加入量的关系

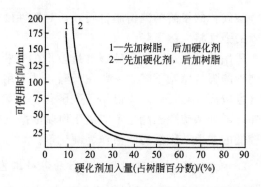
图7.33 自硬砂的可使用时间与硬化剂加入量的关系

环境温度为20℃左右时,可使用时间稍延长些。环境温度低于10℃,树脂自硬砂的终强度变化不大,但硬化的进程极为缓慢,即使硬化剂为树脂的150%,可使用时间仍在140min左右,铸型经一星期仍不能硬透。因此,环境温度较低时,用有机磺酸水溶液作硬化剂,自硬砂很难硬化,但如前所述,采用总酸度高的二甲苯磺酸醇溶液作为硬化剂,可以较好地解决这一问题。

7.5.3 酯硬化甲阶酚醛树脂自硬砂

酯硬化甲阶酚醛树脂自硬砂工艺是英国Bordon公司开发的,也称为$a\text{-}set$工艺,于1981年获得专利,1984开始被广泛采用。$a\text{-}set$工艺不采用大量磺酸硬化剂,浇注时不产生SO_2气体,这是其主要的优点。该工艺最先是用于铸钢生产,现已广泛用于非铁合金、铸铁及高镍铬合金中。

1. **树脂的特点**

酯硬化甲阶酚醛树脂自硬砂工艺所用的树脂是在酸硬化甲阶酚醛树脂的基础上研制发展起来的,据报道,这种树脂供应状态的pH为11~13.5,故有人称之为碱性酚醛树脂。树脂为暗红色的粘稠液体,粘度为150~160Pa·s,密度小于$1.29g/cm^3$;熔点低,大约为65℃,易燃,能溶于水;不含氮,游离甲醛含量小于0.5%。

此种树脂的缺点是保存期短,20℃以下可存放6个月,30℃以下为2~3个月。

2. **硬化剂和硬化特性**

酯硬化甲阶酚醛树脂自硬砂的硬化剂以有机酯为主。多种低级的有机酯均可作硬化剂，可视对硬化速率的要求而定。作用强的，自硬砂的脱模时间可以短到 2～3min；作用弱的脱模时间可在 40min 以上。

硬化剂的用量是树脂的 15%～20%。由于硬化剂参与树脂的交联反应，不能用改变硬化剂用量的办法来调节自硬砂的硬化速率，只能通过改变硬化剂的品种来达到目的。这是与酸硬化甲阶酚醛树脂自硬砂的重要差别。

碱性树脂在硬化剂的作用下只发生部分交联反应，自硬砂硬化后仍有一定的热塑性，浇注金属后，还有一个因受热而完成交联反应的过程。这也是与酸硬化甲阶酚醛树脂自硬砂的不同之处。

因此，用此工艺所制的铸型或型芯，硬化后的强度不高，抗压强度只为 2～4MPa。但是，由于在浇注后还有受热再硬化的过程，因而铸型的尺寸稳定性及热稳定好，制得的铸件尺寸精度高、表面质量好，不易发生脉状纹缺陷。

7.5.4 尿烷树脂自硬砂

1. 酚醛尿烷树脂自硬砂

酚醛尿烷树脂自硬工艺采用的粘结剂由 3 部分组成，即酚醛树脂（组分Ⅰ），聚异氰酸脂（组分Ⅱ）和碱性硬化剂（组分Ⅲ），3 种成分均为液体，组分Ⅰ中不含氮，组分Ⅱ中含氮 6.0%～7.6%。当两组分等量加入时，相当于树脂体系中的含氮量为 3.0%～3.8%，与含氮量低的中氮呋喃树脂相当，用于铸钢和铸铁件都不会有问题。若希望树脂体系的终含氮量再低一些，可适当增加组分Ⅰ的加入量，使组分Ⅰ与组分Ⅱ之比为 55∶45 或 60∶40，两种组分总的加入量为 1.4%～1.6%。碱性硬化剂用于调整树脂砂的硬化速度，通常采用叔胺，它是氨的 3 个氢原子均被烃基取代而生成的化合物。如果觉得用叔胺时作用太快，也可采用吡啶，但其气味恶臭。

硬化剂的加入量因环境温度、砂温及要求的硬化速度不同而不同，夏季的用量为树脂加入量的 0.05%～0.1%，冬季为 0.25%～0.35%。由于硬化剂的用量很少，直接加入砂中时，定量泵不易准确控制，而且在砂中也难以均匀地弥散，往往铸型上有硬点及软点。通常都由树脂生产厂将硬化剂加在树脂的组分Ⅰ中。

混砂方法如下：先把酚醛树脂和硬化剂混合，使硬化剂均匀地分散在树脂中，或直接使用已添加硬化剂的成品树脂；混砂时，再把含有硬化剂的酚醛树脂和聚异氰酸脂依次加到砂中，最好使用高效混砂机。

酚醛尿烷树脂自硬工艺的特点如下。树脂的硬化反应没有副产物，不像酸硬化的自硬砂那样析出水，因而铸型或芯子表面与内部几乎同时硬化，硬化后很快即可脱模，脱模时间只需 3～6min，可使用时间与脱模时间的比值接近 1。此外，该方法无甲醛气味，对原砂质量要求不高，但含水量要低（<0.1%）；硬化迅速，可立即浇注，旧砂可再生，但在混砂和浇注时有烟气，得到的铸件表面有光亮碳，游离酚对环境有污染。

2. 醇酸尿烷树脂自硬砂

醇酸尿烷树脂自硬工艺是由美国 Ashland 油脂化学公司发明的，称为利诺居里法（Linocure）。这种工艺采用油—尿烷系树脂，粘结剂由 3 部分组成，即油改性醇酸树脂（组分 A）、胺类金属催干剂（组分 B）和聚异氰酸酯（组分 C），3 种组分均为液体，其中 A 和 C 是主要组分。

醇酸尿烷树脂砂粘结剂的加入量要根据铸件合金种类而定，见表 7-11。

表 7-11 醇酸尿烷树脂自硬砂中粘结剂的加入量 （%）

合金种类	组分 A （占砂重）	组分 B （占成分 A 的重量）	组分 C （占成分 A 的重量）
铸钢	1.8～2.0	5	20
铸铁	1.5～1.6	5	20
铜合金	1.5～1.6	5	20
轻合金	0.8～1.1	5	20

醇酸尿烷树脂自硬砂的混砂工艺如下。当采用间歇式混砂机混砂时，先将组分 A、B 加入砂中混合，然后加入组分 C，直到混合均匀为止。当采用连续式混砂机时，按 A、B、C 顺序依次与砂混合。混合砂的可使用时间为 20～30min，1h 左右即可脱模，适合于多品种小批量生产。

醇酸尿烷树脂自硬砂工艺的优缺点与酚醛尿烷树脂自硬砂的相同，优点是对原砂要求不严格，包括碱性砂子在内的各种原砂都可使用，旧砂也易于再生。由于粘结剂具有较低的热强度，因此往往需添加氧化铁以改善热强度。由于粘结剂受热分解，形成具有光泽的碳质，在很多情况下可以改进铸件的表面粗糙度，但过量的碳质在铸件表面会呈现类似冷隔的发光褶皱。混砂和浇注时有烟气，对呼吸系统有害。

3. 多元醇尿烷树脂自硬砂

多元醇尿烷树脂自硬砂的粘结剂分两部分：第 Ⅰ 部分是一种透明的、淡黄色的有机多元醇，也是粘结剂所需的活性羟基官能团（—OH）的来源，其特点在于具有很高程度的直链邻位连接的亚甲醚的结构。第 Ⅱ 部分是二苯基甲烷二异氰酸酯，以 MDI 类的多聚物形式来提供活性的异氰酸酯的官能团（—NCO）。第 Ⅰ 部分的存储期在 15～25.6℃ 下可超过一年，而第 Ⅱ 部分只有在密封的容器中才具有长期存储的稳定性。

粘结剂的第 Ⅰ 部分和第 Ⅱ 部分都可用脂肪或芳香族的溶剂进行稀释，其主要作用是减少粘结剂的粘度。为了提供好的可泵性、快速有效地包覆砂子以及好的型砂流动性，通常把粘结剂的两个组分的粘度分别调节到 0.2Pa·s 或更低些。溶剂的第二个作用是增强树脂的反应性。在大多数黑色金属铸件的应用中，粘结剂的总量占砂重的 0.8%～2.0%；在铝合金的应用中，为便于型芯落砂，粘结剂用量为 0.8%～1.0%。

7.5.5 影响树脂自硬砂的工艺因素

采用树脂自硬砂时，若控制得恰当，则能生产出优质的铸件，得到很好的效益。若使用不当，就会造成废品。因此，在生产条件下，对一些工艺条件，特别是砂温、紧实度和发气性应予以重视。

1. 温度

自硬砂是在不加热的条件下硬化的，其交联反应的速度在很大的程度上取决于砂的温度。一般情况下，若其他因素不变，砂温升高 10℃，则反应速度将提高一倍；砂温降低 10℃，速度将降低 50%。因此，必须充分重视原砂的温度。最合适的砂温是 25～30℃，在此条件下，硬化剂的用量可减到最少；树脂砂的流动性也很好，铸型或型芯易于紧实。树脂砂的紧实度提高，其强度也会明显地提高。因此，在砂温合适时，树脂的用量也可以较少。在生产条件下，砂温为 20～35℃ 都是可行的，可通过稍稍调整硬化剂用量，以使脱模时间不变，并获得良好的效果。砂温超过 40℃，则硬化太快，会导致铸型或型芯表面脆化，铸件上容易产生冲砂、粘砂及脉状纹等缺陷。砂温太低，则硬化太慢，脱模时间明显增长，影响生产节拍。

在大批量生产的条件下，应设有砂温控制装置，这包括加热和冷却两个方面。大量使用再生砂时，砂冷却装置尤为重要。在小批量生产或只用自硬砂制芯的条件下，常常不进行砂的再生，因而没有热砂冷却的问题，只要考虑冬季加热砂即可。如果原砂加热的条件不具备，则不能仅靠调整硬化剂用量解决冬季生产的问题，应改变硬化剂的品种。模具表面的温度也要控制。若砂温适当，但模具温度低于10℃，则会因贴近模具的型砂硬化不良，导致脱模困难。

2. 铸型的紧实度

树脂砂的流动性好，紧实铸型所需的能量远低于粘土砂，这是树脂砂的优点之一。但是，考虑到铸型的紧实度对其实际的强度影响极大，而且疏松部分在树脂热解之后极易剥落，用树脂砂造型时，对铸型或型芯的紧实度决不可松懈。造型时，最好用振实台，否则也要用手工舂实。

3. 发气性

一般情况下，树脂自硬砂的发气性较大，因此，为了防止气孔缺陷，扎气孔是最有效、也是最简便易行的办法，操作时应认真做好。

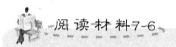
阅读材料7-6

树脂砂发展简史

1940年第二次世界大战期间，德国的Johannes Carl Adolph Croning博士开发出用酚醛树脂作粘结剂的壳型铸造工艺，并于1944年2月获得专利权。在战争期间，德国人用此法制造迫击炮及大炮弹壳和其他射弹。战后德国人仍企图对该法保守秘密，但在1947年被审查者发现，认定其不应受专利保护，作为战利品加以公开，为铸造业提供了一种划时代的新型造型工艺。这种工艺方法一经公开，立即受到全世界铸造界的普遍重视，美国的福特汽车公司于1947年最先引进这项壳型制造技术。到20世纪50年代，各工业国几乎都采用了该法，一直到现在，在世界的许多地方还称壳法为Croning法或C法。

20世纪50年代后期，欧洲开始采用酸固化呋喃树脂自硬砂，美国大约在1958年开始采用酸固化酚醛树脂自硬砂和酸固化呋喃树脂自硬砂。在1960年前后，为了适应汽车工业的高速发展，在欧洲、北美洲开始采用呋喃树脂热芯盒制芯法。约在1962年，美国又开始采用酚醛树脂热芯盒法制芯。热芯盒法和油砂制芯法相比，不仅能提高砂芯的尺寸精度，而且可以大大缩短制芯周期。到1965年，在自硬砂生产应用方面，出现了由美国Ashland油脂化学公司开发的用于铸造的新的树脂品种——醇酸油尿烷自硬树脂，该法称为Linocure法。为了达到像热芯盒制芯那样快速制芯，而又不必对芯盒加热，1968年Ashland油脂化学公司又向铸造业推出了吹胺硬化的酚醛/尿烷/胺冷芯盒法，国外称Isocure法或称酚醛尿烷冷芯盒法，我国叫三乙胺法，芯砂只需吹几秒钟的气雾胺，就可使砂芯在室温下硬化。随后在铸造生产中又出现了SO_2法、温芯盒法、酸硬法、酯硬化法等各种树脂砂工艺的成型方法。

➡ 资料来源：王耀科，李远才，王文清. 国内外树脂砂的现状及展望. 铸造，1999(8).

7.6 树脂砂中常见的铸造缺陷

与一般的砂型铸造相比，用树脂砂制得的铸件尺寸精度较高，表面粗糙度较低，轮廓清晰并能较好地反映模样的状况。但是，如果使用不当，铸件也会产生很多诸如粘砂、冲砂、气孔、铁毛刺、裂纹等缺陷。下面就可能产生的各类缺陷进行简单介绍。

1. 粘砂

用树脂砂生产的铸件不易产生夹砂、鼠尾之类的膨胀缺陷，但比较容易出现粘砂和铁毛刺等缺陷，所以在这方面要予以充分的注意。

粘砂的产生是由多种因素造成的，主要包括：①浇注温度过高，造成金属过分氧化；②原砂颗粒太粗，或型砂未很好紧实，以致砂粒之间的空隙较大，金属液易于钻入形成机械粘砂；③由于树脂砂中不加入粘土或其他粉状辅料，若用均匀率很好的三筛砂作原砂，砂粒之间的空隙较一般型砂要大，因而易于出现液态金属钻入铸型的情况，因此，不少人认为树脂砂的原砂宜用四筛砂或五筛砂，以便有较多的细粒填到粗砂的空隙中，这种做法还会使砂粒之间的接触点增多，能使型砂的强度提高，或保持相同的强度而降低树脂用量；④原砂不纯，含有易熔杂质；⑤型腔中气体爆发，产生的动压力迫使金属液钻入砂中；⑥涂料不好或施涂技术不佳。

主要的预防措施有：①虽然树脂砂的流动性很好，但不可因此而忽视型砂的紧实，各处的面砂都要手工按紧，并注意振实或舂实；②选用较细的原砂或用四筛砂、五筛砂作原砂；③增加呋喃树脂中的糠醇含量，这可以提高树脂砂的高温强度，减轻金属液渗入的程度；④不使用超过了可使用时间的型砂，以免舂实不足；⑤特殊条件下，选用非硅质原砂；⑥正确选用涂料，并注意施涂技术。

2. 冲砂

一般情况下，冲砂是浇注时铸型或芯子表面的砂子被金属液流冲掉而造成的，冲砂可使掉砂处多肉；冲下的砂子漂到他处形成砂眼。

一般来说，用树脂砂制成的铸型或型芯抗冲砂的能力较强，产生冲砂的情况并不多见。对铸钢件来讲，含酚醛的呋喃树脂抗冲砂能力比脲醛呋喃树脂强一点。此外，呋喃树脂中糠醇含量愈高，则型砂的高温强度愈好，抗冲砂的能力也就愈强。

冲砂产生的原因如下：脱模时树脂砂已基本硬化，铸型和型芯若有损坏，修补时不易粘合好，冲砂往往就发生在修补的地方。而导致铸型(芯)损坏的原因主要有3方面：①脱模时间未掌握好，脱模过早，型砂尚未建立脱模所需的强度，容易粘模，并会导致铸型(芯)损坏或完全坍塌，脱模过晚，则型砂没有必要的塑性，脱模时也易于损坏铸型(芯)；②树脂和硬化剂中都含有水，树脂在硬化过程中还要释放出水，如果水分不易排出，则树脂的硬化就会减缓，因此，有些部分的型砂已建立了脱模强度，但有些部分型砂强度还很低，脱模时就容易损坏；③模具不光滑或没有足够的拔模斜度。

针对树脂砂产生冲砂的原因，可采取以下预防措施：①改善浇注系统，使液流平稳，并尽量避免金属液直接冲击型壁或型芯；②若改善浇注系统不能解决问题，宜改用热强度较高的树脂作粘结剂；③避免浇注温度过高；④控制原砂、树脂及硬化剂的温度，以便准确掌握脱模时间;⑤注意模具质量,选用合适的脱模剂,并使用较好的涂料。

3. 气孔

铸件上的气孔有多种不同的形态,可由不同的原因造成。但是,就树脂砂而言,往往是氮气造成的分散性针孔。

1) 氮针孔产生的原因及部位

大多数呋喃树脂都含有氮,如果其含量和浇注的金属及铸件的特征不相适应,就可能导致氮针孔。浇注时树脂分解出的氮气,相当一部分会被熔融金属所吸收。金属凝固期间,氮的溶解度急剧下降,就会析出氮而形成氮针孔或裂隙样的分散气孔。如果用含氮高的树脂作铸型(芯)的粘结剂,又在型芯上施以含氮的涂料,则情况就会更糟。

氮针孔一般都是出现在铸件皮下的针孔,或为表面光滑而形状不规则的孔隙,靠近树脂砂铸型(芯);有时氮针孔也会出现在离铸型(芯)有一定距离的地方,尤其易产生于铸件的热节部位;也可能出现在打掉浇口的断口处,树脂砂芯和湿砂型连接处,或靠近芯子的上部。铸钢件中,皮下氮针孔出现在30mm以下的截面上;铸铁件则是越厚的部位(35mm以上)越容易产生。

2) 氮的来源

液态金属所吸收的氮来自多种途径。在金属浇注温度下,氨氮较其他形式的氮更易于热解产生初生氮,这种初生氮易被金属吸收而导致产生气孔。在型砂总氮量相同的情况下,聚异氰酸酯中的氮导致气孔的倾向就比尿素中的氮小。采用树脂砂作造型材料时,应考虑以下各种氮源:①树脂及硬化剂产生的氮;②再生砂中积累的氮;③浇注之前金属液原有的氮;④型砂中的含氮附加物和涂料中的氮。

以脲醛和糠醇为基的呋喃树脂,会因其中加有的尿素而含有相当数量的氮。这类树脂的含氮量高达5%。用不含氮的酚醛代替脲醛,显然会使系统中的总含氮量降低。所有的脲醛全部用酚醛取代,树脂就完全不含氮,也就不会有氮针孔的问题。但是,值得注意的是:用酚醛树脂或脲醛树脂作粘结剂,浇注时单位重量的型砂所产生的气体总量大致相同,因此,能否产生氮针孔,关键不在于发气量,而在于产生什么样的气体。

大多数铸铁厂都选用含氮不超过4%~5%、水分为12%~20%的树脂,用再生砂时这一点尤为重要。如果型砂不断回用而不补加或很少补加新砂,就会有砂中氮积累的问题。再生砂中的含氮量应保持在0.15%以下,这可由调整砂再生设备、限制树脂用量或采用低氮树脂等措施来实现。生产铸钢件时,采用水分在10%以下的低氮或无氮树脂,以避免产生氮针孔。随着工艺的发展,有许多铸造厂都成功地用含氮3%的树脂生产铸钢件。对于非铁合金铸件而言,采用含尿素的呋喃树脂是很好的选择。在这种情况下,虽然含氮量高,但不会造成气孔,而且会使树脂砂的溃散性较好,这对于浇注温度低的铝合金是有益的。

浇注前金属中的原含氮量也是很重要的。冲天炉熔制的灰铸铁,若炉料中废钢用量不多于35%,则型砂中加入1.2%含氮5%的树脂是不会产生气孔的;若炉料中废钢多于35%,就有可能产生氮针孔,尤其是厚大铸件。铁水中的含氮量在90×10^{-6}以下时,一般不会出现氮针孔,超过此值,其出现率就显著增加。而炉料中废钢量超过40%的冲天炉铁水的含氮量往往高于100×10^{-6}。用电炉熔制的铁水或钢水,在炉中保持的时间太长或金属液过热,都会导致含氮量增多。此外,在电炉中用废钢作炉料熔制铸铁时,需要增碳。如用含氮化物的增碳剂,就会使金属中氮含量很高;采用含氮的涂料也会使金属液氮量增高。

对于灰铸铁来讲，用含氮 0.013% 以下的铁水浇薄壁铸件，用含氮 0.008% 以下的铁水浇厚壁铸件，一般都不会产生氮针孔。

3) 预防氮针孔的措施

造成氮针孔的因素很多，但主要的因素是氮源，能采取的措施也不少。如果铸件有氮针孔缺陷，可根据具体情况有选择地采取以下措施：①选用含氮量低的树脂，但要注意，树脂含氮量降低，则树脂砂硬化缓慢；②尽量降低树脂加入量，并加以严格地控制；③选用含氮量低的涂料且涂料应彻底干透；④根据再生砂中的含氮量，限定再生砂的用量；⑤改进浇注系统，以求缩短浇注时间并消除热节；⑥避免浇注温度过高；⑦往铁水中加钛，以抵消氮的影响；⑧避免使用含氮的增碳剂；⑨用无氮的酚醛呋喃树脂配面砂，用价格便宜的高氮树脂配背砂。

此外，在粘土湿砂型中下树脂砂芯时，若铁水被铝污染，有时会产生氢-氮复合针孔，即使铁水中的氮含量和氢含量都在各自产生氮针孔和氢气孔的含量以下，由于两者的叠加影响，也可能产生复合针孔。在这种情况下，应采取严格的措施，防止铁水被铝污染。

4. 铁毛刺

铁毛刺是铸件表面上突起的一些形状不规则的毛刺，也叫脉状纹。铁毛刺多见于铸件的转角。对一定的铸件来讲，铁毛刺的形态往往相同。

产生铁毛刺的直接原因是铸型或型芯开裂，金属渗入裂缝中，凝固后就是突起在铸件上的铁毛刺。浇注时，造型材料的热膨胀，粘结剂受热脆化等都会导致铸型（芯）开裂。

我们知道，石英受热后有相变，若表面强度低就会产生裂纹，液态金属可渗入其中。石英砂越干净，砂子颗粒越均匀，则越易于产生铁毛刺。以锆英砂和熟料砂为原砂时，由于它们的热膨胀小，就不易产生铁毛刺。

树脂的高温强度较好，或在高温下有某种程度的塑性，则有利于减少铁毛刺。树脂在储存过程中老化，会增强型砂在高温下的脆性，易于产生铁毛刺。

铁水含磷量低于 0.15% 或铸件设计不良，也易于出现铁毛刺。

在实际生产中，若不改善铸件设计或不用锆英砂等热稳定性好的原砂代替石英砂，很难完全消除铁毛刺。但是，注意以下几点可大大降低产生铁毛刺的概率：①适当调整树脂的成分。树脂中的酚醛含量高，则树脂砂的塑性较差，铸型较易于开裂，因此，提高树脂中的糠醇含量或脲醛含量，可能会使铁毛刺有所减轻；②增加原砂颗粒组成的分散程度；③树脂不要超过保存期储存；④型砂中的硬化剂不宜太多。

5. 裂纹

用树脂砂型生产的钢铸件、白口铸铁件、铜合金及铝合金铸件，其薄壁部分都容易产生裂纹。这主要是因为铸型（芯）的强度很高，薄壁部分冷却、收缩时，型砂还没有溃散，或铸件冷却释放的热根本不足以使型砂溃散，而这种未溃散的型砂又阻碍铸件的收缩。36mm 以上的厚壁部分一般都不会出现裂纹。非铁合金铸件，浇注温度很低，型砂不易溃散，裂纹缺陷也就更易产生。

树脂中尿素含量越高，含氮量越高，则型砂的高温强度越低，从受热到溃散所经的时间越短，就越不容易出现裂纹。

生产中，可采取以下措施预防裂纹：①采用空心芯子，或挖空铸件收缩受阻部分的铸型；②在铸型中装塑性好的退让块；③避免高温浇注；④尽量降低树脂加入量，不追求型砂有太高的强度；⑤改用含氮量较高、糠醇量较低的树脂。

6. 铸钢件表面增碳

用树脂砂制造厚壁低碳钢铸件时，有时会见到铸件表面增碳的情况。当型砂中的树脂量过高且型砂的透气性很差时，很容易出现这种缺陷。铸件表面增碳往往会导致气割时产生裂纹。

用石英砂作树脂砂的原砂，树脂的加入量不超过2.5%，且铸型排气顺畅时，铸件表面一般都不会有明显的增碳现象。

表面增碳主要发生在用锆英砂作原砂的大型铸件上，其原因是：①铸造用的锆英砂一般都比石英砂细得多，所以需要的树脂量较大；②锆英砂的密度($4.6g/cm^3$)比石英砂大得多。如果型砂中加入的树脂的百分数相同，锆英砂单位体积中的树脂大约要比石英砂多74%，也就是说，以锆英砂作原砂的树脂砂，如树脂加入量为1.5%，就其单位体积中所含的树脂而言，相当于石英砂中加2.6%的树脂；③大型铸件长期保持很高的温度，便于渗碳反应的进行。

但是，若锆英砂中树脂加入量不超过1.3%，并采用适当的涂料，也不会有明显的增碳现象。如果发生表面增碳现象，可以采用以下预防措施：①改用较粗的锆英砂作原砂，并相应地降低树脂用量；②在厚壁部位的铸型上，至少刷两层涂料。

本 章 小 结

酚醛树脂、呋喃树脂和尿烷树脂是最为常用的树脂粘结剂。酚醛树脂是以甲醛和苯酚为原料，在催化剂作用下经缩聚而成。根据所用甲醛、苯酚含量的不同和催化剂的不同，可分为甲阶酚醛树脂和诺沃腊克型酚醛树脂两种。呋喃树脂以糠醇为基础，根据其基本构成可分为糠醇树脂、脲醛呋喃树脂、酚醛呋喃树脂和甲醛呋喃树脂等。尿烷树脂由含羟基的树脂和聚异氰酸酯两种组分组成，硬化剂为胺，由于硬化过程中无水分生成，故硬透性极好。

加热硬化工艺有壳芯工艺、热芯盒工艺和温芯盒工艺3种，其中前两种应用的较广。

壳芯工艺一般采用翻斗法，利用吹射方式将砂料送入芯盒，它分为顶吹和底吹两种方法，所用砂料为壳芯砂。壳芯砂用诺沃腊克型酚醛树脂作粘结剂，用六亚甲基四胺作潜硬化剂。当芯盒受热时，在潜硬化剂作用下树脂熔化，将砂粒粘结在一起。壳芯砂可分为粉状砂和覆膜砂两种，当前应用最广的是覆膜砂，为了改善覆膜砂的流动性，并有利于壳型脱模，经常加入硬脂酸钙润滑。

热芯盒工艺是用射芯机将湿态砂料射入加热至一定温度（180～260℃）的芯盒内，经几十秒后从热芯盒中取出型芯，利用型芯余热继续硬化。与壳芯相比，硬化周期更短。砂料常采用呋喃Ⅰ型树脂砂和呋喃Ⅱ型树脂砂。呋喃Ⅰ型树脂砂采用呋喃Ⅰ型树脂作为粘结剂，氯化铵水溶液作潜硬化剂，尿素作为缓冲剂，以防止在室温下树脂砂硬化。呋喃Ⅱ型树脂砂用于生产铸钢件和球墨铸铁件，采用呋喃Ⅱ型树脂作粘结剂，六亚甲基四胺作潜硬化剂。

温芯盒工艺克服了热芯盒工艺的许多缺点，但是由于成本较高而应用较少。虽然温芯盒工艺所用设备与热芯盒工艺相同，但它们有本质的区别，温芯盒工艺采用低氮、低水分、低游离甲醛、无游离酚的高糠醇树脂作为粘结剂，铜盐的水溶液或醇溶液作潜硬化剂。

吹气（雾）硬化工艺是在热芯盒工艺的基础上，为克服需要加热的缺点而发展起来的。根据所使用粘结剂和所吹气体的不同，有三乙胺法、二氧化硫法、物理气硬法等。

三乙胺法采用尿烷树脂作粘结剂，此法的主要缺点是粘结剂和硬化剂都易燃，需要妥善储存。二氧化硫法采用普通酚醛树脂、呋喃树脂或糠醇树脂作粘结剂，硅烷作增强剂，过氧化甲乙酮作氧化剂。硬化过程如下：首先二氧化硫与氧化剂生成三氧化硫，溶于水后形成硫酸，在硫酸的作用下，粘结剂发挥粘结性，将砂粒粘结在一起。三乙胺法和二氧化硫法都需要在洗涤塔中进行尾气处理，前者采用稀硫酸溶液，后者采用 NaOH 溶液。物理气硬法采用聚苯乙稀溶液作粘结剂，硬化的过程即为粘结剂内的溶剂蒸发的过程。

呋喃树脂自硬砂采用磷酸溶液、硫酸乙酯或有机磺酸作硬化剂，少量的硅烷作偶联剂。混砂时，先将砂和硬化剂混匀，再加入树脂混匀，此顺序不可颠倒。自硬砂的强度随着硬化时间的延长而增大，经过 3~5h 后，强度增加变得缓慢。当粘结剂加入量为自硬砂质量的 0.48%~0.52% 时，强度达到最大值。由于脱模时间大约是可使用时间的 4~5 倍。因此，在使用呋喃树脂自硬砂时，必须在强度损失和硬化速率之间求得一合理的折中。

酸硬化甲阶酚醛树脂自硬砂和酯硬化甲阶酚醛树脂自硬砂都用甲阶酚醛树脂作粘结剂，但前者用游离硫酸含量较低的有机磺酸作硬化剂，它不参与树脂的硬化反应，可通过改变硬化剂加入量的方法来调节硬化速度；后者采用有机酯作硬化剂，它参与粘结剂的硬化反应，因此，只能通过改变硬化剂的种类来调节硬化速度。与呋喃树脂自硬砂不同，甲阶酚醛树脂自硬砂混砂时，可先加树脂后加硬化剂，也可先加硬化剂后加树脂。

与一般的砂型铸造相比，用树脂砂铸造时，出现铸造缺陷的概率相对较小。但是，如果使用不当，也会产生一些铸造缺陷，常见的铸造缺陷有粘砂、冲砂、气孔、铁毛刺、裂纹和铸件表面增碳等。

【关键术语】

酚醛树脂　呋喃树脂　尿烷树脂　壳芯工艺　热芯盒工艺　温芯盒工艺　三乙胺硬化树脂砂　二氧化硫硬化树脂砂　呋喃树脂自硬砂　甲阶酚醛树脂自硬砂　尿烷树脂自硬砂　树脂砂中的铸造缺陷

综合习题

一、填空题

1. 目前，用树脂砂制芯时主要有 3 种硬化方式，即_____、_____和_____。

2. 酚醛树脂是苯酚和甲醛缩聚反应的产物，根据甲醛是否过量和所使用催化剂的酸碱性，它可分为_____和_____两种。其中，当甲醛对苯酚的摩尔比小于 1，且使用酸性催化剂时制取的树脂为_____；相反，当甲醛过量且使用碱性催化剂时制取的树脂为_____。

3. 酸硬化的甲阶酚醛树脂，pH 一般调至 4.5～6.5，但它最主要的缺点是_____。

4. 通常所说的呋喃树脂是糠醇与脲醛、酚醛、甲醛共聚（缩聚）而成的树脂，并因其结构上特有的呋喃环而得名。改变其中的组分，可以得到不同的树脂。因此，其基本构成主要有_____、_____、_____和_____等。

5. 通常所说的呋喃Ⅰ型树脂是指_____树脂；而通常所说的呋喃Ⅱ型树脂是指_____树脂，该树脂不含氮，因此用于制造铸钢件时，不会因氮而产生气孔缺陷。

6. 尿烷树脂是由两个组分组成的，其中第一组分为_____，第二组分为_____。该体系树脂的硬化剂为_____。

7. 壳型工艺中，型砂所用的粘结剂是_____树脂，潜硬化剂为_____。

8. 热芯盒工艺中，呋喃Ⅰ型树脂砂使用的潜硬化剂为_____；呋喃Ⅱ型树脂砂所使用的潜硬化剂为_____。

9. 温芯盒工艺中，型砂采用的粘结剂是_____，潜硬化剂是_____。

10. 三乙胺法和二氧化硫法是吹气（雾）硬化工艺的两种常用方法。三乙胺法所使用的粘结剂为_____，二氧化硫法所使用的粘结剂为_____。

11. 三乙胺法和二氧化硫法硬化工艺都需要进行尾气处理，其尾气处理都在_____中进行。但所使用的尾气处理液不同，三乙胺法是采用_____处理液，二氧化硫法是采用_____处理液。

12. 呋喃树脂自硬砂的硬化剂可采用_____、_____和_____等，其中_____的效果最好。

13. 影响呋喃树脂自硬砂的因素主要包括_____、_____、_____和_____等。

14. 酸硬化的甲阶酚醛树脂自硬砂，对酸性硬化剂的品种非常敏感，硬化剂选用不当，自硬砂的强度将大幅下降，最适用的硬化剂为_____。

15. 甲阶酚醛树脂自硬砂的硬化剂加入量应以_____计算较为适宜，这一点不同于呋喃树脂自硬砂。

二、判断题

1. 树脂砂用于铸造生产能够满足各种铸造合金及不同生产条件的要求。（　　）

2. 热芯盒工艺中的呋喃Ⅰ型树脂砂的强度高低，主要决定于树脂本身的性质，但也

与原砂质量、芯盒温度、混制质量等有关。( )

3. 在树脂砂中加入偶联剂，其目的是提高树脂砂的流动性。( )

4. 用于热芯盒工艺的树脂砂的发气量较大，但发气速度较快，因此，砂芯不需要加强排气措施。( )

5. 呋喃树脂自硬砂中加入硅烷偶联剂的目的是提高自硬砂的强度。( )

6. 影响自硬砂可使用时间和起模时间的因素主要是砂温和环境温度。( )

7. 在酚醛尿烷树脂自硬砂中，减少Ⅱ组分的用量是为了增加树脂砂的强度。( )

8. 在三乙胺吹气（雾）硬化中，若硬化时间长，是由于芯盒不密封，吹气有漏气；或由于吹气与排气位置、截面设计不当；或由于吹气压力、胺量不足等。( )

9. 壳型工艺制出的砂芯是中空的，而热芯盒工艺制出的砂芯都是实芯的。( )

10. 采用间歇式混砂机混制呋喃树脂自硬砂时，可以先加入硬化剂后加入树脂，也可以先加入树脂后加入硬化剂，该加料顺序对树脂砂性能影响不大。( )

11. 酸硬化的甲阶酚醛树脂自硬砂混砂时，可先加树脂后加硬化剂，也可先加硬化剂后加树脂，该加料顺序对树脂砂性能影响不大。( )

12. 树脂覆膜砂中加入硬脂酸钙是起润滑的作用，有利于壳型脱模，并能改善覆膜砂的流动性而提高壳型的致密度。( )

三、简答题

1. 与其他型砂比较，树脂砂有哪些优缺点？
2. 壳芯工艺、热芯盒工艺和温芯盒工艺各有哪些特点？
3. 呋喃树脂自硬砂和甲阶酚醛树脂自硬砂的异同之处有哪些？
4. 三乙胺法硬化和二氧化硫法硬化各有何特点？
5. 呋喃树脂自硬砂混砂时应注意什么问题？
6. 在树脂自硬砂中，砂温是一个比较重要的工艺因素，简述砂温有何影响及如何有效确定砂温。
7. 树脂砂氮针孔产生的原因是什么？有哪些预防措施？
8. 简述树脂砂中氮的主要来源。

四、名词解释

壳芯工艺　热芯盒工艺　可使用时间　脱模时间

五、思考题

1. 与一般的砂型铸造相比，用树脂砂制得的铸件尺寸精度较高，表面粗糙度较细，轮廓清晰并能较好地反映模样的状况。但是，如果使用不当，也会产生很多铸造缺陷。那么树脂砂常见的铸造缺陷有哪些？它们各有何特征？

2. 树脂砂被广泛应用于铸造生产中，根据不同的生产对象、不同的生产条件和不同的生产工艺等应选用不同的树脂砂。总结铸造生产中选用树脂砂时应注意的问题。

【案例分析】

根据以下案例所提供的资料，试分析：

（1）如何解释图7.34中原砂含水量对砂芯强度影响的变化规律？

（2）根据图7.35，给出树脂加入量对砂芯强度的影响规律，如果考虑生产成本，应如何确定树脂加入量?

(3) 已知粘结剂中组分Ⅱ发气量大于组分Ⅰ发气量,那么根据图7.36可确定合适粘结剂配比应该为多少?

(4) 分析图7.37的变化规律,根据图7.37和掌握的知识确定合适的吹胺时间是多少。

(5) 阅读材料中对图7.38的解释。

分析案例

三乙胺吹气硬化工艺以其生产效率高、尺寸精度高、节约能源、芯砂流动性能好以及浇注后溃散性能好等优点而被众多生产厂家使用,成为使用最广泛的制芯方法之一。但是,我国在三乙胺吹气硬化工艺应用方面却存在以下问题:① 树脂加入量偏高,可使用时间短,抗吸湿性能差;② 树脂的高温性能差,脱模性能不好;③ 缺乏完善的质量控制和检测手段。为此,合肥工业大学周杰等人对三乙胺法制芯工艺进行了系统的试验,研究各种因素对砂芯性能的影响。

试验所用原砂为科尔沁擦洗砂,规格是50/100目;粘结剂为苏州兴业冷芯盒树脂(组分Ⅰ酚醛树脂,组分Ⅱ聚异氰酸酯);催化固化剂为液态三乙胺。

试验方法如下:在SKY树脂砂混砂机中进行芯砂混制,混砂工艺为先将原砂和液态酚醛树脂(组分Ⅰ)混10s,再加聚异氰酸酯(组分Ⅱ)混50s后出砂,出砂后立即送入射芯机砂斗,在自行设计加工的三乙胺芯盒制样机上制芯。

在制芯工艺参数相同的情况下,采用固定一个因素,改变另一个因素的方法,分别测得不同原砂水分、粘结剂加入量、树脂两组分配比、吹胺时间和环境的相对湿度下,砂芯的平均即时强度(射砂后即测其强度)和平均终强度(试样存放24h后的强度),研究合适生产的工艺参数。

1. 原砂含水量对砂芯强度的影响

将原砂在140℃的烘箱内烘1h,然后冷却至室温,称取4组原砂,每组1.5kg,芯砂混制时在原砂中分别加入0%、0.1%、0.2%、0.3%的水,树脂以Ⅰ、Ⅱ两组分按1:1加入2%,混砂制芯,测量砂芯的即时强度和终强度,试验结果如图7.34所示。

由图7.34可以看出,水分对三乙胺法树脂砂强度的破坏几乎是呈线性的,原砂含水量的微量变化都会使型芯强度急剧下降。

2. 树脂加入总量对树脂砂强度的影响

为了了解树脂加入总量对砂芯强度的影响规律,在其他工艺条件不变的前提下,分别加入占原砂重量1.4%、1.6%、1.8%、2.0%、2.2%的树脂粘结剂,树脂两组分配比为1:1,混砂制"8"字形试样,测得"8"字形试样的即时抗拉强度和终强度,试验结果如图7.35所示。

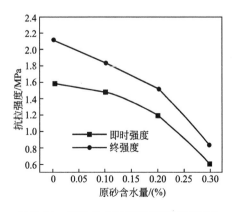

图7.34 原砂含水量对砂芯强度的影响

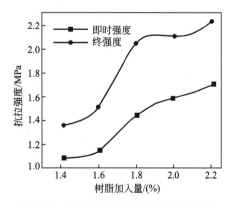

图7.35 树脂加入量对砂芯强度的影响

3. 树脂两组分配比对砂芯强度的影响

树脂两组分的配比不同对砂芯强度及铸件质量影响不同，为了得到砂芯的最佳综合性能，在树脂加入总量不变（2.0%）的情况下，改变树脂两组分配比，组分Ⅰ和组分Ⅱ之比分别为 45∶55、50∶50、55∶45、60∶40，混制树脂砂制芯，测量试样即时强度和终强度，试验结果如图 7.36 所示。

由图 7.36 可看出，砂芯的终强度明显高于即时强度。这是因为粘结剂双组分交联反应快，很短时间就能固化，脱模后其反应继续进行，随着存放时间延长，组分Ⅱ交联度逐渐增强，从而使砂芯强度不断提高，且可以看出在组分配比为 55∶45 时，砂芯的即时强度较高，而终强度则是在配比为 50∶50 的时较高。

4. 吹胺时间对砂芯强度的影响

保持其他工艺条件不变，树脂加入量为原砂的 2.0%，组分Ⅰ和组分Ⅱ配比为 1∶1；设置制芯参数分别为：射砂压力 0.4MPa，载体压力 0.2MPa，洗涤压力 0.2MPa，洗涤时间 8s；吹胺时间分别设置为 0.4s、0.6s、0.8s、1.0s 和 1.2s。混砂、制芯后，测量砂芯的即时强度和终强度，试验结果如图 7.37 所示。

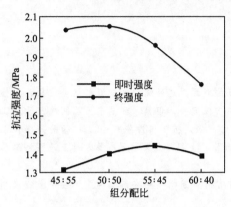

图 7.36 组分配比对砂芯强度的影响

5. 环境相对湿度对砂芯强度的影响

为了研究环境湿度对砂芯强度的影响，将制好的砂芯在模拟的 3 种不同湿度的环境（60%、75%、90%）下存放 0h、12h、24h、48h 和 72h，然后测量砂芯的抗拉强度，试验结果如图 7.38 所示。

由图 7.38 可以看出，砂芯抗拉强度随着相对湿度减小而增大，并且在同一相对湿度条件下随着存放时间的延长，强度呈先增大后减小的走向。这是由于砂芯在存放过程中，一方面会由于粘结剂的进一步固化作用，使得在 0~24h 区间存放，砂芯的强度随存放时间延长而增大；另一方面由于水分的侵入而破坏在砂粒表面附近形成的粘结剂中未反应的第二组分，产生软化作用，从而使得砂芯在高湿环境下强度随存放时间的延长而大幅度下降。

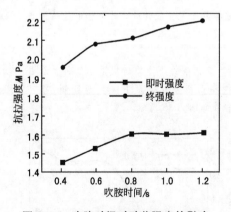

图 7.37 吹胺时间对砂芯强度的影响

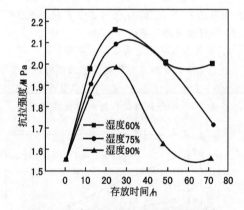

图 7.38 相对湿度对砂芯强度的影响

资料来源：董文波，周杰，江贤波．用于缸体缸盖生产的三乙胺法冷芯盒制芯工艺研究．铸造，2008(3)．

第 8 章 铸造涂料

本章知识构架

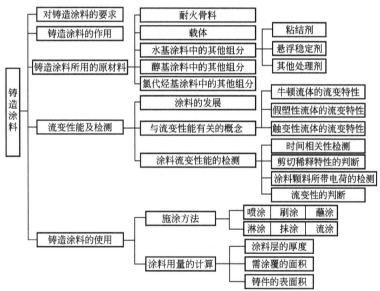

本章教学目标与要求

- 掌握铸造涂料所用的原材料及原材料对涂料性能的影响；
- 掌握涂料流变性能的检测，包括时间相关性检测、剪切稀释特性的判断、涂料颗粒所带电荷的检测和流变特性的判断；
- 熟悉铸造涂料的作用；
- 熟悉牛顿流体、假塑性流体和触变性流体的流变特性及表征；
- 熟悉铸造涂料的常用施涂方法、使用场合和优缺点；
- 了解铸造涂料的发展及特点；
- 了解对铸造涂料的要求；
- 了解涂料用量计算的方法和依据。

导入案例

包头宏远铸铁搪瓷有限公司以生产出口铸件及搪瓷铸铁件为主。铸件大部分是最大尺寸600mm、壁厚4.5~6mm、质量小于20kg的薄壁板类件。要求铸件的轮廓清晰，表面粗糙度在$Ra6.3\mu m$以上，表面不得有砂眼、波纹等缺陷。多年来该公司一直沿用传统的湿型粘土砂手工造型，型砂粒度100/200目，回用旧砂70%~80%，新砂20%~30%，煤粉3%~5%混制面砂。由于长期反复使用造成型砂灰分增高，透气性、湿强度降低，因而铸件浇注不足、粘砂、掉砂、气孔等现象增多，表面粗糙，铸件废品率有时高达30%。

基于上述情况及公司的具体生产条件，设想用涂料解决该问题。但是涂料一般用于干型铸造，而在湿型砂铸造中如何使用涂料呢？经反复实验与研究，最后选定了一种适合喷涂的涂料。该涂料由A、B两组分构成，使用时将A组分与B组分按(6~7)：1的比例配制在一起，并充分搅拌即可。其中，A组分是将石墨粉与水按体积比2：3的比例配制成石墨浆，放置24h以上；B组分是将粘结剂与水按体积比1：7的比例配制成糊状，放置24h以上，夏季需加入防腐剂。

生产实践表明：在型腔表面喷涂该涂料后，型砂的性能大大改善，铸件表面质量明显提高，基本可满足$Ra6.3\mu m$的要求，铸件浇注不足、粘砂、掉砂、气孔等铸造缺陷皆消失，废品率降至10%以下，为公司赢得了显著的经济效益。

经分析，该涂料具有良好的防粘砂能力，因此能明显提高铸件表面光洁度。耐高温性能好，可减少型砂中煤粉的加入量，小于3kg的薄壁小件甚至可以不加煤粉，清砂十分容易。此外，该涂料还可使型腔表面强度提高，因而可消除冲砂现象。

问题：铸造涂料在铸造生产中起到什么作用？

资料来源：杨彬，殷黎丽．湿型铸造涂料在薄壁板类铸件上的应用．热加工工艺，2000(6)．

8.1 概　　述

铸造涂料是涂覆于铸型(芯)表面上的涂料，是提高铸件表面质量的重要手段。我国的铸造工匠早在4000多年以前，就已配制出来并成功地使用铸造涂料，为铸造行业的发展做出了重要的贡献。当时，人们把石灰石铸型和泥型在阳光下晒干，然后把粘土浆涂覆在铸型(芯)表面，铸出纹路清晰、表面光洁的青铜器皿。

直到20世纪初，铸造行业中使用的涂料基本上还是由铸造工人根据自己的经验配制，其性能与历史悠久的传统涂料并无明显的差别。1905年，美国出现了最早的现代涂料的配方，开始广泛使用木炭粉、滑石粉、焦炭粉及煤灰等。第二次世界大战结束以后，世界进入了科技飞速发展的时期。铸造行业中，在涂料的理论研究和实际应用方面，都有了重大的突破，不断出现了各种不同性能的"专利涂料"，以锆石粉为基本耐火材料的涂料成为一种常用的铸造涂料。

20世纪60年代以后，随着各种化学粘结砂的问世，人们对铸造涂料的要求更高，对劳动环境也日趋严格；同时，使铸件清理工作达到要求所需的投资也大幅增长。在此情况下，研究和应用新型的铸造涂料显得更为重要。因此，各铸造厂在自行研制的基础上，进入了铸造涂料研究和生产专业化的新阶段，水基涂料及醇基涂料开始商品化供应，并逐渐形成了新的铸造涂料体系，其主要特点如下：①将流变学和胶体化学等新学科的理论用于铸造涂料的研究，对铸造涂料的认识不断深化；②铸造涂料的组成中不断采用各种新材料，包括耐火材料、粘结剂、表面活性剂等；③铸造涂料的制备逐步由简单的搅拌转到采用化工生产中的新工艺，除提供直接使用的涂料外，还可以制成膏剂或粉剂，以便于运输。

由这些特点可以看出，铸造厂自行制备新型铸造涂料是不可取的，当前的趋势是采用专业制造厂提供的商品铸造涂料。专业制造厂可以不断吸收各方面的新成果来改进铸造涂料，可以为有特殊要求的铸件研制适用的专用铸造涂料，还可为铸造厂提供技术服务，协助其正确使用铸造涂料，从而获得最佳效果。

8.2 对铸造涂料的要求

在实际的铸造生产中，铸造涂料应满足的要求如下。

（1）较高的触变性及覆盖性。即在上涂料时能变稀，易涂刷，刷完后，涂料能很好地粘附于垂直的型壁上，不往下流淌，刷痕可自动平复。

（2）较好的悬浮稳定性及分散性。涂料的耐火骨料应足够细，这样才能使涂料在一定时间内不发生沉淀，保证其性能稳定。

（3）适宜的渗透性。涂料渗入砂型的深度与砂型的透气性和涂料的粘度有关。一般希望涂料能渗入砂型表面几个砂粒的深度，形成不小于0.5mm厚的涂料层。涂料渗入砂型太深，使留在砂型表面的涂料层很薄，要刷几遍才能达到需要的涂料层厚度，涂料的消耗量和涂刷工时都增加；涂料渗入深度太浅，涂料层与砂型表面的结合强度低，涂料层易起皮、开裂。通常，透气性高的砂型，应用大粘度的涂料，透气性低的砂型，则用小粘度的涂料。

（4）足够的耐急热性和高温稳定性。浇注后涂料虽被急剧加热，但能经受住热应力的作用，涂料层不开裂，并有一定的强度。

（5）各种原材料资源丰富，成本低廉，且对人体无害。

8.3 铸造涂料的作用

铸造生产中，砂型(芯)上的涂料具有十分重要的作用，它可以使铸件表面光洁、防止粘砂等。在不同场合下，铸造涂料分别具有以下作用。

（1）提高铸件表面粗糙度。铸造涂料中具有高耐火度和化学不活泼的微粉颗粒填充了砂型(芯)表面上的孔隙，阻止液态金属渗入，并防止与砂型发生化学反应，从而可以预防机械粘砂和化学粘砂，使铸件表面光洁。

（2）保证铸件表面合金成分符合技术要求。铸造涂料中配有浇注时能产生特定气体的组分，如浇注不锈钢铸件时防止表面增碳，在铸造涂料中配入Fe_2O_3、MnO_2或Cr_2O_3等氧化剂，以便在浇注时，型腔中能形成氧化性气体CO_2，从而防止铸件表面增碳。

(3) 提高铸件表面性能及内在质量。在铸造涂料中配入与所浇注合金的晶型相接近的金属组分，在合金凝固过程中起结晶核心作用，从而使铸件表面晶粒细化，如用钛粉细化锡青铜的晶粒，用氧化钴粉细化有色金属涡轮叶片。

(4) 控制铸件的冷却速度。在铸造涂料中配入不同导热系数的耐火骨料，使铸型表面具有激冷、保温或发热的性能，以适应不同铸件对铸型的特殊要求。如为了使液态合金能很好地充填满大型薄壁件的铸型，在铸造涂料中配入石棉、矿渣棉等保温材料和铝粉、氧化铁粉、硝酸盐粉等发热材料。浇注时，铸造涂料可以起到保温，甚至发热的作用，使液态合金在充型过程中减少热量损失，甚至得到热量的补充，从而得到尺寸精确、轮廓清晰的完整的大型薄壁件。

(5) 使铸件表面合金化。在铸造涂料中配入合金元素，浇注后，涂料中的合金元素可以渗入到铸件表面，使铸件表面合金化，因而具有某些特殊性能，如耐磨、耐腐蚀等。

(6) 为铸件提供变形层，从而减少铸件的开裂。

(7) 可降低对原砂的要求。由于铸型不直接与液态合金相接触，可以就近采用本地质量较差的原砂，而用铸造涂料弥补其不足。

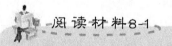

铸造涂料的发展

21世纪铸造技术进步的标志是环境保护工程、近净形和适时生产、供货，这就要求铸造工作者要以崭新的观念对待现在和未来的铸件品质问题。涂料是铸造辅助材料，毫无疑问涂料技术的发展应服从和服务于铸造技术发展的总目标。因此，21世纪铸造涂料技术的发展也应围绕如何实现铸件精化、节能、保护环境以及涂料质量控制这一中心进行。

1. 实现铸件精化

所谓铸件精化，就是铸件毛坯尺寸精度高，表面粗糙度 Ra 值小，实现铸件的少、无切削或直接装配使用，即达到铸件的近净形(Net Shape Process)。传统的压铸工艺、金属型铸造和熔模铸造方法等均属于近净形铸造方法。但是在铸件的总需求量中，砂型铸件占绝大多数，显然实现砂型铸件近净形(精化)更具现实意义。

改善砂型铸件的表面质量一般都是通过使用涂料来实现的。到目前为止，铸造生产中大多采用手工涂刷、浸涂、淋涂(或流涂)等方法，将涂料涂覆在砂型、砂芯表面上。这种涂敷方式操作简单，灵活方便，但涂层占据型腔的位置，表面凹凸不平，厚薄不均匀，难以获得尺寸精度高，表面光洁的优质铸件。

近年发展起来的转移涂料(或称不占位涂料)工艺是解决这一难题的极佳技术路线。转移涂料法是将转移涂料直接涂敷在模样或芯盒的内腔表面，然后填以型(芯)砂等背衬，最后涂料层和砂型(芯)背衬一起脱模成型。这种方法的优点是涂料层可以完全复制模样或芯盒内腔的形状、尺寸和表面粗糙度等状态，因此可以实现真正意义的近净形铸造。

2. 利用功能涂料改善铸件材质和性能

传统铸造涂料的主要作用是防止粘砂和其他表面缺陷，提高铸件表面质量。而通过功能涂料来获得铸件的某些特殊性能，如力学性能、耐磨性和耐腐蚀性等也是铸造涂料的发展方向之一。功能涂料的发展可归纳如下。

(1) 表面合金化涂料。在涂料中添加碲、铋或铬，可以使铸件表面形成合金化碳化物组织，提高表面硬度，增加材料的耐磨性能。

(2) 控制凝固涂料。控制凝固涂料用于调节铸件冷却速度。根据铸件结构特点及凝固顺序的要求，可在铸型内涂刷具有不同冷却强度的涂料，如绝热涂料、激冷涂料或普通涂料；对于同一铸件，也可在不同部位涂刷不同冷却强度的涂料，以实现同时凝固或顺序凝固的目的。为了调节铸件的凝固速度，单纯依靠耐火骨料的蓄热和导热作用是不够的，可在涂料内附加发热剂、冷却剂或吸热挥发、分解及相变吸热物质，以加强冷却速度的调节作用。

(3) 孕育涂料。在许多铸造合金中，可用相对比较少的孕育剂有效地处理液体金属，使其宏观及显微组织发生重大变化，以达到细化晶粒的目的。最新的孕育剂施加技术，是通过一种铸型表面活性涂料将孕育剂加到铸型上或配置于浇注系统中，这样既能有效地孕育，又可以减少孕育衰退。例如，将钛粉或镁粉涂在涂层上，可以使铸铝件或铸铜件表面的晶粒数十倍地增多。

(4) 屏蔽涂料。树脂砂中使用磷酸、磺酸或硫酸乙酯作固化剂时，可能使铸件表面增磷、增硫，导致热裂倾向的增大，恶化铸件性能。而含氮树脂高温分解的氮易使铸件产生气孔。在这些情况下，如果使用隔离作用良好的屏蔽涂料，将有助于阻止铸型内的有害元素向铸件渗透。

3. 保护环境、节约资源

保护环境、节约资源也应成为发展铸造涂料的一个基点。

(1) 涂料用原材料。生产铸造用涂料需要多种不同性质的材料，如骨料、载液、粘结剂、悬浮剂及助剂等，它们的品质直接影响涂料的使用性能及效果。目前，在我国适于铸造涂料用原材料的品种、规格较少，其技术标准也不完全。因此，有必要加强涂料用原材料的开发，建立并完善相关的技术标准。

(2) 快干涂料。水是最便宜、最卫生、不损害人类健康的稀释剂。但是涂料层中的水分蒸发缓慢，在室温下需要相当长的干燥时间，或者需经强制干燥，这样就会增加设备投资和运行费用。因此，水基快干涂料是铸造涂料的发展方向之一。实现水基快干的途径有：①利用高固体含量和低水含量的涂料；②改变涂料的保湿性能；③加入一种聚合物以实现氧化干燥。

(3) 湿型涂料。煤粉广泛用于生产中小型铸铁件的粘土湿型砂中，它有很好的防粘砂作用，能显著改善铸件的表面质量。但是煤粉也有副作用，一是加煤粉后的型砂发气量增大，透气性下降，产生气孔的可能性随之增大；二是黑色粉尘污染环境，恶化工人的劳动条件。因此，取消湿型砂中的煤粉是铸造工作者迫切希望解决的问题。实际上，在湿型砂中仅仅是表面层的煤粉参与防粘砂的作用。如果将防粘砂的附加物加入涂料内用以取代型砂中的煤粉，这样既能提高铸件的品质，又能实现清洁生产的目标，而且由于涂料的用量比型砂少得多，附加物受供应和价格的制约也比较小。

(4) 涂料的微波干燥。由于环保和安全方面的原因，砂芯涂料逐步由醇基向水基过渡，而涂料的烘干工艺也逐步由燃煤、燃气或电阻、红外炉烘干向微波干燥发展。传统烘干方式的缺点是短时运行不经济，占地面积大，干燥后砂芯表面温度高等，而微波干燥则克服了上述缺点，既缩短干燥时间，又可提高水基涂料层及树脂砂的强度。

➡ 资料来源：罗吉荣，黄乃瑜．铸造涂料的发展趋势与若干建议．铸造，1999(6)．

8.4 铸造涂料所用的原材料

铸造涂料所用的原材料品种繁多，主要包括耐火骨料、载体和其他附加物（如悬浮稳定剂、润湿剂、分散剂、粘结剂等）。

1. 耐火骨料

粉状耐火骨料是铸造涂料的主要组成部分，也是最终在金属-铸型界面上起作用的骨干材料，因而称为"骨料"。

骨料应按铸件的材质、大小及其壁厚选用，以求用最低的费用取得令人满意的效果。骨料的质量如何及选用是否得当对涂料的使用效果影响极大。选择骨料时应考虑以下因素：骨料的耐火性、粒度和形状、密度、热膨胀性、与铸造合金的化学反应能力、与型砂的反应能力、导热性、发气性以及来源和成本等。

1) 耐火性

骨料的耐火性通常包括两方面的内容：一是骨料的熔点或软化点，即其耐受高温的能力，也就是耐火度；二是骨料的高温化学稳定性，即其在高温下耐受其他氧化物侵蚀的能力。

对于铸造用的涂料，骨料在高温下是否易于烧结有着特别重要的意义。骨料的烧结性能与其耐火度、高温化学稳定性、颗粒的细度等因素有关。

耐火骨料的耐火度并非越高越好。由于涂料是在液态金属和铸型界面上起作用的，铸钢的浇注温度一般不超过 1600℃，铸铁则不超过 1400℃。如果考虑铸型对金属的冷却作用和界面上的温度落差，涂料层受热后所能达到的温度将比上述数值还要低一些。对于这样的温度条件，就耐火度而言，一般耐火材料都能满足要求，因此不必过分苛求耐火骨料的耐火度。

至于骨料的高温化学稳定性，也决不是越稳定越好。在常用于涂料的一些骨料中，石英粉的高温化学稳定性相当差，它在 FeO 的作用下，会生成熔点为 1200℃左右的铁橄榄石，乃至熔点更低的共熔体。同时，在用砂型铸造钢铁铸件时，浇注时型内气体是氧化性的，界面上不可避免地会有 FeO 存在。但是，不少铸钢厂仍采用石英粉涂料，效果也很好。

浇注液态金属以后，由于高温的作用，涂料层中在常温下起作用的粘结剂因热解而失效。这时，涂料层强度的建立，主要依靠骨料颗粒的烧结。若骨料的高温化学稳定性太好，不能烧结，则涂料层就可能剥落而使铸件上产生"夹涂料"（类似于夹砂）缺陷。如果在金属-铸型界面上的涂料层易于烧结，液态金属注入后很快就形成致密的烧结隔离层，则对改善铸件的表面质量和减少清理铸件的劳动量都是非常有利的。采用耐火度和高温化学稳定性都很高的材料作骨料时，一般都应故意加入粘土、氧化铁甚至熔剂，以改善其烧结性能。

当制造高锰钢铸件时，为避免 MnO 在高温下侵蚀耐火材料而导致铸件粘砂，通常都采用以氧化镁粉为骨料的涂料。氧化镁的耐火度高，在高温下抵抗其他氧化物作用的能力也强。但是纯 MgO 的熔点约为 2800℃；MgO(65%) 和 SiO_2(35%) 形成的低熔点相的熔点仍高达1870℃；含FeO(10%)的MgO·FeO固溶体的熔点也在2000℃以上。所以，它们很难烧结，以其作铸造涂料的骨料，涂料层在高温下的强度不高，易于剥落，这又成了它的缺点。因此，对于浇注温度不超过1450℃的高锰钢来讲，采用高纯MgO粉作涂料的骨料是毫无意义的，不仅如此，反而还将导致涂料不能形成致密的烧结层，影响铸件表面质量。

2) 颗粒尺寸

一般来说，骨料的颗粒越细，则涂料的悬浮稳定性越好，涂料层的烧结性能也会越好。另外，骨料越细，则所需的粘结剂越多，涂料层也较易开裂。

要使涂料层中的骨料颗粒排列致密，最好能使较细的颗粒镶嵌于较粗的颗粒之间。因而，粒度的分布宜分散而不宜集中。但是，表示粉料粒度的目数与表示砂子粒度的目数，其含义是大不相同的。例如，200目砂子是指能通过170目筛、不能通过200目筛的砂子；而200目的粉料则能通过200目筛的粉料，至于其细到何种程度、粒度分布如何，则不得而知。因此，控制粉料的粒度分布是困难的。用于一般砂型(芯)的涂料的骨料粒度以200目、270目、320目3种配合使用为好。

采用聚苯乙烯气化模铸造工艺时，因大量的气体要通过涂料层逸出，涂料层的透气能力特别重要。在此情况下，骨料应较粗些，而且以粒度均匀为好。

铸造上使用的涂料，根据涂料中骨料的不同，可将涂料分为石墨粉涂料、刚玉粉涂料、锆石粉涂料等，几种常用作铸造涂料的骨料材料见表8-1。

表8-1 常用作铸造涂料的骨料材料

名 称	基本成分		密度/(g·cm^{-3})	使用范围
	化学式	熔点/℃		
焦炭粉	C	—	1.6~1.8	铸铁件
石墨粉	C	>3000	2.1~2.3	各种铸铁件、铜(铝)合金铸件
石英粉	SiO_2	1710	2.65	铸铁件、铸钢件
锆石粉	$ZrSiO_4$	2430	4.0~4.8	厚大铸钢(铁)件、高合金钢铸件
刚玉粉	Al_2O_3	2050	3.9	大型铸钢件、合金钢铸件
煅烧镁砂粉	MgO	2800	3.5~3.7	高锰钢铸件、高铬钢铸件
高铝熟料粉	—	>1770	2.6左右	中小型铸钢件、小型合金钢铸件
滑石粉	$Mg_2Si_4O_{10}(OH)_2$	1550	2.7	铝合金铸件、薄壁小铸铁件

(1) 焦炭粉。焦炭粉是廉价的碳质材料，其优点是熔点高，对各种高熔点的铸造合金都能忍受。由于焦炭粉可使钢增碳，故主要用于铸铁涂料。可以单独用焦炭粉，也可和其他材料配合使用。

焦炭粉是多孔性材料，能吸收较多的水，涂料层烘干比较困难，但也可利用这一特点制成保温涂料。

(2) 石墨粉。石墨的耐火性能极佳，而且不为液态金属所润湿，这两大特点是其他任何材料都不能比拟的。石墨粉广泛用于铸铁和非铁合金铸件用的涂料，由于能使铸钢件增碳，不用于铸钢涂料。

石墨最大的缺点是黑而细腻，沾在皮肤或衣物上以后，不易洗净。作为涂料的骨料，石墨粉还有两项通常未被重视的缺点：其一是耐火度太高、难以烧结，无论加入何种辅助材料，都不能使涂料层的高温强度明显提高，涂料易于剥落而造成铸件缺陷；其二是易吸收辐射热而且热导率又高，有时会促进夹砂缺陷的形成。

（3）石英粉。石英粉的耐火性能适当，且易于烧结，长期以来一直是广泛采用的骨料。用于铸铁件时，可与石墨粉或焦炭粉配合使用，用于铸钢涂料也令人满意的效果。

石英粉最大的缺点是硅质粉尘对工人健康有很大危害，应尽量避免用其作涂料的骨料。

（4）锆石粉。锆石粉目前仍是采用最广、效果最好的骨料。锆石粉的耐火度高，高温下的热稳定性好，但却易于烧结，而且热膨胀又很少，兼有这些特点的材料是很难得的。

以锆石粉为骨料的涂料，高温强度很好，不易剥落，可用于铸钢件、铸铁件及其他合金铸件。在工业发达国家，锆石粉涂料使用甚广。但是，锆英砂的储量不多，研究并寻求适当的代用材料是今后涂料工业中的重要课题。

（5）刚玉粉。刚玉粉的耐火度高，但在加入适当的辅助材料后易于烧结，是很好的骨料。由于价格昂贵，对于一般铸钢件用的涂料，可用 Al_2O_3 含量较高的高铝熟料粉代替刚玉粉。

（6）煅烧镁砂粉。煅烧镁砂粉的主要成分是 MgO，其耐火度高，高温化学稳定性好，MnO、SiO_2、FeO 等与其作用不形成熔点很低的物质，用于配制高锰钢铸件用的涂料尤为适宜。MgO 在含水相中会生成水合氧化物而下沉，这种情况还会因与悬浮稳定剂进行离子交换而加剧，故不用于水基涂料。MgO 粉不易烧结，用其作骨料时，宜在涂料中加入促进其烧结的材料。即使如此，镁砂粉涂料的高温强度也不及锆石粉涂料。

（7）高铝熟料粉。高铝熟料是将高铝矾土在 1400℃ 以上的高温下煅烧而得到的，主要矿物组成为莫来石、刚玉和玻璃相，各相的含量决定于熟料的铝硅比（Al_2O_3/SiO_2）。高铝熟料粉的耐火度一般均在 1770℃ 以上，价格非常便宜。试验研究工作和现场生产经验表明，以高铝熟料粉为骨料的涂料，用于制造中小型碳钢和低合金钢铸件，效果是令人满意的。

（8）滑石粉。滑石是富镁岩石（如橄榄岩、蛇纹石岩、辉石岩、菱镁岩、白云石岩等）经热液变质而成的，也是菱镁矿和白云石中常见的杂质矿物。质软而有滑腻感，加热至 870℃ 时开始脱除化合水，950℃ 左右全部脱水，熔点约为 1550℃。滑石粉主要用于配制非铁合金铸件用的涂料，也可以和其他骨料配合使用于铸铁件的涂料。

2．载体

载体是涂料的重要组成部分，铸造涂料中所用的载体主要是水、醇类和氯代烃类 3 种。载体的作用在于运载骨料及其粘结剂，将其涂覆于铸型（芯）表面，完成运载任务以后，一般要将其脱除，涂料实际上起作用时基本上不含载体。以水作载体时，其脱除方式是烘干或晾干；以醇类作载体时，点火将其烧掉；以氯代烃作载体时，则让其自行挥发。

应该指出：以前曾将载体称为溶剂是不妥的，因为铸造涂料并非溶液，而是悬浮液或胶态分散体。

铸造涂料常用的几种载体的基本性质见表 8-2。选用何种载体的涂料，主要应考虑其对铸造厂生产条件的适应性，并兼顾其功能和价格。

表 8-2 铸造涂料常用载体的基本性质

名　称	分子式	密度/(g·cm^{-3})	沸点/℃	闪点/℃	工作环境中允许的最大浓度(10^{-6})
水	H_2O	1.0	100	不燃	不限
甲醇	CH_3OH	0.79	64.7	15.5	200
乙醇	C_2H_5OH	0.79	78.3	16.1	1000
异丙醇	$(CH_3)_2CHOH$	0.78	82.3	21.1	400
二氯甲烷	CH_2Cl_2	1.33	40.1	不燃	500
三氯乙烯	C_2HCl_3	1.45	86.7	不燃	100
三氯甲烷	$CHCl_3$	1.48	61.2	不燃	50

(1) 水。作为铸造涂料的载体，水有许多优良的性能，而且极为便宜。因此，无论在什么情况下，选用载体时都应先考虑水，只有存在不可克服的困难时，才选用其他载体。

水是良好的载体并有极性，用作涂料的载体时，较易控制涂料的流变性。通常，水基涂料为触变性胶态分散体，具有良好的使用性能。

用水作载体的涂料称为水基涂料，其缺点是完成运载任务之后难以脱除，一般都需烘干，晾干则需数小时到十几小时。对流水生产而无烘干设施的生产条件，不宜用水为载体。

(2) 醇。醇是易燃的物质，以其为载体的涂料，点火即燃烧而脱除载体，可在数分钟内完成施涂及干燥等过程，生产周期短，但醇的价格较高，且应注意防火。

在水基涂料不适应要求的情况下，可采用醇基涂料。工业发达国家的醇基涂料，大都用异丙醇作载体，少数醇基涂料用工业无水乙醇。由于我国异丙醇产量很少，价格很高，因此，难以大量采用。工业酒精可以作为醇基涂料的载体，其缺点是含水5%左右，涂料不易完全燃烧。甲醇易于燃烧，价格也比较便宜，但具有较强的毒性。

目前，可行的方案是采用混合醇作载体。在刷涂或蘸涂的涂料中，可用工业酒精和甲醇的混合液作载体，以改善涂料的点燃性。在此情况下，施涂过程中甲醇挥发并不多，施涂后又立即点火烧掉，空气中的甲醇蒸气含量一般不会超标(允许大气环境中甲醇的浓度最高为200×10^{-6})。在喷涂时，涂料中的载体挥发到大气中的量较多，因而涂料中不宜配用甲醇。

(3) 氯代烃。氯代烃都是易挥发的，用其作载体的涂料，施涂后10min之内即可自干。氯代烃都是不燃的，但都有较强的毒性，其中二氯甲烷的毒性最低。使用氯代烃基涂料时，应注意工作场所的通风。此外，氯代烃的价格相当昂贵，只有特殊条件下才采用。

3. 水基涂料中的其他组分

水基涂料中，除耐火骨料和载体外，要使涂料具有良好的性能，还需加多种其他组分。

1) 粘结剂和悬浮稳定剂

为提高涂料层的强度和涂料层与砂型表面的结合强度，以便牢固地粘附于铸型(芯)的表面，涂料中需加适当的粘结剂。

由于涂料层所处的工况条件是从常温到高温，因此只考虑脱除载体以后的涂料层在常温下的强度是不够的。

涂料的常温强度应能承受铸型(芯)搬运时的振动和意外的轻微碰撞，下芯合型时的摩擦和吹净型腔时压缩空气气流的冲击。浇注时，涂料层从常温骤热到液态金属的温度，要耐受金属液流的静压力和冲击。因此，涂料从常温到金属液的浇注温度范围内都应具有足够的强度。若在某一温度范围内不具有足够的强度，涂料层就可能损坏。

要想达到上述强度，简单地用一种粘结剂是不能满足要求的，必须将几种在不同温度范围内起作用的粘结剂配合使用。

为使涂料有良好的悬浮稳定性以便于现场施涂，其中应加有悬浮稳定剂。对于水基涂料，粘结剂和悬浮稳定剂是难以完全分开的，能作为粘结剂的材料一般都能起悬浮稳定剂的作用。常用于水基涂料的有如下几种。

(1) 膨润土。膨润土是水基涂料中的重要组分，它具有多种功能，因而是难以用其他材料取代的。

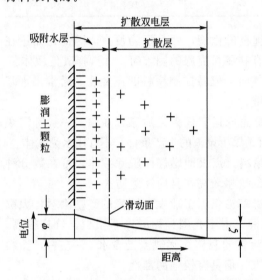

图 8.1　膨润土颗粒表面的扩散双电层

膨润土是很好的常温粘结剂，加热到 700℃以上，即开始出现玻璃体，在 1000℃以上明显软化，这对于促进涂料中骨料的烧结是极为有利的，因而也是很好的高温粘结剂。

在水基涂料中，膨润土最重要的功能是利用其离子吸附作用而使胶态分散体（涂料）中形成网架结构，从而使涂料具有触变性。

由于膨润土颗粒带负电，因而其表面吸附有阳离子（Na^+、Ca^{2+} 等）。膨润土在水中形成泥浆以后，因水是极性物质，这种吸附的离子有向水中解离和扩散的趋势。阳离子离开膨润土表面，这样表面上就带负电，又给阳离子以静电吸引。结果，阳离子以扩散的形式分布，在膨润土表面附近形成扩散双电层，如图 8.1 所示。

图 8.1 中，膨润土颗粒表面带有负电荷，其附近的液相中必定分布有等量的正电荷，以保持分散体的电中性。正电荷以扩散的形式分布，离表面距离越远，则正电荷越少。从颗粒表面到正电荷为零处，总称为扩散双电层。颗粒表面附近紧密地连接着一部分正电荷和一部分水分子，称为吸附水层。颗粒运动时，吸附水层随之一起移动，滑动面在吸附水层的外缘。因此，在胶态分散体中，膨润土颗粒是带负电的，从滑动面到外层零电位处的电位差称为电动电位 ζ，从颗粒表面到零电位处的电位差称为热力学电位 φ。

膨润土颗粒表面附近形成扩散双电层及其颗粒在分散体中带着吸附水层移动，是使涂料具有触变性的基本条件。

有人认为涂料中使用的膨润土以钠基膨润土最好，若用钙基膨润土，则应予以活化处理。钠基膨润土或经活化的钙基膨润土吸水后体积膨胀较多，作为涂料中的悬浮稳定剂，其效果无疑是较好的。但其脱水时体积收缩也较多，涂料层在烘干时易于开裂，而这是不能允许的。由于加入 1% 的膨润土就可使涂料中产生结构，为避免涂层开裂，其用量可在 2% 以下。

(2) 羧甲基纤维素钠（CMC）。CMC 的简介可参考第 3 章 3.3.3 节。在水基涂料中，CMC 是良好的悬浮稳定剂和粘结剂，CMC 分子结构中的羟基（—OH）与膨润土颗粒晶格表面上的氧原子间可形成氢键连接，或者说 CMC 分子中的醚氧(—O—)可与膨润土晶格表面的氢氧离子形成氢键连接，两者均可使 CMC 吸附于膨润土颗粒表面上。CMC 分子结构中的羧钠基(—COONa)的电离和水化，可使膨润土颗粒有良好的水化膜，并提高其电动电位 ζ。因此，CMC 与膨润土配用会显著改善水基涂料的性能。

CMC 在膨润土颗粒上吸附的活性主要取决于其取代度。取代度在 0.6～0.9 之间时，吸附活性随取代度增大而增强；取代度超过 0.9 之后，又随取代度的增大而降低。涂料中所用的 CMC，宜选用取代度为 0.8～0.85 的产品。

(3) 海藻酸钠 $((NaC_6H_7O_6)n)$。海藻酸钠是黄色至棕色粉末，溶于水即成胶状液体。海藻酸钠的制造方法是：将海带浸泡后加 Na_2CO_3 消化，粗滤后加氯化钙钙化，再用盐酸脱钙，经脱水、中和烘干而得到成品。

在涂料中，可将海藻酸钠与膨润土配合使用，用法及效果与 CMC 相近。但由于其价格昂贵，使用并不广泛。

(4) 聚丙烯酰胺(PAM)。聚丙烯酰胺为无味的白色粉末，是线性非离子型高分子聚合物，分子量可由数万到数千万。

水基涂料中宜选用分子量较低的聚丙烯酰胺，分子量太高时不易溶解。1% 的聚丙烯酰胺水溶液，在 50℃ 以下加 NaOH 进行水解，可得到水解聚丙烯酰胺和聚丙烯酸钠的共聚物，用于涂料更为适宜。

(5) 水玻璃。水玻璃的简介和制取可参考第 3 章 3.2.2 节。水玻璃在 800℃ 以下有粘结作用，在 800℃ 以上，因出现液相而导致粘结能力下降，但却又有助于骨料颗粒的烧结。因此，在涂料中，水玻璃是良好的中温和高温粘结剂。

2) 其他处理剂

除粘结剂和悬浮稳定剂以外，水基涂料中通常都需加入一些其他处理剂，以改善其工艺性能，它们主要包括电解质、活性剂和防腐剂等。

(1) 电解质。为使水基涂料具有施涂工艺所要求的流变性能，控制其中颗粒的电动电位，适当加入电解质是非常重要的。

如果胶态分散体中颗粒的电动电位太高，则带有相同电荷的颗粒间的排斥力很大，分散体中的网架结构较弱，涂料的触变特性也就不太显著。此时，加入使电动电位下降的电解质，可使涂料中的网架结构增强，并表现出明显的触变性。

如果涂料中颗粒的电动电位已降到一定程度，颗粒间的静电斥力不足以阻止其聚结，则涂料的悬浮稳定性恶化，颗粒易聚结沉淀。此时应通过控制电解质，提高其电动电位。

颗粒开始明显聚结的电动电位称为临界电动电位，其值为 25～30mV。

常用于水基涂料的电解质主要有：纯碱、四磷酸钠、焦磷酸钠、六偏磷酸钠、焦磷酸氢钠等。特殊情况下，也可用工业食盐或氯化钙。

(2) 活性剂。在涂料对铸型(芯)的附着能力不佳，即涂挂性不好时，可在涂料中加入活性剂以改善其附着能力。常用的活性剂为烷基磺酸钠或洗衣粉。若加活性剂后起泡多，可加入正丁醇之类的消泡剂。

(3) 防腐剂。水基涂料的组成中，往往会有易于发酵的物质，在此情况下应加入防腐剂，以免在储存过程中变质。通常采用的防腐剂有苯酚、甲醛或苯甲酸钠等，其加入量为 0.2%～0.5%。

4. 醇基涂料中的其他组分

水基涂料中所用的粘结剂、悬浮稳定剂和活性剂，在醇或氯代烃为载体的涂料中大都是增液的，因而不起作用；同时，各种醇和氯代烃都有抑制细菌的作用，不会发酵，故这类涂料中不必加防腐剂。可见，与水基涂料相比，醇基或氯代烃基涂料是完全不同的体系，只有骨料是通用的。

1) 悬浮稳定剂

醇基涂料中所用的悬浮稳定剂，有机膨润土的效果最好。有机膨润土以膨润土为原料，经提纯后，用季铵盐(如十六烷基三甲基溴化铵、十八烷基二甲基氯化铵等)进行离子交换，再经脱水、干燥和磨细即得到有机膨润土。由于所用的季铵盐不同，可以得到适用于不同溶剂的有机膨润土。但有机膨润土的价格很贵，大致是膨润土的50～70倍。

目前，还没有特别适用于醇类的有机膨润土，大多数有机膨润土在芳香烃中的体积膨胀比醇中大得多。为获得较好的效果，采用有机膨润土作醇基涂料的悬浮稳定剂时，应先用苯、甲苯或二甲苯将其溶胀后加入醇中。

锂膨润土在醇基涂料中的应用，曾一度引起过广泛的重视。膨润土经提纯后，制成含水的泥浆，然后加碳酸锂进行离子交换，再经脱水、干燥和粉碎后，即制得锂膨润土。锂膨润土用水溶胀后加入醇基涂料中分散，即有良好的悬浮稳定作用。锂膨润土比有机膨润土便宜得多，又无须用芳香烃处理，所以很受重视。但是，锂膨润土吸水而形成的胶料在醇中的稳定性很差，用其制成的涂料虽然悬浮稳定性很好，但在储存过程中胶料易脱水而失效，从而导致涂料中的骨料聚结下沉。目前，用锂膨润土者已日益少见。

硅镁铝土具有很大的比表面积，也可用作醇基涂料的悬浮稳定剂，国外已成功应用。

2) 粘结剂

醇基涂料的常温强度主要是依靠能溶于醇的树脂、松香和纤维素衍生物等，使涂料在高温下具有强度的则是水解硅酸乙酯和各种粘土类物质。

诺沃腊克型酚醛树脂是醇基涂料中最常用的粘结剂。此种树脂易溶于醇，虽然并不是热固性树脂，但加有此种树脂的涂料点燃以后可得到强度良好的涂料层。

甲阶酚醛树脂也可溶于醇，因而也可作为醇基涂料的粘结剂。该树脂受热时会在一定程度上发生交联反应，虽然树脂本身是液态的，涂料点燃以后也可得到强度良好的涂料层。

硝化棉可在严格控制工艺的条件下用作醇基涂料的粘结剂，先用醋酸乙酯将固态硝化棉溶解并钝化，然后再加入醇基涂料中。硝化棉极易爆炸，一般不宜采用，采用时应有充分的防范措施。

聚乙烯醇缩甲醛和聚乙烯醇缩丁醛均能溶于醇，并有较好的粘结能力。但由于其价格很贵，而且点燃时易起泡而导致局部涂料层剥落，在涂料中的用量不宜超过0.5%。

硅酸乙酯或正硅酸乙酯水解后也可作为醇基涂料的粘结剂。由于起粘结作用的是硅酸凝胶，涂料层的高温强度较好，也有利于骨料颗粒在高温下烧结。

松香也是醇基涂料常用的粘结剂，是一种天然的树脂。松香的热稳定性不佳，单独用其作粘结剂时，涂料层易受金属液的辐射热而剥落，不能用于厚壁铸件，宜与树脂配合使用。

5. 氯代烃基涂料中的其他组分

1) 悬浮稳定剂

多种牌号的有机膨润土都能在氯代烃中溶胀，而且得到的胶液稳定，因此，有机膨润土是氯代烃基涂料中最适宜的悬浮稳定剂。

2) 粘结剂

醋酸纤维素酯和乙基纤维素都可用作氯代烃基涂料中的粘结剂，但价格都很贵。

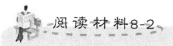

新型涂料简介

在铸造生产过程中，砂型(芯)与金属液直接接触的工作表面的质量对铸件质量具有十分重要的影响。在砂型(芯)工作表面上涂敷涂料是改善其质量的经济实用而又收效显著的方法。此外，应用涂料也能获得良好的经济效益。对于砂型铸造，据粗略统计，铸件清理成本一般占铸件生产成本的30%左右，上涂料后可使清理成本降低10%以上，而涂料成本和施涂费用仅占铸件生产成本的5%左右。因此，采用涂料能降低铸件生产成本的5%以上。

近年来，国内砂型铸造涂料的研究与应用得到了快速发展，涂料品种日益增多，性能不断提高，功能亦更加丰富。下面介绍其中的几个新进展。

1. 采用烧结剥离型涂料防止铸钢件气孔和增碳缺陷

采用含氮的呋喃树脂砂和用苯磺酸等作固化剂的呋喃树脂砂生产铸钢件时，容易产生皮下气孔缺陷；低碳不锈钢铸件也增碳，导致其抗腐蚀及抗疲劳能力下降，并使得焊接性能变差。

烧结致密的涂料能作为屏蔽层有效阻挡来自砂型(芯)的N、C与金属液反应，或者通过气相或固相扩散进入金属液，从而避免铸钢件产生皮下气孔、增碳等缺陷。

使用中氮呋喃树脂作芯(型)砂粘结剂浇注低碳钢铸件，对从铸件上剥离下来的涂壳进行分析，发现高温烧结性好的涂壳表面氮的分布最低。这说明，采用高屏蔽性的涂料来防止含氮树脂铸钢件皮下气孔是有效的。过去国内外的资料认为，采用含氮树脂砂特别是中、高氮树脂砂生产铸钢件会产生皮下气孔。而高温烧结致密型涂料的开发，无疑为扩大含氮树脂砂在铸钢件上的应用开辟了一条重要的途径。

在有机铸型(芯)表面涂敷一层在高温下能形成一定厚度的烧结玻璃体的涂料，对于防止低碳不锈钢增碳也是一种简便、有效的方法。以锆石粉为主料的复合粉料防渗碳涂料，在生产应用中取得了很好的效果。如某厂生产出口低碳双相不锈钢件，砂型使用磷酸或对甲苯磺酸自硬呋喃树脂砂，砂芯使用酚脲烷树脂砂，钢水原始含碳量通常为0.08%左右，浇注后铸件表面层含碳量要求控制在0.095%以下。当型芯不涂涂料时，铸件表层碳量达0.18%~0.20%。当使用具有烧结玻璃体涂层的涂料，涂刷0.5mm厚时，抗增碳效果良好，铸件表面层含碳量控制在0.088%~0.093%。

2. 新型浅色烧结剥离型铸铁涂料

目前铸铁涂料一般以微晶石墨粉和鳞片石墨粉为基本耐火材料。传统的石墨涂料是一种典型的纯耐火型涂料，将其用于铸钢件时会使铸件表面增碳，故一般不用于生产铸钢件。当用于铸铁件生产时，无论是大件还是小件，浇温高还是低，只要涂层均匀，有足够的强度，均会得到无粘砂的铸铁件。但是，黑色的石墨粉涂料存在诸如严重污染环境、损害机器、铸件易出现毛刺缺陷等缺点。

浅白色的锆石粉涂料和锆刚玉涂料虽然能够克服石墨粉涂料的缺点，但是成本太高。棕刚玉涂料虽然对厚大型铸铁件的抗粘砂效果较好，但是涂料颜色较深。因此，近年来，国内浅色铸铁涂料的开发和应用取得了很大进展。

湖北省机电研究设计院已成功开发一种铸铁用新型烧结剥离醇基浅色铸铁涂料，

该涂料分别在大庆石油管理局装备制造集团铸锻公司、黑龙江省齐齐哈尔第二机床厂和湖北鼎鑫铸造公司等单位的大、中、小铸铁件生产中进行了批量使用。浇注的铸件有曲柄、减速器壳体、箱座、驱动环、制动盘等。

生产应用结果表明：新型烧结剥离型醇基浅色铸铁涂料的涂刷性、渗透性、抗流淌性、流平性和抗裂性均很好，涂层强度高，发气量小，铸件打箱时涂层大部分能成片剥离，抛丸清理后铸件表面光洁，无粘砂和气孔、夹砂等缺陷，表面粗糙度 $Ra \leqslant 6.3\mu m$。该涂料可代替醇基石墨粉涂料用于酸自硬呋喃树脂砂铸造各种优质大中小型铸铁件，同时，还消除了石墨粉涂料对生产环境的污染。

3. 粘土湿型砂铸造醇基喷涂涂料

粘土湿型砂铸造工艺因其成本低、效率高，目前在造型制芯工艺中占有重要地位。普通铸铁湿型砂一般都加入煤粉，以提高铸件表面质量，但它降低了型砂的透气性和强度，更为严重的是恶化了劳动条件。采用普通湿型砂工艺直接生产铸钢件时，铸件容易产生粘砂、气孔等缺陷。为了改善湿型砂工艺的劳动条件，提高铸件表面质量，应用湿砂型铸造系列涂料是一个重要途径。

在铸铁用石墨粉涂料中加入适量的粉状低熔点物质作为烧结剂，可有效改善涂料的烧结剥离性，涂层能成片剥离，还能使石墨粉涂料的黑色变浅，有利于改善作业环境。

有人经多年研究，成功开发出一种粘土湿型砂铸铁用新型醇基石墨粉复合涂料。它的悬浮率、抗裂性和发气性达到了国内外同类产品领先水平。

新型粘土湿型砂铸铁醇基石墨粉复合涂料分别在湖北五金工具公司、湖北随州通用机械厂、湖北随州车桥厂等单位得到了多年生产应用。浇注的铸件有管子钳柄体、载重汽车制动毂和飞轮等。

生产应用结果表明：该涂料的渗透性、抗流淌性和抗裂性均很好，涂层强度高，发气量小，浇注后涂层自身产生适度烧结，打箱时涂层易成片剥离，铸件表面光洁，基本无粘砂，字迹非常清晰。而未用涂料时，铸件打箱后表面粘砂严重，字迹模糊，对比效果如图 8.2 所示。铸件抛丸清理后，使用涂料的表面粗糙度明显低于未用涂料的表面，且无气孔、夹砂和掉砂等缺陷。

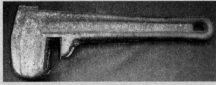 

(a) 使用涂料前　　　　　　　　　　　(b) 使用涂料后

图 8.2　管子钳柄体铸件表面情况对比

4. 采用激冷涂料和绝热涂料防止铸件脉纹缺陷

树脂砂铸造时，硅砂的相变膨胀容易使铸件产生脉纹缺陷。如果采用激冷涂料对金属进行激冷，加快金属液冷却，在硅砂膨胀开裂前使金属凝固，可达到防止铸件产生脉纹的目的。相反地，如果采用绝热涂料保护砂型部位，使其加热速度减慢，温度降低，硅砂的膨胀量减小，则裂纹不再产生，金属液也就不可能渗入砂型与硅砂发生反应，从而也可以防止铸件产生脉纹缺陷。

▷ 资料来源：冯胜山．砂型铸造涂料研究与应用的几个新进展．造型材料，2009(1)．

8.5 铸造涂料的流变性能及检测

8.5.1 涂料的发展

近几十年来，由于化学粘结砂的迅速发展，造型材料及有关工艺也发生了重大的变革。而涂料是依附于铸型(芯)的辅料，不可避免地也应该有相应的改进。

1. 粘土砂干型涂料

在化学粘结砂问世以前，重要的铸件或大型铸件都是用粘土砂干型制造的。传统的涂料就是适用于粘土砂干型的涂料，而且都是以水为载体的。

与化学粘结砂型相比，粘土砂干型的强度很低，所用的涂料也只能是低强度的。若用强度太高的涂料，则在干燥过程中发生体积变化时，所依附的铸型不足以制约其变形，结果，涂料层就会开裂、翘起、乃至剥落。另一方面，由于粘土砂干型强度低，而所制造的铸件又是重要的铸件或大型铸件，所以人们希望通过上涂料使铸型的表面强度有所增强。

出于以上考虑，粘土砂干型所用的涂料，应能渗入砂型的表层以下，最好是涉及3~4个砂粒，如图8.3所示。

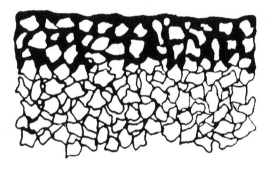

图 8.3 粘土砂干型用传统涂料时渗入的情形

传统的干型涂料，经多年的不断改进，已经非常适应上述要求。上涂料时，砂型表面层水分增多将会使砂型表层的强度提高，而且涂料载体渗入时必然会带进部分骨料和粘结剂。这必将使砂型表面强度增强；同时，低强度涂料渗入能使其对砂型表面的附着增强，涂料层较不易剥落。实际上，用于粘土砂干型的涂料都是固体含量较低的，易渗入的涂料。

2. 化学粘结砂型的涂料

化学粘结砂型的强度比粘土砂干型高得多，不需要借助涂料来增强。与此相反的是，若将上述用于粘土砂干型的涂料用于化学粘结砂型，由于渗入的水分会破坏砂粒间的粘结桥，将会使砂型的表面强度显著降低。

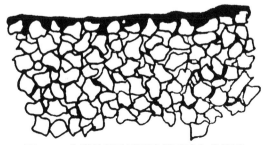

图 8.4 化学粘结砂型用涂料时渗入的情形

化学粘结砂型的另一特点是可大大缩短烘干时间或完全取消烘干工序。但是，上涂料所渗入的水却需要烘干，渗入的水越多，烘干的时间也越长，这将不符合化学粘结砂的工艺要求。因此，用于化学粘结砂的水基涂料，应该与粘土砂干型所用的涂料大不相同。这主要表现在3个方面：①要求涂料的固体含量要高，作为载体的水要尽量减少，从而使带到砂型上的水很少，一般的涂料，固体含量应在65％以上，有时可高达80％；②涂料渗入应少，以不超过一个砂粒为好，以求将水分对粘结桥的破坏作用减到最小，如图8.4所示；③涂料层的强度要高，应与砂型的强度匹配，使涂料层附着牢固。

这样的涂料只需很低的温度（150～200℃）、很短的时间（20min左右）就能烘干。若有可能在施涂后放置10h或更久也可以晾干。

如果不用水基涂料，改用醇基涂料，渗入较多也同样不行。渗入砂型的醇，对水玻璃砂的粘结桥虽无破坏作用，但对树脂砂的粘结桥却有影响。若渗入过多，点燃时，还可能会使部分树脂受热分解，使型砂强度降低。

综上，提高涂料的固体含量并使涂料的渗入减少，是不难做到的。但是，涂料的粘度必将随之显著地增高，因此，如何施涂就成了问题。幸运的是，控制涂料的流变性能为解决这个问题提供了途径。在一定的条件下，可以使高粘度的胶态分散体（涂料）具有剪切稀释的特性，即在剪切作用下，分散体的粘度可以大幅度下降。也就是说，尽管涂料原始的粘度很高，但在搅拌作用下或施涂过程中（刷、喷、抹、蘸等操作都对涂料有剪切作用），粘度可以变得很低，施涂以后，作用停止，粘度又可恢复。

8.5.2 与涂料流变性能有关的概念

1. 牛顿流体的流变特性

牛顿流体是服从内摩擦定律的流体，在受到剪切作用时，无论剪切速率如何，剪切应力和剪切速率之比都是常数 η，其特性在应力-速率图上是通过原点的直线，如图8.5所示。牛顿流体是可用应力-速率两个坐标描述的，当然与剪切时间无关，故其粘度也不随剪切时间的长短而改变。

2. 假塑性流体的流变特性

不服从内摩擦定律的流体都称为非牛顿流体。非牛顿流体的情况相当复杂，又可分为粘度与剪切持续时间无关（非时间相关）的流体和粘度因剪切时间延长而改变（时间相关）的流体。

非时间相关的非牛顿流体的流变特性可以用应力-速率二元坐标图来描述，但其特性不是直线而是曲线。人们感兴趣的是有剪切稀释特性的一种流体，即假塑性流体，其流变特性曲线如图8.6所示。

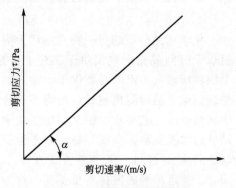

图8.5 牛顿流体的流变特性

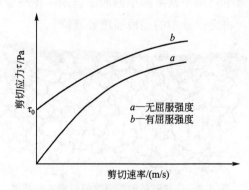

图8.6 假塑性流体的流变特性

施以外力，流体即开始流动。流变曲线为向下弯曲的曲线。剪切速率增大，剪切应力 τ 也增大，但其增量小于牛顿流体的剪切应力 τ 的增量。也就是说，随着剪切速率的增加，其粘度下降。这就是所谓的"剪切稀释"特性。

有些假塑性流体有一定的屈服值，如图 8.6 中的曲线 b 所示。在此情况下，曲线不通过原点，只有在剪切应力值达到某一数值 τ_0 后，流体才开始流动。当特性为曲线 a 时，极小的剪切应力就能使流体流动。但是，在这两种情况下，流体受剪切作用时粘度变化的特性是相同的。

假塑性流体的特性是可用应力-速率二元坐标来描述，每一剪切速率都对应一固定的剪切应力，两者之比（η）也随之而定，与剪切的时间无关。因而，假塑性流体有两个特点：①涂料一经搅拌，其粘度就降低，在匀速搅拌时，粘度是定值，不会因搅拌时间延长而变化，停止搅拌，其粘度立即恢复；②涂料所受的搅拌越强烈，即剪切速率越高，则粘度下降的幅度越大。归纳起来，其粘度随剪切状况而改变的情形如图 8.7 所示。

3. 触变性流体的流变性

触变性流体也有明显的剪切稀释特性，但与假塑性流体有重要的差别，那就是它具有时间相关性。在剪切速率不变的情况下，触变性流体的粘度会随剪切时间的延长而逐渐降低，到某一极限值后才趋于恒定。停止剪切以后，其粘度也不能像假塑性流体那样立即恢复，而要经一段时间逐步恢复。其粘度随剪切状况而改变的情形如图 8.8 所示。

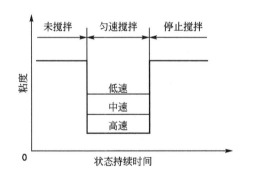

图 8.7　假塑性流体的粘度变化　　　　图 8.8　触变性流体的粘度变化

触变性流体既然是具有时间相关性的非牛顿流体，当然不能用应力-速率两个坐标来描述，必须用应力-速率-时间三元坐标来描述。

可见，触变性流体和假塑性流体在概念上是完全不同的。有人把一切有剪切稀释特性的流体都看作是触变性流体，从而把假塑性流体和触变性流体混为一谈，这是不妥当的。

触变性流体与假塑性流体相似之处是其具有剪切稀释的特性。因此，触变性流体的粘度既与剪切时间有关，又与剪切速率的大小有关。剪切速率越高，则粘度越低，粘度下降也越快。

4. 触变性流体中的结构

触变性流体之所以具有剪切稀释特性和时间相关性，是因为流体中有结构。在以水为载体的胶态分散体中，若加有具有离子交换能力的膨润土及适当的电解质和有机处理剂，则分散体内部就可能形成结构。

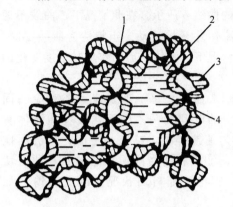

图 8.9 涂料中的结构示意图
1—活性中心；2—骨料颗粒；
3—吸附水层；4—自由水

当膨润土和有机处理剂很好地涂覆于骨料的表面时，由于膨润土表面附近形成扩散双电层，并带着吸附水层随之一起运动，整个颗粒就具有胶体颗粒的特性，其表面有吸附水层，并带有负电荷。在此情况下，通过加入适当的电解质并控制介质的 pH，就可以控制其电动电位，使带负电荷的颗粒不聚结下沉，从而使涂料有很好的悬浮稳定性。

骨料颗粒的形状是很不规则的，因而其表面性质是很不均一的。尖角部分，涂覆的膨润土和处理剂很少，甚至有裸露的尖端，因而电荷密度较平面处小得多。由于颗粒的尖角部分斥力小，就成了易于彼此相接的部位；平面部分因带有密度较大的相同负电荷而相斥分离，结果形成网架结构，如图 8.9 所示。

当颗粒的数量足够多时，结构会布满整个容积，相当一部分自由水被包裹在网架之间，整个分散体系统就显得非常粘稠。施以剪切应力（搅拌或涂抹）时，结构被破坏，自由水也因而释放出来，其粘度就降低。

有结构的流体，在剪切作用下结构可以破坏，但破坏结构需经一定的时间逐步做到。这就解释了图 8.8 左半部所示的在匀速搅拌下粘度逐步下降的情形。结构完全破坏后，继续搅拌，粘度也就不继续下降。剪切停止后，结构的恢复同样也需一定的时间，故其粘度的恢复也是逐步的，如图 8.8 右半部所示。

假塑性流体中没有结构，因而也没有时间相关性。至于为何有剪切稀释特性，一般认为有两种可能：其一是颗粒周围总会吸附少量载体，没有剪切作用时，颗粒靠界面的张力聚结，粘度显得很高，一经剪切，颗粒运动使这种聚结解体，粘度就降低了；其二是分散体中刚性不规则颗粒的取向不同时，对流线的干扰不同，在剪切作用下，颗粒会改变取向以减少其运动的阻力，分散体的粘度也因而降低。

8.5.3 涂料的流变性能及检测

1. 涂料流变性能的选择

高固体含量的涂料，在静置状态下的粘度是很高的。为便于施涂，要求其必须有剪切稀释特性。

只有水基涂料才能使其颗粒带电荷，才具有触变性。醇的极性极差，难以使其颗粒带电荷，因而不可能具有触变性。要使其有剪切稀释特性，只能使其有假塑性流体的特征。大量试验结果表明：加有适当的悬浮稳定剂和粘结剂配得的醇基涂料都具有假塑性特性。

采用刷涂方法时，施涂以后涂料层表面上往往有明显的刷痕。在此情况下，通常希望涂料是触变性的，施涂以后涂料的粘度并不立即恢复，而有一逐步增高的过程。这样，就可以使刷痕在一定的程度上消失，得到比较平的表面。也有人称这种特性为流平性。另外，只要能够流平，涂于垂直面的涂料就难免要向下流淌，因而应根据具体情况在流平与流淌之间求得一适当的折中。若施涂表面以大平面为主，则应使涂料的粘度恢复较慢，以得到比较平的表面；若施涂表面以垂直面为主，则应要求涂料粘度很快恢复以避免流淌，而且以采用具有假塑性特征的涂料为好。

采用蘸涂法时，不会产生刷痕，主要的问题是防止涂料流淌，希望蘸上涂料后其粘度立即恢复，故以采用有假塑性特征的涂料为好。

V法造型和聚苯乙烯气化模铸造所用的涂料，其情况与用于各种砂型者大不相同。采用这两种工艺时，形成铸件表面的是涂料层与塑料薄膜或聚苯乙烯实体模接触的表面，而不是涂料层的外表面。因而，涂料层外表面的刷痕，甚至某种程度的厚薄不匀，都不会影响铸件的质量。但是，涂料在塑料薄膜或聚苯乙烯实体模上的附着则比在砂型上困难得多。在此情况下，施涂以后涂料的粘度立即增高是非常关键的，所以应要求涂料具有明显的假塑性特征。

2. 涂料流变性能的检测

到目前为止，还不可能准确的测定非牛顿流体的流变特性，只能近似地检测其是否有剪切稀释特性和时间相关性。

1）时间相关性的检测

在剪切过程中测定流体的粘度变化是极困难的。但是，将涂料充分搅拌后，测定其粘度的恢复与停置时间的关系则是可行的，因此，可以测定图8.7和图8.8的后半部，即停止搅拌后的粘度恢复的情况。

取1000mL涂料，用搅拌机高速搅拌10min，停止搅拌后立即将其分装于10个100mL的小烧杯中，每隔2min取一小烧杯用旋转粘度计测定其粘度。由粘度变化的情形，即可知涂料是否有时间相关性。若放置不同时间的涂料的粘度基本相同，即说明是非时间相关的；相反，若粘度逐渐增大则说明是时间相关的。

2）剪切稀释特性的判断

在进行上述试验时，每一小烧杯涂料均用同一转子、用不同的转速测定粘度。如果用不同转速测得的粘度相同，则说明其无剪切稀释特性。如果同一小烧杯涂料用高转速测定时粘度值低，低速测定时粘度值高，则可判定涂料有剪切稀释特性。由不同转速测得的粘度值的差，判断剪切稀释作用的强弱。

因为测定粘度的过程就是要对待测流体施以剪切，所以对于有剪切稀释特性的涂料，其静置粘度实际上是无法测定的，用低转速测得的粘度值要比实际的静置粘度值低得多。

3）涂料颗粒所带电荷的检测

胶态分散体中的颗粒带有负电荷，是其内部具有结构的重要证据之一，因而可以和时间相关性及剪切稀释特性结合起来，判断涂料的触变性。

颗粒是否带有电荷及其电荷的密度均可用电泳方法判定。用U形刻度管，向其中注入待测涂料使两侧的高度均距管端50mm，再在两侧涂料上方注入蒸馏水，然后将两块铜质极板分别置于两侧蒸馏水中，并加以直流电压，如图8.10所示。

由涂料颗粒在电场中向正极方向移动，可以判断颗粒带负

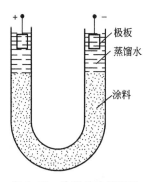

图8.10 涂料的电泳试验

电荷。由颗粒开始运动的临界电压及颗粒在相同电压、电流作用下运动的速度，可以间接估计颗粒所带电荷的密度和电动电位。

4) 流变特性的判断

若涂料有剪切稀释特性而且又是时间相关的，则认定其具有触变性。若涂料有剪切稀释特性但非时间相关的，则认定其具有假塑性特性。

【例 8-1】水基涂料流变特性的检测。

用大烧杯取 1000mL 水基涂料，置搅拌机下以高速搅拌 10min，停止搅拌后立即将其分装于 10 个 100mL 的小烧杯中，每隔 2min 取一小烧杯用 NDJ-1 型旋转粘度计测定粘度。测定粘度时用 3#转子，分别以 6r/min、12r/min 和 30r/min 的转速测定粘度，结果如图 8.11 所示。

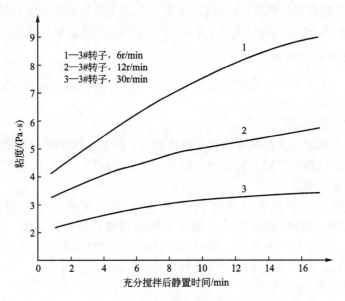

图 8.11 水基涂料的粘度变化

从图 8.11 可以看出以下两点。

(1) 不论转子转速为何值，经充分搅拌的涂料，在静置过程中粘度都不断增高。转子转速为 6r/min 时，粘度的增长最为明显，从 4.2Pa·s 增高至 8.7Pa·s，增高 107%。此时，因转子转速低，对待测涂料的剪切稀释作用较小。考虑到转子转速为 6r/min 时仍有剪切稀释作用，实际上粘度的提高将远大于曲线 1 所示的值。转子转速较高时，转子的剪切作用在很大程度上掩盖了实际粘度的增长，但仍能看出这种特性。图 8.11 的 3 条曲线都与图 8.8 的右半部有相同的特性，由此可以判断，这种涂料的流变性是时间相关的。

(2) 在其他条件相同的情况下，转子转速提高，则粘度值降低。转速为 6r/min 时，测得的最高粘度为 8.7Pa·s，转速为 30r/min 时，最高值为 3.4Pa·s，可见，涂料具有明显的剪切稀释特性。

此外，涂料颗粒在电场中向正极运动。所以，这种水基涂料具有触变性。

【例 8-2】醇基涂料流变特性的检测。

取某种醇基涂料进行测试，试验方法与前述相同，考虑到醇基涂料的粘度比水基涂料低得多,采用 2#转子进行测定,测试结果如图 8.12 所示。

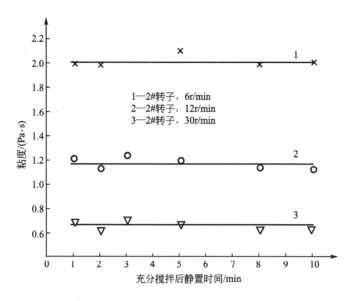

图 8.12 醇基涂料的粘度变化

由图 8.12 可以看出以下 3 点。

(1) 将涂料充分搅拌后经不同静置时间测得的粘度值基本恒定,无论转子转速为何值均有此特性。这表明其流变特性是非时间相关的。

(2) 转子转速为 6r/min 时,测得的粘度值大致为 2.0Pa·s;转速为 12r/min 时,粘度值降低到 1.2Pa·s 左右;转速为 30r/min 时,进一步降低至 0.67Pa·s,为 6r/min 时测得值的 33.5%,为 12r/min 时测得值的 57%。可见涂料有明显的剪切稀释特性。

(3) 涂料中的颗粒在电场中无电泳现象。

因此,该种涂料具有假塑性特征。

8.6 铸造涂料的使用

为了制得表面质量良好的铸件,首先应要求涂料本身的质量优良,但对于采用适当的施涂方法和正确规定涂料层的厚度等也决不能忽视。

8.6.1 施涂方法

1. 喷涂

喷涂是高效的施涂方法,涂料层也比较均匀。近年来,喷涂技术和设备方面都有不少改进,因而越来越受到普遍的重视。

适用于铸造涂料的喷涂设备主要有两种。

第一种是无气喷枪。采用此种设备时,将涂料置于压力容器中,用压缩空气将其加压,通过喷嘴喷出。因为没有气体,喷涂铸型的深腔部分时,其中不会建立压强,因而也不会影响施涂。喷嘴多用硬质合金制造,以提高其使用寿命。

第二种是低压热空气喷涂装置。运载液滴的气流由便携式涡轮压缩机供给,其压强一般为35~75kPa。压缩空气时所产生的热可使其温度比环境温度高20℃以上,这对于促进水基涂料的干燥十分有利。采用低压喷涂,可完全消除雾滴、飞溅和回弹。据报道,可节省涂料40%。此外,低压喷枪的喷嘴直径较大,在生产条件下不易造成堵塞。

2. 刷涂

刷涂是最简单的方法,适用于单件或小量生产的铸造厂采用。

高固体含量的水基涂料,应该用油漆施涂,刷后留下的刷痕一般可自行流平消失。醇基涂料的粘度低,宜采用柔软的掸笔施涂。高固体含量的醇基涂料,一般都具有假塑性特性,施涂后粘度立即提高,刷痕很难避免。

3. 蘸涂

蘸涂是最快的施涂方法,特别适用于大量生产的芯子,还可以借助于输送带或自动蘸涂机实现施涂作业的机械化,但要保证不将芯子的通气孔堵塞。

在大量生产条件下采用蘸涂工艺时,应特别重视涂料密度、粘度和流变性能的一致性。蘸槽应有充分的搅拌装置,使槽中涂料保持轻微的运动,以便于蘸涂。只有涂料质量欠佳时,才需要较强的搅拌,以避免颗粒沉降。

醇基涂料蘸后粘度立即增高,一般无流淌现象,涂料层表面比刷涂平整,从这一点看,醇基涂料最适于蘸涂。水基涂料蘸后,粘度的增加是逐步的,流淌现象很难避免,通常在辅助工位用空气喷嘴吹扫。

4. 淋涂

淋涂是使涂料经多孔的喷淋头形成许多细流,如淋浴水状,工件自下方通过即可达到施涂的目的。此法主要用于芯子。

5. 抹涂

抹涂是用膏状涂料,用棉丝蘸涂料抹于铸型(芯)表面上。抹涂可以得到表面质量良好的涂料层。采用水基涂料时,涂料层中载体含量少,易于晾干。

6. 流涂

流涂用于自硬砂铸型,适用于批量生产的条件。铸型到达施涂工位后,用机械手将其倾斜,用管子将涂料浇到铸型上,多余的涂料沿倾斜的铸型流向涂料槽。

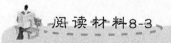

流涂工艺常见问题及解决措施

在树脂砂铸造生产中,手工操作的刷涂工艺,存在劳动强度大,生产效率低,涂层表面质量很难保证等缺点,而采用流涂工艺,可大大降低劳动强度,改善劳动环境,满足树脂砂连续快速生产的要求,并显著提高铸件尺寸精度和表面质量。然而,在流涂工艺使用过程中,往往存在诸多问题,现分析如下。

1. 涂料堆积

原因包括以下几个方面：①由于涂料是一种触变性流体，其中存在网状结构，流动缓慢，屈服值与粘度是造成涂料堆积的两个主要因素。涂料屈服值过高，粘度过大，造成涂料流动性变差；②涂料在流动过程中产生的流痕，沿着砂型流动，遇到沟槽则产生堆积，造成砂型棱角不清晰；③砂型倾斜角度不合适；④流量小，涂料流不下；⑤由于压力不足造成流速慢。

解决措施：①从现场操作考虑要降低涂料的波美度。实践证明，当流涂涂料波美度为22～26Be时，涂料的流动性最好；②从涂料自身因素考虑要降低涂料屈服值和粘度。用风管吹或用毛刷蘸稀释剂将流痕去掉。放置砂型时用天车将砂型吊至涂料槽上方与水平呈75°～90°进行流涂。增加流涂杆头和软管的截面积，进而增加流量。提高风压能增加流速，为了获得合适的涂层厚度，涂料从流涂机流出的速度在100～200mm/s为宜，风压一般在0.4×10^5～0.6×10^5Pa，如果过大则易产生飞溅。

2. 涂层厚度不够

原因包括以下几个方面：①涂料没有形成足够涂层厚度就直接流淌；②涂料全部渗透进型砂中；③砂型表面粘有脱模剂，降低了涂料的渗透性。

解决措施：①提高涂料粘度（最大值不超过7s），从而提高涂挂性，避免涂料过度流淌；②提高砂型紧实度，能够有效避免涂料过度渗透；③模样表面脱模剂充分干燥后方可进行生产，砂型局部沾有脱模剂的部位用细砂纸磨掉再进行流涂。铸铁件涂层湿态厚度一般要求为：薄壁铸件为0.15～0.30mm，中型铸件为0.30～0.75mm，厚壁铸件为0.75～1.00mm，特厚铸件为1.00～2.00mm。

3. 涂层表面脱落

装配过程中，操作者在用风管吹型腔内的浮砂时，涂料层表面偶尔会脱落。其原因是涂层强度低或涂料层与层之间没有充分结合形成一个整体。

解决措施：①涂料中的粘结剂用量较小，容易造成涂层强度不够，所以要提高粘结剂在涂料中的比例；②涂料没有充分燃烧，易影响层与层之间的结合；③对于3t以上铸件容易发生涂层表面脱落现象，只要合理控制点火时间就能解决这方面问题，一般上箱流涂后3～5s点火为宜，下箱流涂后5～7s点火最好。也可采用烘烤的方式，但时间不能过长，否则涂层会发生裂纹。

4. 流痕严重

原因包括以下几个方面：①涂料流动性差，粘度高，涂料向下流动时不能滴落，从而产生严重的流痕；②涂料流出时压力过大，流涂杆头与型腔表面距离太近，对涂层表面形成冲击，出现凹凸不平的痕迹；③涂料流量小，流动不稳定，在型腔的表面会形成流痕。

解决措施：①流涂时采用大流量从上到下迅速流完，不要长时间停留在砂型表面；②提高涂料流动性和流平性，降低粘度；③加大流涂杆头与型腔表面距离，一般距离为18～25mm为宜；④采用扇形流涂杆头。

5. 叠层

叠层是在型腔表面流涂时，从上到下或从左到右两次或多次流涂时产生的叠加纹理。产生原因主要是砂型温度高，涂料粘度大，流涂流量小，多次流涂造成的。

解决措施：①刚刚造完的砂型温度高，不要马上流涂；②降低涂料波美度，提高流动性；③增加流量，避免多次流涂，通过选择隔膜泵合理控制流量。

6. 涂料飞溅

涂料飞溅是指光洁的涂层表面飞溅上涂料滴。这种缺陷主要是流涂出口压力过大造成的。

解决措施：降低流涂出口压力。涂料流动管路的粗细、长度、表面粗糙度、流出位置等都会对流涂的压力产生很大的影响，涂料的流出压力必须小于 0.4×10^5 Pa。流涂杆头与型腔表面不要垂直流涂，避免涂料飞溅。

7. 砂型表面掉砂

模样使用时间长或者起型不稳经常会发生砂型表面掉砂现象，流涂后砂型表面平面度不够或凹陷，给外观质量带来很大影响。

解决措施：砂型掉砂部位用涂料膏修补好之后再进行流涂，这种方法不足之处是流涂后需要放置时间长一些，否则用涂料膏修补的部位会起泡。流涂后再用涂料膏修补掉砂部位，再用稀释剂将涂料膏刷平，最后点火。

8. 涂层不均匀

这主要归因于涂料的触变性。触变性过强，利于流平，但容易造成过度流淌，使涂层出现上薄下厚的情况。此外，流动性不好，倾斜角度小也会造成涂层厚度不均匀的现象。

▶ 资料来源：聂爽，王继东，尹建伟等．流涂工艺的常见问题及解决措施．铸造，2012，61（10）．

8.6.2 涂料的用量

在铸件面积一定的情况下，涂料的用量决定于涂料层的厚度和需涂覆的面积。涂料层的厚度是一个重要的参数，应根据铸件的材质、壁厚、铸型（芯）的表面状况等因素予以确定。

1. 涂料层的厚度

涂料层的厚度对涂料的使用效果有不可忽视的影响，这一点往往未被注意，不少人重视涂料的质量，却未能根据铸件的特点正确选择，以为涂上层就可以，结果不能得到良好的效果。

涂料层脱除载体以后会有很大的体积收缩。由于载体的密度比骨料小得多，即使是高固体含量的涂料，体积收缩也会有 30%～50%。涂料层发生体积收缩时，施涂面积并不改变，全部体积收缩都将反映在涂料层厚度的减少方面。因此，干态厚度将比湿态厚度少 30%～50%。

考虑到施涂时测量湿态厚度比较方便，一般宜以湿态厚度作为控制参数。特厚铸件，多层施涂，往往要求保证干态厚度。

关于涂料层厚度的选取，可参考表 8-3 的建议值。

表 8-3 涂层厚度建议值

铸件类型	涂层厚度/mm
薄壁铸件	0.15～0.30
中型铸件	0.30～0.75
厚壁铸件	0.75～1.0
特厚铸件	1.0～2.0

铸铁件选用较小的值，铸钢件和铜合金铸件选用较大的值。型砂较粗或舂实密度较低者，选用较大的值，反之则选用较小的值。

每次施涂的厚度以不超过 0.3mm 为宜，需较厚的涂料层时，应分层多次施涂。而且，再次施涂时，应在前一层涂料载体基本脱除之后进行。

2. 需涂覆的面积

确定涂料层厚度以后，根据各种涂料使用状态的密度，就可算出每千克涂料所能涂覆的面积。这一数据是估计涂料用量的基础。计算时，应考虑有一小部分涂料会渗入铸型，其实际数值决定于砂型状况和涂料的渗入能力。表 8-4 给出了几种常用涂料的参考数据，表中数据已按高固体含量涂料的特点考虑了渗入铸型的情况。

表 8-4　每千克涂料所能涂覆的面积　　　　（单位：m^2）

涂料特征	涂料密度/g·cm^{-3}	涂料层厚度/mm				
		0.15	0.30	0.75	1.0	2.0
水基，锆石粉	2.0	2.5	1.43	0.63	0.45	0.24
水基，高铝熟料粉	1.75	2.85	1.63	0.71	0.54	0.28
水基，石墨粉	1.45	3.45	1.97	0.86	0.66	0.33
水基滑石粉	1.55	3.20	1.84	0.80	0.61	0.31
醇基，锆石粉	1.70	2.94	1.68	0.74	0.56	0.29
醇基，高铝熟料粉	1.50	3.30	1.90	0.83	0.63	0.32
醇基，石墨粉	1.20	4.20	2.38	1.04	0.79	0.41
醇基，氧化镁粉	1.45	3.45	1.97	0.86	0.66	0.34

3. 铸件的表面积

铸件的表面积实际上就是需要涂覆的铸型和芯的表面积的和，可据此计算涂料的用量。铸件的实际表面积是可以计算的，但是十分繁琐，在铸件品种多，形状又复杂时，更是不胜其烦。如能按铸件的结构特点及其壁厚估计每吨铸件的总表面积，即使不太准确，也可以作为安排材料计划和估计生产成本的依据。

计算和统计资料表明，就实际生产的铸件而言，每吨铸件的总表面积与其壁厚有一定的相依关系，如图 8.13 所示。

板状铸件和套筒类铸件，每吨铸件的总表面积和铸件壁厚的关系基本上是同一条曲线。一般的铸件大体上都可化简为多个板和套筒的组合，因而也可以由其主要壁厚按曲线 3 估计每吨铸件的总表面积。

球形和立方体铸件，按计算应是同一条曲线（曲线 1）。在此种情况下，以其直径或边长为壁厚，与厚度相同的方柱体铸件（曲线 2）相比，相当于将方柱体截为若干段，故每吨铸件的总面积不是减少，而是有所增加。若和厚度相同的板状或套筒类铸件比较，则相当于将板或套筒分割成许多小块，故每吨铸件的总表面积要大得多。

圆柱体和方柱体铸件（曲线 2），每吨铸件的总表面积在上述两者之间。

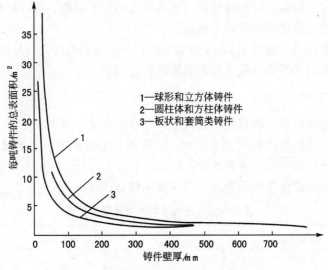

图 8.13 铸件的表面积与其壁厚的关系

本 章 小 结

铸造过程中，涂料的使用可提高铸件表面粗糙度和表面性能，控制铸件的冷却速度，保证铸件表面的合金成分符合要求。而要使涂料有效发挥它的性能，必须具有较高的触变性及覆盖性、较好的悬浮稳定性及分散性、适宜的渗透性和足够的高温稳定性。

铸造所用的涂料主要由耐火骨料、载体、粘结剂和悬浮稳定剂等组成。根据载体的不同，可分为水基涂料、醇基涂料和氯代烃基涂料。水基涂料采用烘干或晒干的方法去除载体；醇基涂料用点火去除；氯代烃基涂料可自行挥发去除。水基涂料的粘结剂可采用膨润土、羧甲基纤维素钠、海藻酸钠和水玻璃等；醇基涂料可采用诺沃腊克型酚醛树脂、甲阶酚醛树脂和硅酸乙酯等作粘结剂；醋酸纤维素酯和乙基纤维素都可用作氯代烃基涂料的粘结剂。

牛顿流体不具有剪切稀释特性，粘度不随剪切时间的长短而改变；假塑性流体具有剪切稀释特性，但与剪切时间无关，一经剪切，其粘度就会降低，在匀速剪切时，粘度是定值，不会因剪切时间延长而变化；触变性流体不但具有明显的剪切稀释特性，而且粘度随剪切时间的延长而逐渐降低，直至达到一恒定值。

涂料流变性能的检测包括时间相关性检测、剪切稀释特性检测和涂料颗粒所带电荷的检测。如果粘度值随剪切时间而变化，则涂料具有时间相关性；如果剪切速度不同，粘度值也不同，则表明涂料具有剪切稀释特性；如果涂料有剪切稀释特性且又是时间相关的，则认定具有触变性；如果涂料有剪切稀释特性但非时间相关的，则认定具有假塑性特性。

涂料的施涂方法因铸型要求而异，目前常用的施涂方法有喷涂、刷涂、蘸涂、淋涂、抹涂和流涂等，涂料的用量可根据涂料层的厚度、需涂覆的面积和铸件表面积来估算。

【关键术语】

涂料的作用　涂料所用原材料　涂料的流变特性　涂料的使用　牛顿流体　假塑性流体　触变性流体

 综合习题

一、填空题

1. 铸造所用的涂料主要由_____、_____、_____和_____等组成。

2. 耐火骨料是铸造涂料的主要组成部分，也是最终在金属—铸型界面上起作用的骨干材料，因此，骨料应具有合适的耐火性，通常它包括两方面的内容，其一是_____，其二是_____。

3. 在制造高锰钢铸件时，为避免 MnO 在高温下侵蚀耐火材料而导致铸件粘砂，通常都采用以_____为骨料的涂料。

4. 铸造上使用的涂料，根据涂料中骨料的不同，可将其分为_____、_____、_____、_____和煅烧镁砂粉涂料等；根据涂料所用的载体不同，又可分为_____、_____和_____ 3 种。

5. 在水基涂料中，最常用的粘结剂和悬浮稳定剂有_____、_____、_____和_____等。

6. 氯代烃基涂料中最适宜的悬浮稳定剂是_____。

7. 涂料施涂以后，型(芯)表面上往往有明显的刷痕。为了减少或消除这些痕迹，通常希望涂料具有_____特性。

8. 常用的涂料施涂方法有喷涂、_____、_____、_____、_____和_____等。

9. 喷涂是高效的施涂方法，涂料层也比较均匀，近年来，喷涂技术和设备方面都有不少改进，目前适用于铸造涂料喷涂的设备主要有_____和_____。

10. 在铸件面积一定的情况下，涂料的用量取决于_____和_____。

二、简答题

1. 在铸造生产中，为什么要采用铸造涂料？
2. 铸造涂料应具备哪些性能？
3. 假塑性涂料和触变性涂料有哪些区别？
4. 如何对涂料的流变性能进行判断？
5. 对铸造涂料的耐火骨料有何要求？
6. 粘土干型砂涂料和化学粘结砂型涂料有哪些不同？

三、思考题

目前，涂料被广泛地用于铸造生产中，特别是在精密铸造生产中，它可以大幅度提升铸件的表面质量和其他性能。为了适应不同的铸件，实际生产中发展了很多种涂料的施涂方法，但这些施涂方法对涂料流变性的要求各不相同。试分析不同的涂料施涂方法对涂料

流变特性的不同要求。

【案例分析】

根据以下案例所提供的资料，试分析：

（1）根据图 8.15，说明不同粒度石英粉骨料对涂料透气性的影响规律，并解释其原因。

（2）根据案例中的分析，总结耐火骨料的粒度分布对涂料透气性和流变性的影响规律。

分析案例

耐火填料对消失模铸造涂料性能的影响

现分别选取石英粉、铝矾土和棕刚玉3种耐火骨料，其物理性质见表8-5，然后分别配制3种不同的消失模铸造涂料，涂料的配方见表8-6。同时，采用不同目数的石英粉配制3种不同的涂料。通过测定它们的悬浮性、透气性和流变性，进行比较并分析耐火骨料对涂料性能的影响。悬浮性采用静止法测量，即将100mL涂料注入量筒中，经24h后，测定涂料中的沉淀物所占的百分比。透气性的测定在改进的STZ直读透气性测定仪上进行。采用NDJ-1型旋转粘度计测定涂料的流变性。

表 8-5 耐火骨料的物理性质

耐火骨料	主要成分	粒度(目)	密度/(g·cm^{-3})	熔点/℃	耐火度/℃
铝矾土	Al_2O_3	300	3.0	1790	1800
石英粉	SiO_2	300	2.7	1690	1713
棕刚玉	Al_2O_3	300	3.8	1850	2250

表 8-6 不同耐火骨料的涂料配方

编号	耐火骨料	钙基膨润土	乳白胶	羧甲基纤维素钠(CMC)
1	铝矾土100	4	2.5	0.5
2	石英粉100	4	2.5	0.5
3	棕刚玉100	4	2.5	0.5

1. 耐火骨料类型对涂料悬浮性的影响

涂料悬浮性是配制涂料首先解决的问题，也是常遇到的实际问题。本研究采用静止法测定铝矾土、石英粉、棕刚玉3种耐火骨料所配制的涂料静置不同时间的悬浮性变化曲线，如图8.14所示。

由图8.14可知，随时间的增加，涂料的悬浮性降低。石英粉涂料的悬浮性最好，棕刚玉的悬浮性最差。在选取相同耐火骨料粒度的情况下，耐火骨料密度对涂料悬浮性有很大影响，因棕刚玉的密度大于石英粉，导致所配制的涂料密度大，易形成固体沉淀，其悬浮性比石英粉差；而铝矾土的悬浮性则在两者之间。由此可见，在相同粒度的情况下耐火骨料的密度是消失模涂料悬浮性的主要影响因素。对于不同粒度而言，耐火骨料粒度越大，悬浮性越差，越易下沉。

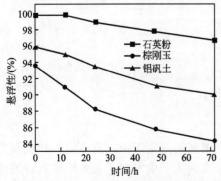

图 8.14 耐火骨料对涂料悬浮性的影响

2. 耐火骨料类型和粒度对透气性的影响

在选用同一粒度(300目)的3种不同耐火骨料后,用它们分别按同一配方配制涂料,仅对3种涂料的常温透气性进行测试,结果见表8-7。

表8-7 不同耐火骨料涂料的常温透气性

耐火骨料	pH	密度/(g·cm^{-3})	涂料层厚度/mm	透气性
石英粉	6.5	1.61	1.03	0.401
棕刚玉	7.0	1.94	1.00	0.245
铝矾土	6.5	1.85	0.96	0.576

试验结果表明:透气性最好的是铝矾土涂料,石英粉涂料次之,棕刚玉涂料最差。造成透气性不同的原因主要是3种骨料的粒形、表面状况不同。由于铝矾土骨料颗粒呈球形,且为多孔性结构,空隙率高,其透气性最好;而石英粉粒形为等轴状,空隙率低于球形,故透气性比铝矾土差;对于石英粉和棕刚玉,由于棕刚玉密度大,粉料易沉积在涂料层下部而使其下部变得致密,因而透气性比石英粉要低。

耐火骨料的粒度和分布对涂料的透气性有较大的影响,粒度越粗,粒度分布越集中,粒形越趋近球形,涂料的透气性就越高。为此,用表8-8所示3种不同粒度的石英粉配成涂料,并进行了25℃、400℃、700℃、1000℃下的透气性测定,结果如图8.15所示。

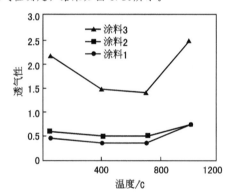

图8.15 不同粒度石英粉为骨料的涂料的透气性

表8-8 石英粉的粒度分布

目数	75	100	140	200	270	320	底盘
石英粉1	2.97	7.26	16.45	21.94	26.25	11.63	13.50
石英粉2	0.50	7.04	23.46	26.60	17.81	7.35	17.24
石英粉3	—	—	23.00	49.30	15.20	7.50	5.00

3. 耐火骨料类型和粒度对流变性的影响

常用的消失模铸造涂料多为非牛顿流体,理想的涂料应该是带有屈服值和触变性的假塑性流体。图8.16所示为采用NDJ-1型旋转粘度计测定3种不同耐火骨料配制的涂料的流变性曲线。

从图8.16中可以看出,3种涂料都是带有一定屈服值的假塑性流体。此外,剪切应力的增长小于剪切速率的增长,这说明涂料的粘度随剪切速率的增长而减少,即涂料具有剪切变稀的能力。如果涂料所受到的剪切应力小于屈服值,则涂料不会产生流动。实践表明,没有屈服值,或屈服值太低的涂料,其不流淌性、悬浮性必定很差,浸涂后模样表面的涂层也很薄。在图8.16中还可以看出石英粉涂料的屈服值最高,因此具有良好的悬浮性和涂挂性。

同时,在常温下测定了用表8-9中的石英粉配制的涂料的流变性,如图8.17所示。

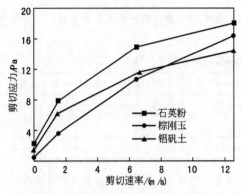

图 8.16 不同耐火骨料涂料的流变性曲线

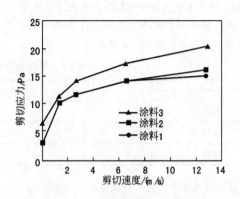

图 8.17 不同粒度石英粉为骨料的涂料的流变性

图 8.17 也说明 3 种涂料均为带有一定屈服值的假塑性流体。在相同的剪切速率下，涂料 3 的剪切应力大，则粘度也大。涂料 1、涂料 2 和涂料 3 的耐火骨料的粒度分布不同。粒度分散的石英粉 1 和 2 的颗粒堆砌时，小尺寸的颗粒可以镶嵌在大颗粒间的缝隙中，而尺寸近似的石英粉 3 的颗粒堆砌时便很少有此现象。因此，石英粉 3 的堆积密度较小，从而使涂料的粘度变大。由于涂料 1 和涂料 2 的耐火骨料都为粒度比较分散的石英粉，堆砌密度基本相同，使得涂料 1 和涂料 2 的粘度也大体上相同，流变曲线基本重合。

> 资料来源：黄光胜，周荣，周荣锋．耐火骨料粒度分布对消失模铸造涂料性能的影响．特种铸造及有色合金，2001，(1)：14—15.
> 刘振伟，唐建新．不同耐火填料对消失模铸造涂料性能的影响．铸造，2008(12).

附 录
现行有关造型材料的各类标准目录

GB/T 9442—2010	铸造用硅砂
GB/T 7143—2010	铸造用硅砂化学分析方法
GB/T 2684—2009	铸造用砂及混合料试验方法
JB/T 9156—1999	铸造用试验筛
JB/T 9227—2013	铸造用膨润土
JB/T 9222—2008	湿型铸造用煤粉
JB/T 8835—2013	砂型铸造用水玻璃
GB/T 5534—2008	动植物油脂皂化值的测定
GB/T 5530—2005	动植物油脂酸值和酸度测定
GB/T 5532—2008	动植物油脂碘值的测定
JB/T 11738—2013	铸造用三乙胺冷芯盒法树脂
GB/T 25138—2010	检定铸造粘结剂用标准砂
GB/T 26659—2011	铸造用再生硅砂
JB/T 8583—2008	铸造用覆膜砂
JB/T 3828—2013	铸造用热芯盒树脂
JB/T 8834—2013	铸造覆膜砂用酚醛树脂
JB/T 7526—2008	铸造用自硬呋喃树脂
GB/T 24413—2009	铸造用酚脲烷树脂
JB/T 11739—2013	铸造用自硬碱性酚醛树脂
JB/T 9226—2008	砂型铸造用涂料
JB/T 9223—1999	铸造用锆砂
JB/T 6985—1993	铸造用镁橄榄石砂

参 考 文 献

[1] 扎士君. 造型材料发展概况 [J]. 造型材料, 1993(2): 1-4.
[2] 赵洪仁, 鲁永杰. 造型材料的使用现状和今后的发展 [J]. 造型材料, 2002(1): 23-25.
[3] 上海市机械工程学会铸造学组. 国外现代铸造—造型材料 [M]. 上海: 上海科学技术文献出版社, 1980: 3-5.
[4] 谢明师. 我国造型材料的现状与展望(上) [J]. 机械工人: 热加工, 1999(8): 3-5.
[5] 谢明师. 我国造型材料的现状与展望(下) [J]. 机械工人: 热加工, 1999(9): 3-5.
[6] 黄乃瑜, 罗吉荣. 我国造型材料的发展趋势及若干建议 [J]. 造型材料, 1999(3): 3-6.
[7] 李传栻. 造型材料新论 [M]. 北京: 机械工业出版社, 1992.
[8] 孟爽芬. 造型材料 [M]. 哈尔滨: 哈尔滨工业大学出版社, 1987.
[9] 昆明工学院. 造型材料 [M]. 昆明: 云南人民大学出版社, 1978.
[10] 黄天佑. 造型材料 [M]. 北京: 中国水利水电出版社, 2006.
[11] 中国机械工程学会铸造分会, 黄天佑. 铸造手册(第4卷造型材料) [M]. 北京: 机械工业出版社, 2003.
[12] 陈国桢. 造型工手册 [M]. 北京: 中国农业机械出版社, 1985.
[13] 韦德刚. 金属加工 [M]. 北京: 化学工业出版社, 2000.
[14] 黄良余. 简明铸工手册 [M]. 北京: 机械工业出版社, 1991.
[15] [英] Burns, T A. 铸工手册 [M]. 武安安, 沈东辉译. 北京: 兵器工业出版社, 1991.
[16] 赵延伟, 周先平. 铸工 [M]. 长沙: 湖南科学技术出版社, 1982.
[17] 胡彭生. 型砂 [M]. 上海: 上海科学技术出版社, 1980.
[18] 郭爱莲, 石通灵. 铸造工基本技术 [M]. 北京: 金盾出版社, 1997.
[19] 耿浩然. 实用铸件重力成形技术 [M]. 北京: 化学工业出版社, 2003.
[20] 朱纯熙, 卢晨, 季敦生. 水玻璃砂基础理论 [M]. 上海: 上海交通大学出版社, 2000.
[21] 樊自田, 董选普, 陆浔. 水玻璃砂工艺原理及应用技术 [M]. 北京: 机械工业出版社, 2004.
[22] 刘瑞玲, 史玉芳, 阎冬青. CO_2硬化树脂砂的研究进展 [J]. 铸造, 2003(10): 729-731.
[23] 张祖烈, 黄加龙. 冷硬呋喃树脂砂 [M]. 北京: 新时代出版社, 1983.
[24] 肖柯则. 造型材料覆膜砂的发展 [J]. 汽车工艺与材料, 1996(12): 35-36.
[25] 邢俊德. 酯硬化酚醛树脂砂的最新进展 [J]. 铸造技术, 1999(6): 26-28.
[26] 曹瑜强. 铸造工艺及设备 [M]. 北京: 机械工业出版社, 2003.
[27] 蒲永峰. 机械工程材料 [M]. 北京: 清华大学出版社, 2005.
[28] 陈琦, 彭兆弟. 铸造技术问题对策 [M]. 北京: 机械工业出版社, 2001.
[29] 樊东黎. 热加工工艺规范 [M]. 北京: 机械工业出版社, 2003.
[30] 铸造工程师手册编写组. 铸造工程师手册 [M]. 北京: 机械工业出版社, 1997.
[31] 李树尘, 陈长勇, 许基清. 材料工艺学 [M]. 北京: 化学工业出版社, 2000.
[32] 刘瑞玲, 范金辉. 铸造实用数据速查手册 [M]. 北京: 机械工业出版社, 2014.